Java应用开发：企业级开发

Java APPLICATION DEVELOPMENT: ENTERPRISE DEVELOPMENT

智酷道捷内容与产品中心　编著

中国铁道出版社有限公司
CHINA RAILWAY PUBLISHING HOUSE CO., LTD.

内 容 简 介

本书是一本介绍 Java EE 中 Spring、SpringMVC 和 MyBatis 三大框架的基本知识和应用的进阶图书。全书共 7 章，第 1~5 章主要介绍了 Spring 的基本知识和应用；第 6 章主要讲解了 SpringMVC 的相关知识；第 7 章主要讲解了 MyBatis 的相关知识；最后通过一个综合案例演示了 Spring、SpringMVC、MyBatis 框架的整合。本书采用案例驱动的模式展开讲解，以便于读者的理解和自主运用，讲解详细，通俗易懂。

本书适合作为高等院校计算机相关专业的程序设计教材，也可作为 Java 技术的培训图书。

图书在版编目（CIP）数据

Java 应用开发：企业级开发 / 智酷道捷内容与产品中心编著 . —北京：中国铁道出版社有限公司 , 2021.2
ISBN 978-7-113-27502-0

Ⅰ. ① J… Ⅱ. ①智… Ⅲ. ① JAVA 语言－程序设计－教材 Ⅳ. ① TP312.8

中国版本图书馆 CIP 数据核字（2020）第 250077 号

书　　名：**Java 应用开发：企业级开发**
作　　者：智酷道捷内容与产品中心

策　　划：汪　敏　　**编辑部电话**：（010）51873628
责任编辑：汪　敏　包　宁
封面设计：尚明龙
责任校对：孙　玫
责任印制：樊启鹏

出版发行：中国铁道出版社有限公司（100054，北京市西城区右安门西街 8 号）
网　　址：http://www.tdpress.com/51eds/
印　　刷：北京柏力行彩印有限公司
版　　次：2021 年 2 月第 1 版　2021 年 2 月第 1 次印刷
开　　本：850 mm×1 168 mm　1/16　**印张**：17　**字数**：413 千字
书　　号：ISBN 978-7-113-27502-0
定　　价：49.80 元

前言

本书详细讲解了 Java EE 中 Spring、SpringMVC 和 MyBatis 三大框架的基本知识和应用。Java EE 是目前开发企业级 Web 应用的主流技术，在当今企业级项目开发中与微软公司的 MS.NET 一起构成两大核心技术。书中提供了数百个案例，所有这些案例都由一线 Java 研发工程师精心设计，不仅易于理解，也很容易实际应用。

本书采用案例驱动的模式展开讲解，主要知识的讲解都辅以实际案例应用，便于读者的理解和自主运用，讲解详细，通俗易懂。

本书共 7 章，第 1~5 章主要讲解 Spring 的基本知识和应用，主要内容包括 Spring 框架入门、注解方式使用 Spring、代理设计模式、面向切面编程及 Spring 整合 JDBC 等；第 6 章主要讲解了 SpringMVC 的相关知识，其中包含 SpringMVC 入门及 SpringMVC 常用技术，包括 @RequestMapping 的使用和注解属性、获取请求参数、请求转发和重定向及异常处理等；第 7 章主要讲解了 MyBatis 的相关知识，其中包含 MyBatis 框架的结构、值的传递、MyBatis 框架中的多表查询方式、MyBatis 中的缓存机制等知识，并通过一个综合案例演示了 Spring、SpringMVC、MyBatis 框架的整合。

通过大量案例，本书可以帮助读者更好地巩固所学知识，提升能力；登录中国铁道出版社有限公司网站（http://www.tdpress.com/51eds/）还可以获得更多学习资源和技术支持，如案例源代码、教师指导手册、教学 PPT、教学设计、习题答案及其他资源等，还有和每章内容配合使用的 8 套作业和难易程度不同的 6 套试卷，而扫描书中的“教学视频”二维码，即可观看本书对应的全部教学视频，以方便读者学习；本书的附录中，还介绍了一个使用可视化在线云开发平台——道捷实训云平台（www.yun.51dcool.com）开发的案例，并可观看案例开发的视频讲解，该案例采用“项目模板 + 拖动式制作”的创新模式研发，能极为简便快捷地完成项目制作，极大地缩短我们的项目研发时间。

通过阅读本书，你将：

- 可以掌握当前流行的企业级 Web 应用开发技术。
- 可以全面了解和掌握 Java EE 技术及其应用。
- 可以理论联系实际，将 Spring、SpringMVC、MyBatis 框架真正运用到实际开发中。
- 可以很好地适应企业开发的技术需求，为大型项目的开发奠定基础。

本书由北京智酷道捷教育科技有限公司组织多名一线 Java 研发工程师联合编写，书中案例皆为当下流行的项目案例，极具参考价值，适合作为高等院校计算机相关专业的程序设计教材，也可作为 Java 技术的培训图书。

由于时间有限，书中难免有疏漏及不足之处，敬请广大读者批评指正！

编　者

2020 年 8 月

目 录

第1章 Spring框架入门

学习目标

视频

课程介绍

- 了解框架的概念。
- 了解 SSM 框架的概念。
- 了解 Spring 框架的用途。
- 理解 Spring 的 IoC。
- 理解 Spring 的 DI。

本章首先介绍 Web 的应用，包括 Web 概述、Web 资源分类、Servlet 容器、Web 容器、Web 服务器和 Java Web 经典三层架构等内容；其次介绍框架相关知识，包括 Java 常用框架和 Spring 框架内容；接着介绍了 Spring 的配置，包括导入 Spring 的 IoC 相关 jar 包、创建 Spring 的配置文件和快速生成 xml 模板等内容；最后介绍 IoC 和 DI 的相关知识。通过本章的学习，我们可更深入地了解 Spring，为以后的学习打下坚实基础。

1.1 Web 概述

视频

Web基本概念

Web 是互联网的总称，全称为 World Wide Web，缩写为 WWW，又称全球广域网或万维网，是一种基于超文本和 HTTP 的、全球性的、动态交互的、跨平台的分布式图形信息系统。换句话说，Web 是一种体系结构，通过它可以访问遍布于因特网主机上的链接文档。

简单来说，Web 表示网页的意思，它用于表示 Internet 主机上供外界访问的资源。

1.1.1 Web 资源分类

Web 资源分为两大类：静态 Web 资源和动态 Web 资源。

静态 Web 资源是指 Web 页面中供人们浏览的数据始终是不变的，如 HTML、CSS 等。这些静态网页使用 HTML 描写，通常来说，随着 HTML 代码的生成，页面的内容和显示效果基本上不会发生变化。比如，通过网页看到的新闻，只要新闻内容不变，那么不同的人在不同时间、不同地点看到的新闻是完全一样的，这就是静态 Web 资源。

动态 Web 资源是指 Web 页面中供人们浏览的数据是由程序产生的，不同时间点访问 Web 页面看到的内容各不相同，如 JSP/Servlet、ASP、PHP。这些动态网页，页面代码虽然没有变，但是显示的内容却可以随着时间、环境或者数据库操作的结果而发生改变。比如微博，它的内容是随时更新的，不同的时间我们看到的内容都可能有变化，是动态的。

1.1.2 Servlet 容器

Java 中的动态资源开发技术为 Servlet/JSP，Sun 公司定义了 Servlet/JSP 的技术规范，遵循这样的规范就可以写出对应的 Servlet、JSP 程序。但是 Servlet、JSP 程序本身不能直接运行，需要运行它们的环境。于是不同的厂商分别按照 Servlet/JSP 规范的要求开发了对应的运行环境，这些能够运行 Servlet/JSP 程序的环境称为 Servlet 容器（Servlet Container）。

Servlet 容器是 Web 服务器或者应用服务器的一部分，用于提供基于请求 / 响应发送模式的网络服务，解码基于 MIME 的请求，并且格式化基于 MIME 的响应。Servlet 容器同时也包含和管理它们生命周期中的 Servlet 对象。

1.1.3 Web 容器

Web 资源按照一定的规则整合起来，组成能够被 Web 访问的应用程序，这些应用程序称为 Web 应用。Web 应用运行也需要一定的环境，能够运行 Web 应用的环境就称为 Web 容器。

Web 容器的概念通常要大于 Servlet 容器，Servlet 容器通常都是 Web 容器，但是 Web 容器不一定是 Servlet 容器，因为运行 ASP、PHP 的服务器是 Web 容器，但是它们不能运行 Servlet。

1.1.4 Web 服务器

视 频

常见的Web服务器

Web 容器 /Servlet 容器具体来说就是 Web 服务器，学习 Web 开发，需要先安装一台 Web 服务器，然后在 Web 服务器中开发相应的 Web 资源，供用户使用浏览器访问。只要在浏览器上登录 Web 服务器，就可以访问到或静态或动态的 Web 资源，并和 Web 服务器实现交互。

> **注意：**
> 这里所说的服务器不是指服务器硬件资源，而是指服务器软件。

在选择使用 Web 服务器时，应考虑的本身特性因素有：性能、安全性、日志和统计、虚拟主机、代理服务器、缓冲服务和集成应用程序等，下面介绍几种常用的 Web 服务器。

1. WebLogic

WebLogic 服务器是 BEA 公司的产品，是目前应用最广泛的 Web 服务器，支持 Java EE 规范。它是一种多功能、基于标准的 Web 应用服务器，为企业构建自己的应用提供了坚实的基础。

由于 WebLogic 服务器具有全面的功能、对开放标准的遵从性、多层架构、支持基于组件的开发，基于 Internet 的企业都选择它来开发、部署最佳的应用。

2. WebSphere

WebSphere 服务器是 IBM 公司的产品，支持 Java EE 规范，它是一种功能完善、开放的 Web 应用程序服务器。

WebSphere 服务器是基于 Java 的应用环境，用于建立、部署和管理 Internet 和 Intranet Web 应用程序。

3. Tomcat

在小型的应用系统或者有特殊需要的系统中，可以使用一个免费的 Web 服务器——Tomcat，该服务器支持全部 JSP 以及 Servlet 规范。

虽然并不能完全支持 Java EE 规范，但是因为免费、开源、轻量等特性，让 Tomcat 十分受欢迎。

1.1.5 Servlet 概述

Servlet（Servlet Applet），全称 Java Servlet，称为小服务程序或服务连接器，是用 Java 编写的服务器端程序，具有独立于平台和协议的特性。而这些 Servlet 都要实现 Servlet 接口。Servlet 运行于支持 Java 的应用服务器中。Servlet 主要功能在于交互式地浏览和修改数据，生成动态 Web 内容。

视频
Servlet概述

Servlet 和之前介绍的 Servlet 容器有什么联系与区别呢？ Servlet 容器又称 Servlet 引擎，它是 Web 服务器或者应用服务器的一部分，用于提供基于请求 / 响应发送模式的网络服务；而 Servlet 没有 main 方法，不能独立运行，必须被部署到 Servlet 容器中，然后由 Servlet 容器来实例化和调用 Servlet 方法。Servlet 容器在 Servlet 的生命周期内包含和管理 Servlet。

1.1.6 Java Web 分层概述

要想实现一个好的 Web 应用，我们必须要了解 Java Web 分层。在软件体系架构设计中，分层式结构是最常见、最重要的一种结构。微软推荐的分层式结构一般分为三层，从下至上分别为：数据访问层、业务逻辑层（又称领域层）和表示层。这也是 Java Web 中重要的三层架构中的三个层次。区分层次的目的是实现“高内聚低耦合”的思想。通俗来说，“高内聚”就是将功能性相同的代码放在一起，“低耦合”就是在功能和功能之间尽量少一些依赖关系，层与层之间的依赖是向下的，底层对于上层而言是“无知”的，改变上层的设计对于其调用的底层而言没有任何影响。

所谓三层体系结构，是在客户端与数据库之间加入了一个“中间层”，又称组件层。这里所说的三层体系，不是指物理上的三层，不是简单地放置三台机器就是三层体系结构，也不仅仅是有 B/S 应用才是三层体系结构，三层是指逻辑上的三层，即把这三个层放置到一台机器上。

1.1.7 Java Web 经典三层架构

Java Web 经典三层架构是 Java Web 独有的，三层包括表示层（Web）、业务逻辑层（Service）和数据访问层（DAO）。

视频
Java Web经典三层架构

Web 层：表示层，主要是对访问控制进行转发，各类基本参数校验，或者不复用的业务简单处理等。

Service 层：业务逻辑层，相对具体的业务逻辑服务层。

DAO 层：数据访问层，与底层 MySQL、Oracle、HBase 等进行数据交互。

下面通过图形的方式进一步理解 Java Web 经典三层架构，如图 1-1 所示。

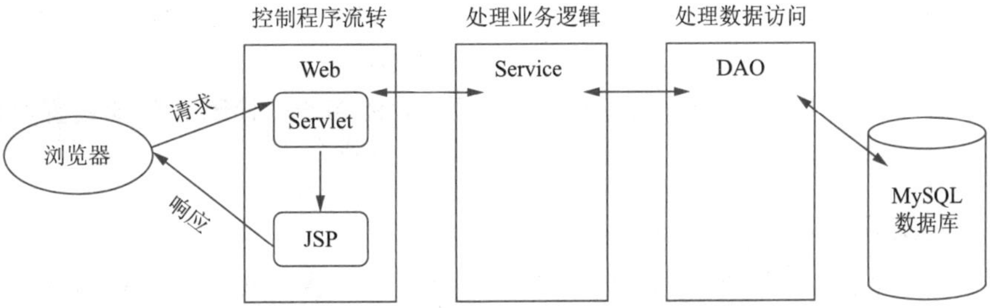

图 1-1　Java Web 经典三层架构

例如，用户要在浏览器中注册，就要输入相应的地址以及相关的注册信息，然后发送请求。Web 层的 Servlet 控制程序的流转，发现请求是为了注册用户，所以将信息调到 Service 层。Service 层主要处理业务逻辑，例如，若注册名已存在则不允许注册并反馈相应的信息；如果注册信息符合要求，就进入 DAO 层处理数据信息，然后将这些数据信息添加到数据库中。数据添加成功之后，会逐步反馈，在 Web 层中由 JSP 向用户反馈注册成功信息。

1.2 框架概述

视频

框架概述

框架（Framework）是构成一类特定软件可复用设计的一组相互协作的类。框架规定了应用的体系结构，它定义了整体结构、类和对象的分割，各部分的主要责任，类和对象怎么协作，以及控制流程。框架预定义了这些设计参数，以便于应用设计者或实现者能集中精力于应用本身的特定细节。

简单来说，所谓的框架其实就是程序的架子，在这个程序的架子中，搭建起程序基本的骨架，针对程序的通用问题给出便捷的解决方案，可以使开发人员基于框架快速开发具体的应用程序。

1.2.1 Java 常用框架概述

Java 的框架比较多，下面介绍一些常用的框架。

1. SSH

SSH 框架组合主要包括 Struts2、Spring、Hibernate 三大框架。

Struts2 是一个基于 MVC 设计模式的 Web 应用框架，本质上相当于一个 Servlet，在 MVC 设计模式中，Struts2 作为控制器（Controller）来建立模型与视图的数据交互。

传统的 Java Web 应用程序是采用 JSP、Servlet、Javabean 实现的，这种模式实现了最基本的 MVC 分层。这种结构存在一些问题，如：JSP 页面中需要使用符号嵌入很多 Java 代码，造成页面结构混乱；Servlet 和 Javabean 负责了大量的跳转和运算工作，耦合紧密、程序复用度低等。Spring 框架的出现就解决了这些问题，Spring 是一个 Service 层的框架。

Hibernate 是 DAO 层的框架，也是一个半自动化的持久层框架，可以减少大量的 SQL 代码编写工作，省掉很大部分的工作量。

2. SSM

随着技术的发展，目前比较流行的 SSM 框架主要包括 Spring、SpringMVC、MyBatis 三大框架。

Spring 在介绍 SSH 框架时已经介绍，此处不再赘述。

SpringMVC 是一个基于 MVC 设计模式的 Web 应用框架，它延续了 Spring 在配置上简单省心的特点，而且与 Spring 无缝对接，这让安全性有了很大的保障。

MyBatis 是 DAO 层的框架。MyBatis 避免了几乎所有的 JDBC 代码和手动设置参数以及获取结果集。

1.2.2 Spring 框架概述

Spring 框架是一个开放源代码的 Java EE 应用程序框架，由 Rod Johnson 发起，是针对 bean 的生命周期进行管理的轻量级容器。Spring 解决了开发者在 Java EE 开发中遇到的许多常见问题，提供了功能强大的 IoC、AOP 及 Web MVC 等功能。Spring 框架主要由七部分组成，分别是 Spring Core、Spring AOP、Spring ORM、Spring DAO、Spring Context、Spring Web 和 Spring Web MVC。

接下来介绍 Spring 中几个重要的概念：

IoC：控制反转，是面向对象编程中的一种设计原则，可以用来降低计算机代码之间的耦合度。

DI：依赖注入，组件之间的依赖关系由容器在运行期决定，即由容器动态地将某个依赖关系注入到组件之中。

AOP：面向切面编程，通过预编译方式和运行期间动态代理实现程序功能统一维护的一种技术。

1.3 Spring 框架的配置

在 Java 中，要使用 Spring 框架必须先进行 Spring 框架配置。可以到 Spring 官网下载对应的 jar 包，导入后就可以使用 Spring 框架了。

具体的 Spring 框架对应 jar 包的下载方法，在这里不详细介绍，大家可以去 Spring 官网下载，和其他软件的下载方法区别不大。下面详细介绍如何导入 Spring 的 IoC 相关 jar 包。

视频

导入Spring的IoC相关jar包

1.3.1 导入 Spring 的 IoC 相关 jar 包

下面介绍如何导入 Spring 的 IoC 相关 jar 包，具体操作方法如下。

（1）打开 MyEclipse，在弹出的对话框中选择工作空间，然后在项目区域右击，在弹出的快捷菜单中选择 New → Java Project 命令，创建项目。然后在打开的对话框中输入项目的名称，如图 1–2 所示，单击 Finish 按钮。

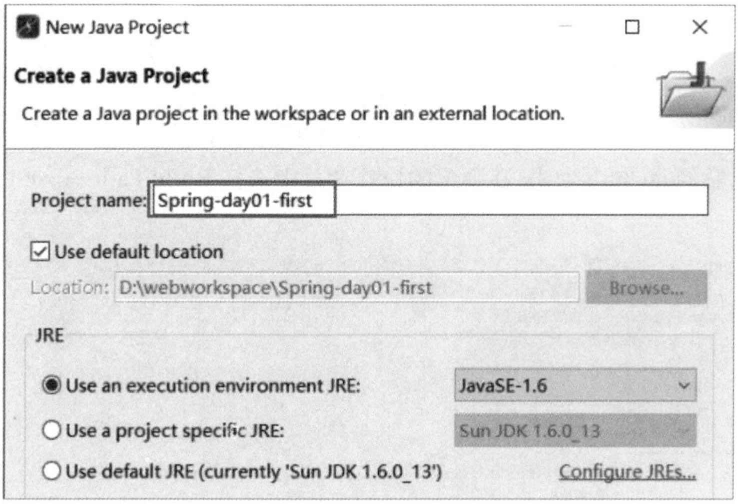

图 1–2 创建项目

（2）打开下载的 Spring 的 jar 包，复制需要导入的 jar 包，如图 1–3 所示。

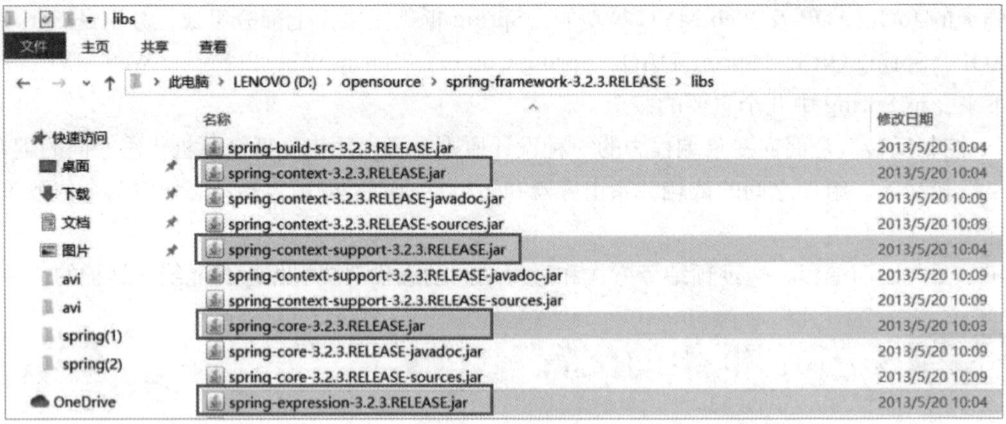

图 1-3　复制需要导入的 jar 包

（3）在创建的新项目中创建一个文件夹，将复制的 jar 包粘贴到该文件夹中。使用相同的方法，将外部的一个包也粘贴到文件夹中，如图 1-4 所示。

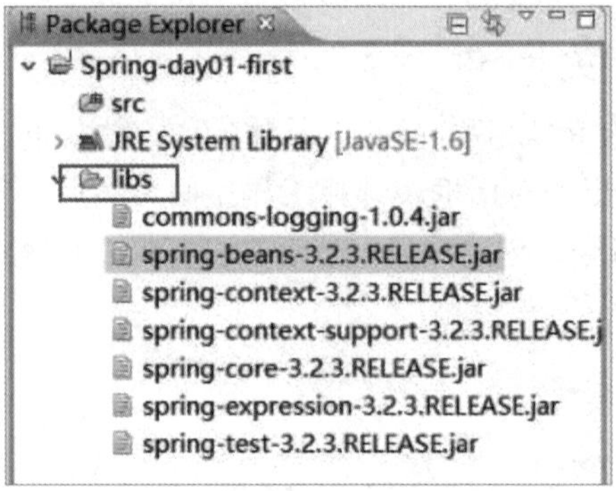

图 1-4　复制粘贴 jar 包

（4）全选复制粘贴的 jar 包并右击，在弹出的快捷菜单中选择 Build Path → Add to Build Path 命令，如图 1-5 所示。

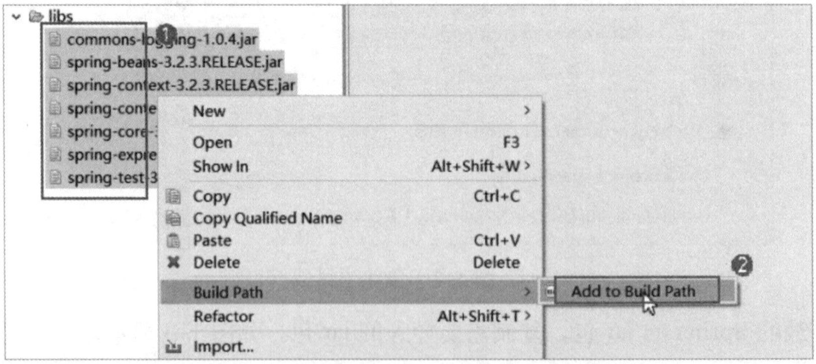

图 1-5　执行 Add to Build Path 命令

（5）操作完成后即可添加到引用的包中。至此，完成导入 Spring 的 IoC 相关 jar 包的操作，如图 1-6 所示。

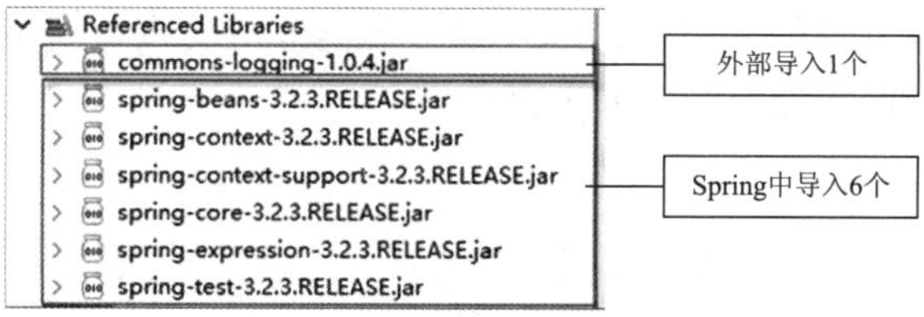

图 1-6　完成导入 jar 包操作

1.3.2　创建 Spring 框架的配置文件

在 Java 中，Spring 框架采用 xml 文件作为配置文件，xml 文件的名字任意，一般取名为 applicationContext.xml，通常将该文件放置在类加载的目录下（src 目录），方便后续使用，如图 1-7 所示。

视 频

MyEclipse管理Spring约束文件

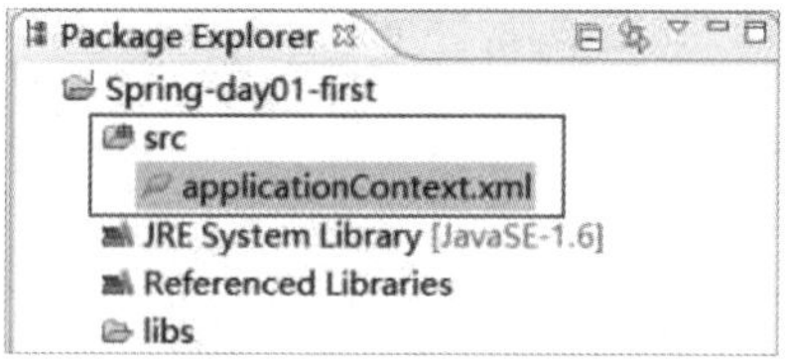

图 1-7　创建 Spring 的配置文件

1.3.3　配置 Spring 框架的约束

Spring 框架本身是基于 xml 配置来工作的，在使用 Spring 框架的过程中不可避免要编写大量 xml 配置。Spring 官方提供了这些 xml 文件的编写规范，这是通过提供 xml 的约束文件来实现的。

所谓 xml 的约束文件其实是一种限定 xml 文件写法的技术，主要分为两种：

- DTD：通常文件的扩展名 .dtd。
- Schema：通常文件的扩展名 .xsd。

Spring 提供了 Schema 格式的约束文件，来限定 Spring 配置文件的写法。

1.3.4　将 Spring 的约束文件交给 MyEclipse 管理

下面介绍将 Spring 的约束文件交给 MyEclipse 管理的方法，具体操作如下：

（1）将 Spring 的压缩包解压一份放置到一个固定目录中，要注意路径中不可以有中文或空格。打开 MyEclipse，选择 Window → Preferences 命令，如图 1-8 所示。

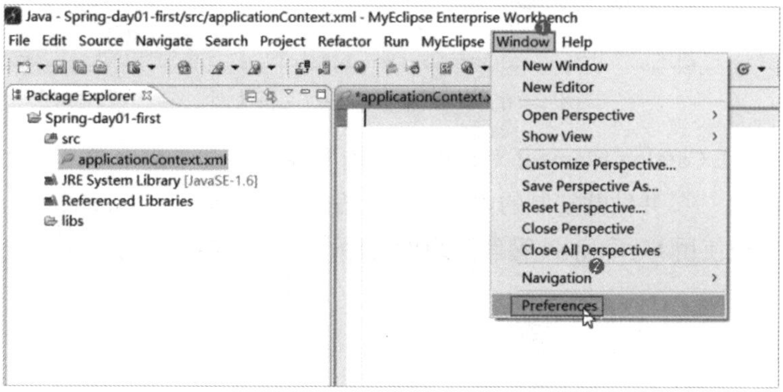

图 1-8　选择 Preferences 命令

（2）打开 Preferences 对话框，在左上角文本框中输入 xml 并进行搜索，在搜索结果列表中选择 XML Catalog，然后单击 Add 按钮，如图 1–9 所示。

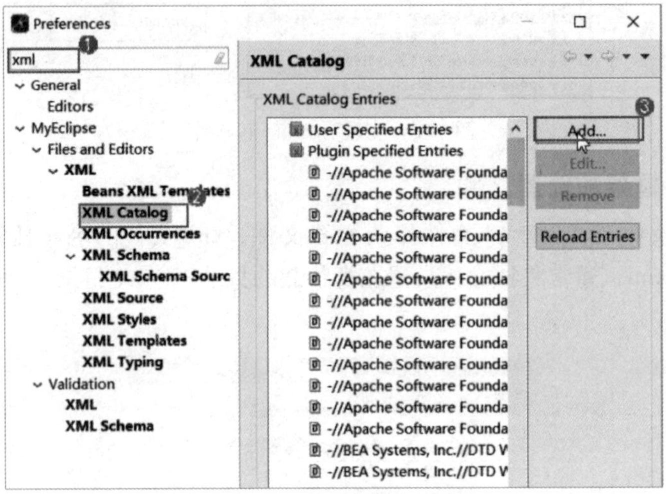

图 1–9 配置 XML Catalog

（3）保持弹出对话框为默认状态，单击 File System 按钮打开"打开"对话框，选择 Spring 目录下 schema 目录中想要导入的 .xsd 文件，单击"打开"按钮，如图 1–10 所示。

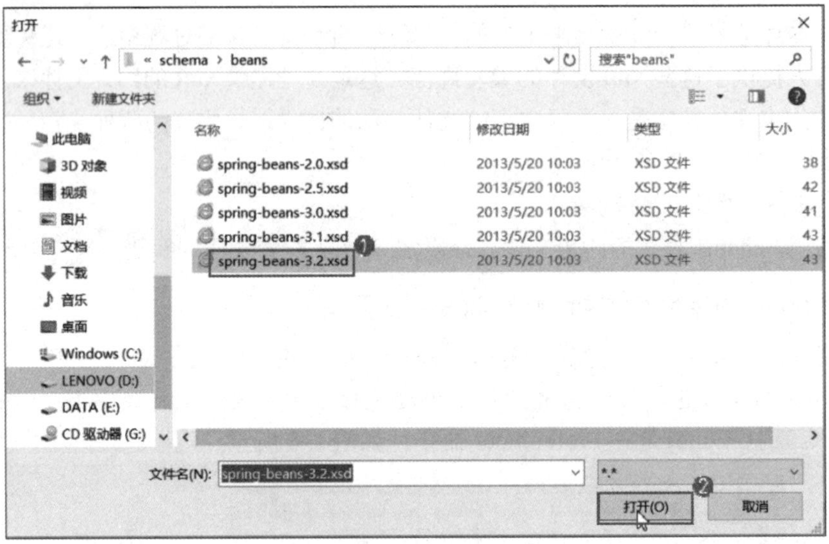

图 1–10 选择需要导入的 .xsd 文件

（4）返回 Add XML Catalog Element 对话框，复制 Location 文本框中导入的文件名和扩展名，在 Key 文本框最右侧添加"/"并粘贴复制的内容。接着设置 Key type 为 Namespace name，最后依次单击 OK 按钮，即可完成使用 MyEclipse 管理该约束文件，如图 1–11 所示。

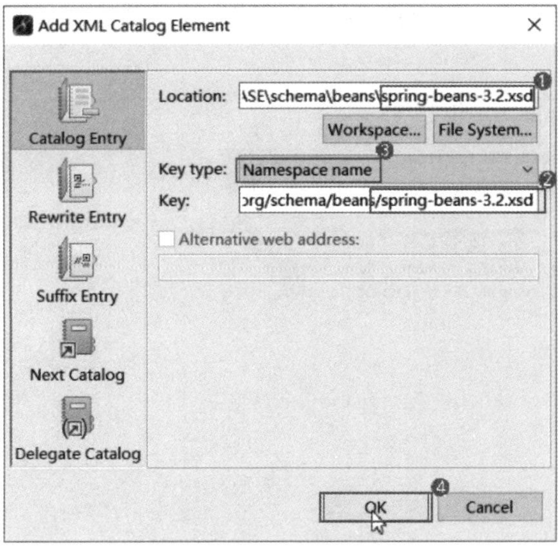

图 1-11　设定名称空间

1.3.5　通过 xml 约束文件生成符合约束格式的 xml

视 频

通过xml约束文件生成符合约束格式的xml

下面介绍通过 xml 约束文件生成符合约束格式的 xml 的方法，具体操作如下：

（1）在项目区域右击 src 文件，在弹出的快捷菜单中选择 New → Other 命令，打开 New 对话框，在 Wizards 文本框中输入 xml 进行搜索，在列表中选择 XML（Basic Templates），单击 Next 按钮，如图 1–12 所示。

（2）进入 New XML File 界面，在 File name 文本框中输入 applicationContext.xml，单击 Next 按钮，如图 1–13 所示。

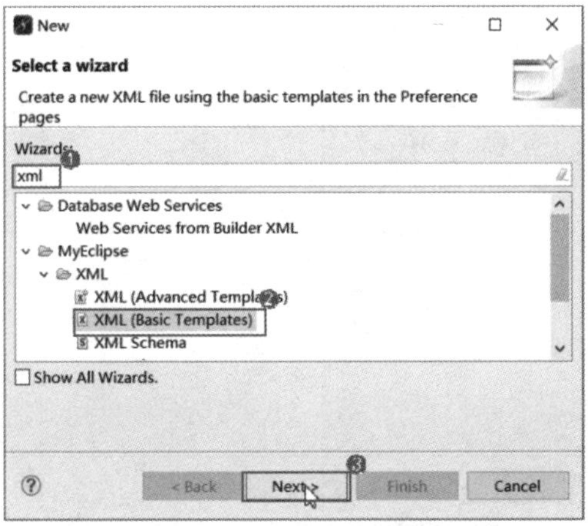

图 1–12　选择 Basic Templates 方式

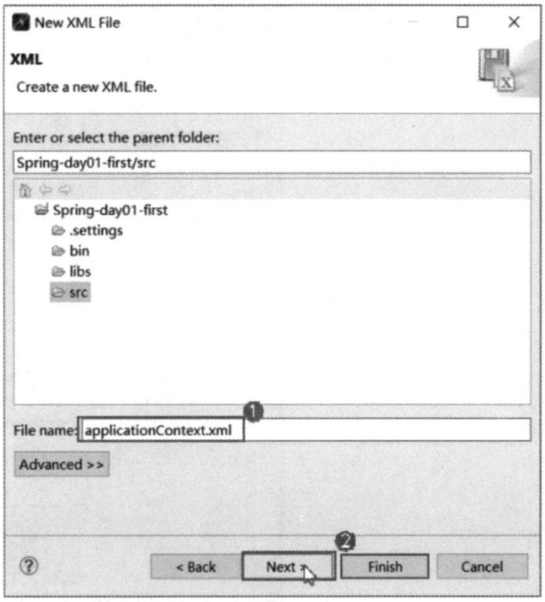

图 1–13　为当前 xml 命名

（3）进入下一界面，选择 Create XML file from an XML schema file 单选按钮后，单击 Next 按钮，如图 1–14 所示。

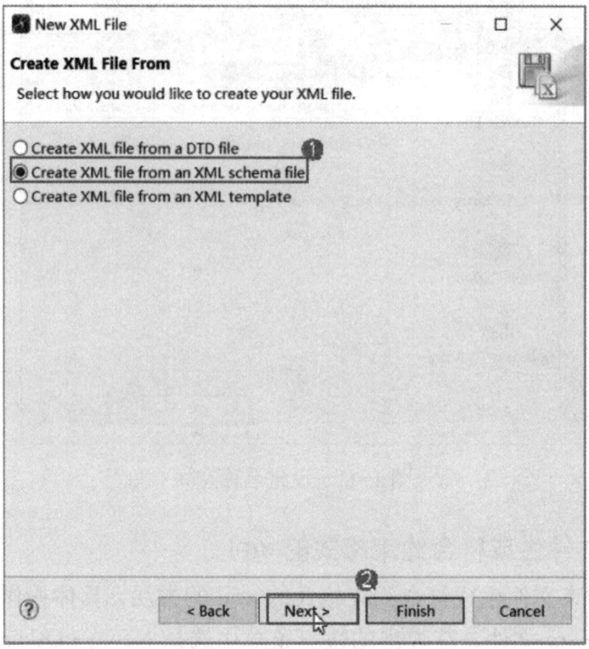

图 1–14 选择 Create XML file from an XML schema file 单选按钮

（4）进入下一界面，选择 Select XML Catalog entry 单选按钮，在 XML Catalog 列表中选择需要的 Schema 文件，单击 Next 按钮，如图 1–15 所示。

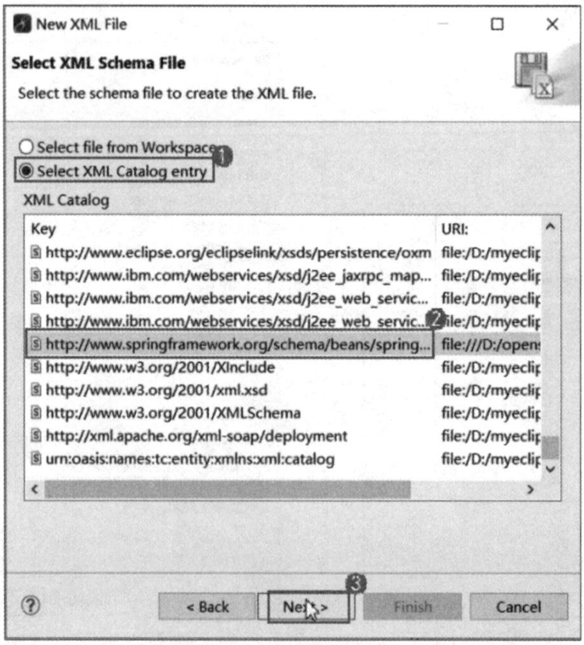

图 1–15 选择 Schema 文件

（5）进入下一界面，设置 Root element 为 beans，在 Namespace Information 列表中选择导入的 Schema 文件，单击 Edit 按钮，在打开的对话框中删除前缀，如图 1–16 所示。

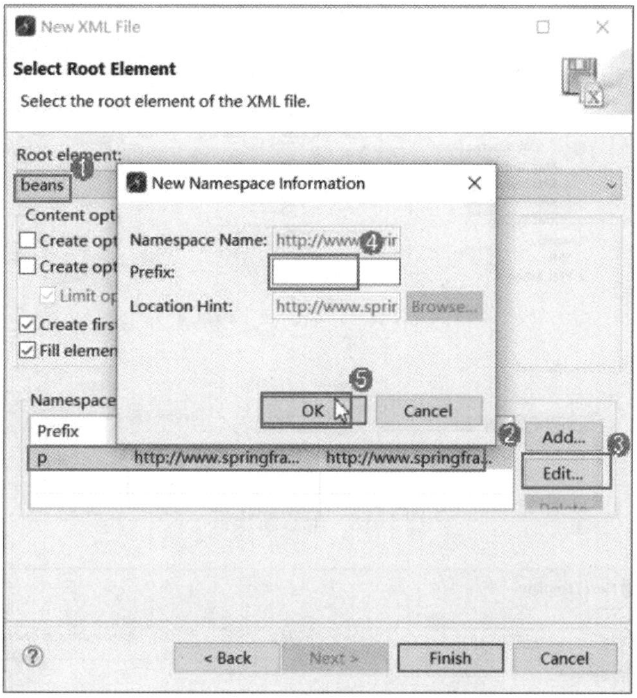

图 1–16　删除前缀

（6）操作完成后即可生成 xml 文件，而且在 MyEclipse 中自动输入相关内容，显示版本为 1.0、编码格式为 UTF-8，将下面标签进行分隔，如图 1–17 所示。

图 1–17 中第 3 行中的地址是 xml 官方提供的地址，第 5 行地址是 spring-beans-3.2.xsd 的网络地址。所以 MyEclipse 首先会在本地文件查找文件，如果本地文件没有，再到网络中查找该文件。

```
*applicationContext.xml
<?xml version="1.0" encoding="UTF-8"?>
<beans xmlns="http://www.springframework.org/schema/beans"
    xmlns:xsi="http://www.w3.org/2001/XMLSchema-instance"
    xsi:schemaLocation="http://www.springframework.org/schema/beans
    http://www.springframework.org/schema/beans/spring-beans-3.2.xsd ">
</beans>
```

图 1–17　生成 xml 文件

1.3.6　快速生成 xml 模板

视 频

快速生成xml模板

下面介绍在 MyEclipse 中快速生成 xml 模板的方法，具体操作如下：

（1）在 MyEclipse 中剪切生成 xml 文件时生成的代码，选择 Window → Preferences 命令，在打开的对话框中搜索 xml，在列表中选择 XML Templates，单击 New 按钮，如图 1–18 所示。

（2）在打开的 New Template 对话框中设置 Name 为 spring_beans，在 Pattern 文本框中粘贴代码，依次单击 OK 按钮，即可完成模板的创建，如图 1–19 所示。

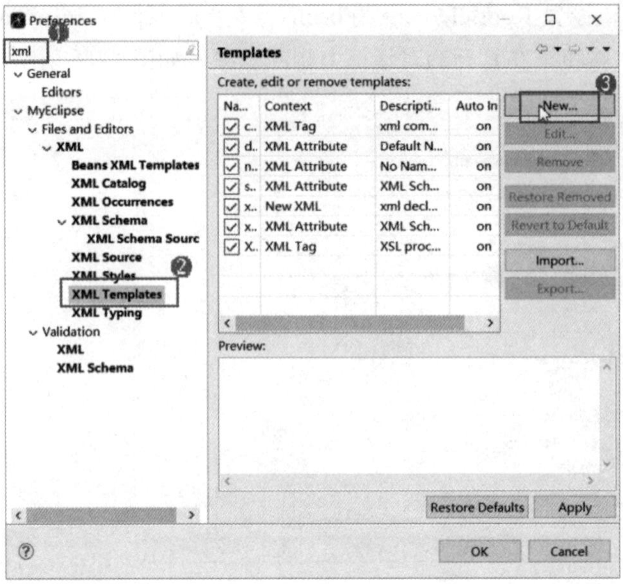

图 1–18　配置新模板

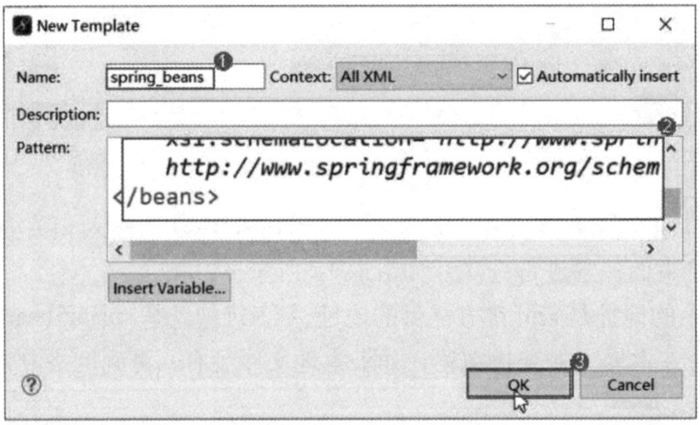

图 1–19　设定模板

（3）这样就可以使用 xml 模板了。在 MyEclipse 的工作区输入 spring 按【Alt+/】组合键，在列表中选择模板的名称，即可使用模板，如图 1–20 所示。

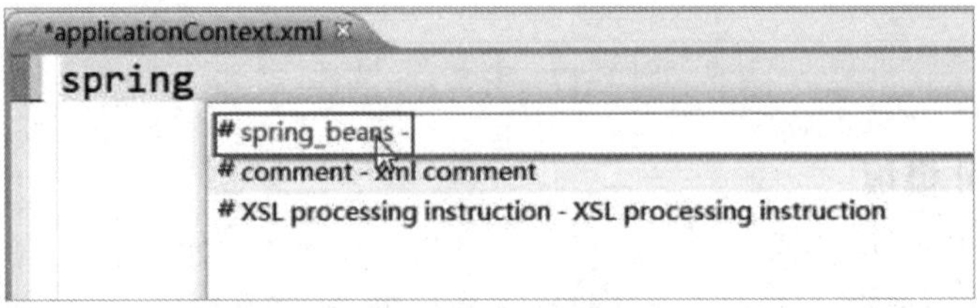

图 1–20　使用模板

1.4 IoC

视频

IoC入门案例

IoC（Inversion of Control）是面向对象编程中的一种设计原则，可以用来降低计算机代码之间的耦合度。

IoC 称为控制反转，简单来说就是将对象的创建及对象生命周期管理的过程交由 Spring 框架来处理，从此在开发过程中不再需要关注这些细节，而是在需要时由 Spring 框架提供处理，这样的机制称为控制反转。

1.4.1 IoC 入门案例

下面通过一个 IoC 入门案例介绍如何使用 IoC。使用 IoC 时是通过 Spring 容器获取对象并使用的，不是使用 new 创建对象的。下面详细介绍 IoC 入门案例的实现过程。

（1）在 MyEclipse 中右击项目面板，在弹出的快捷菜单中选择 New → Java Project 命令，在打开的 Create Java Project 对话框中输入项目名称为 Spring-day01-demo02，单击 Finish 按钮，如图 1–21 所示。

（2）使用 Spring 之前需要导包，可以将 Spring-day01-first 项目中的包复制过来。选择 Spring-day01-first 项目中的 libs 文件并右击，在弹出的快捷菜单中选择 Copy 命令复制文件，然后选择 Spring-day01-demo02 项目名称并右击，在弹出的快捷菜单中选择 Paste 命令粘贴文件，如图 1–22 所示。在打开的对话框中单击 OK 按钮即可完成导入包。

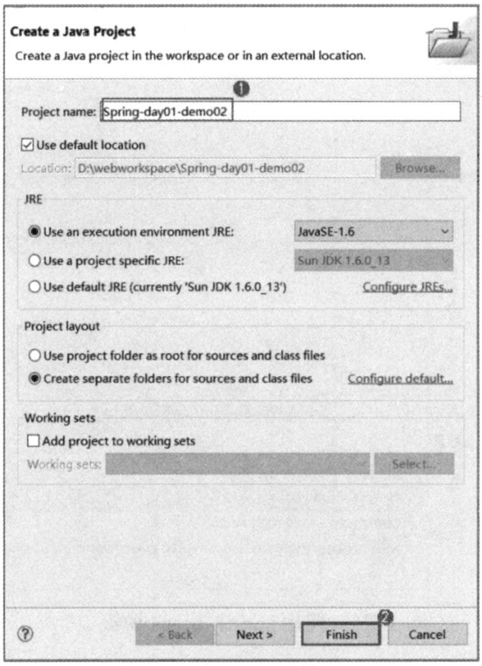

图 1–21　创建项目

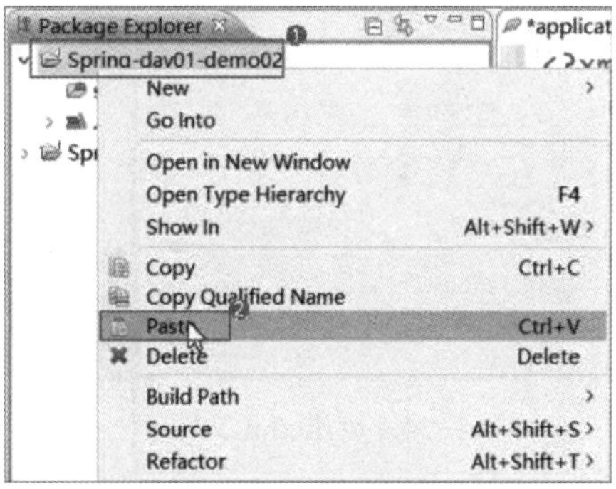

图 1–22　复制文件进行导入包

（3）展开复制的 libs 文件，全选包并右击，在弹出的快捷菜单中选择 Build Path → Add to Build Path 命令，即可添加复制的包，如图 1–23 所示。

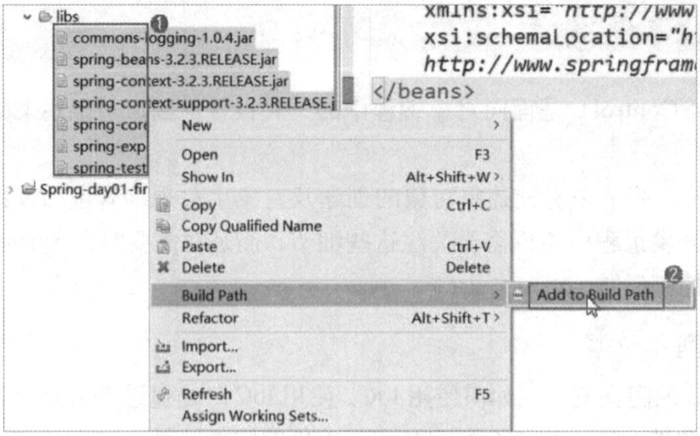

图 1-23　添加包

（4）然后使用 xml 文件进行配置，因为在 Spring-day01-first 项目中已经设置 spring_beans 的模板，现在只需创建 xml 文件，然后使用现有模板即可。右击 src 文件，在弹出的快捷菜单中选择 New → File 命令，打开 New File 对话框，在 File name 文本框中输入 applicationContext.xml，单击 Finish 按钮，如图 1–24 所示。

（5）在创建的 applicationContext.xml 文件中输入 spring，然后按【Alt+/】组合键，在打开的列表中选择 spring_beans，再按【Enter】键即可直接使用 spring_beans 模板进行约束，如图 1–25 所示。

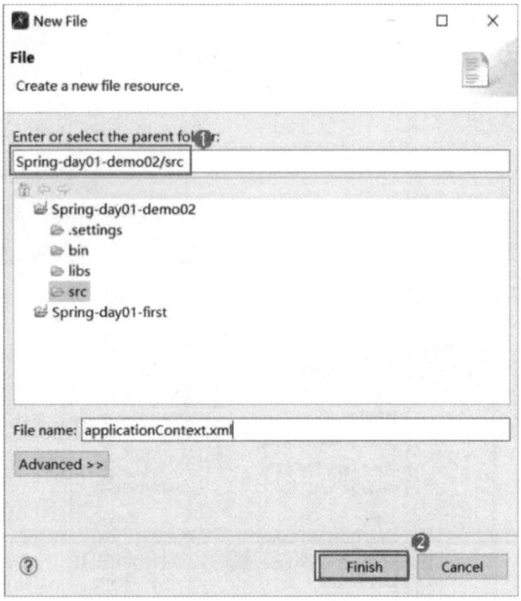

图 1–24　创建 xml 文件

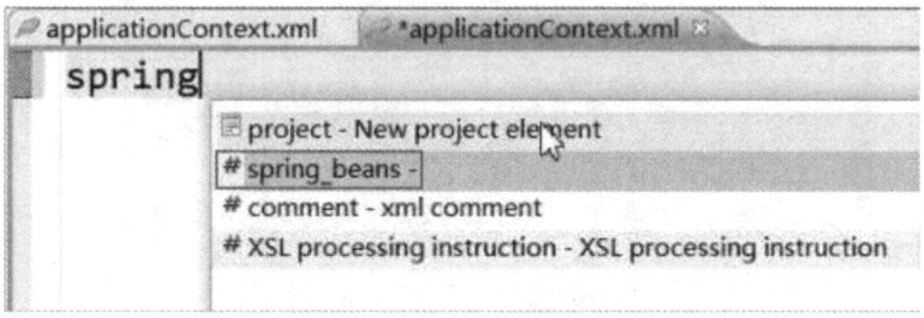

图 1–25　使用 spring_beans 模板

（6）生成约束后还要生成对应的对象，因此需要创建类。首先在 src 文件夹中创建 com.daojie.domain 包，再创建 Person 类。在 Person 类中提供 eat 和 sleep 两个成员方法，相关代码如下：

```
package com.daojie.domain;
public class Person {
    public void eat(){
        System.out.println("人需要吃饭");
```

```
    }
    public void sleep(){
        System.out.println("人需要睡觉");
    }
}
```

（7）在 applicationContext.xml 文件中配置 Person 类相应的信息，相关代码如下：

```
1 <?xml version="1.0" encoding="UTF-8"?>
2 <beans xmlns="http://www.springframework.org/schema/beans"
3     xmlns:xsi="http://www.w3.org/2001/XMLSchema-instance"
4     xsi:schemaLocation="http://www.springframework.org/schema/beans
5     http://www.springframework.org/schema/beans/spring-beans-3.2.xsd ">
6     <!-- 将 Person 类交由 Spring 进行处理  -->
7     <bean id = "person" class="com.daojie.domain.Person"></bean>
8 </beans>
```

前 5 行代码是使用 spring_beans 模板约束的代码，也就是步骤（5）操作完后自动生成的代码。第 7 行代码将 Person 类交由 Spring 进行处理，其中 id 等号右侧双引号中内容为将要获取对象对应的 id。id 一般为类名，全部小写。

（8）创建 com.daojie.test 包，并在该包中创建 TestDemo 类，然后在 TestDemo 类中创建 test01 方法。因为创建的方法是测试用的，所以在上方输入 @Test，添加完后编译不通过。按【Ctrl+1】组合键，在打开的列表中选择第一项，即可编译通过，如图 1–26 所示。

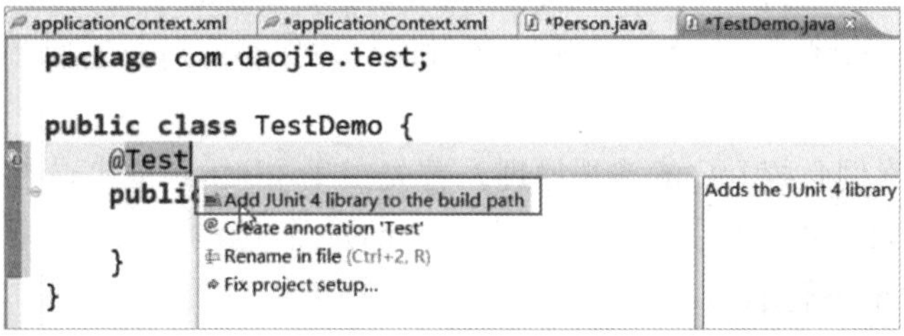

图 1–26　创建测试方法

（9）在 TestDemo 类中输入 test01 的测试代码，相关代码如下：

```
1  package com.daojie.test;
2  import org.junit.Test;
3  import org.springframework.context.ApplicationContext;
4  import org.springframework.context.support.ClassPathXmlApplicationContext;
5  import com.daojie.domain.Person;
6  public class TestDemo {
7      @Test
8      public void test01(){
9          // 初始化 Spring 容器
10         ApplicationContext context = new ClassPathXmlApplicationContext("application
Context.xml");
11         // 根据 bean 的 id 获取 Spring 容器中的对象
12         Person p = (Person) context.getBean("person");
13         p.eat();
14         p.sleep();
15     }
16 }
```

第 10 行代码初始化 Spring 容器，因为要使用 Spring 容器中的内容必须要初始化容器；第 12 行代码使用 getBean 根据 bean 的 id 获取 Spring 容器中的对象，然后再导入包并强制转换。

（10）测试代码输入完成后，右击 test01，在弹出的快捷菜单中选择 Run As → 1 JUnit Test 命令，在打开的对话框中单击 OK 按钮即可执行 test01 方法，并输出结果，如图 1–27 所示。

同时在 JUnit 中显示测试运行是正常的，如图 1–28 所示。如果测试失败，会显示红色数据条并显示 Errors 的数量。

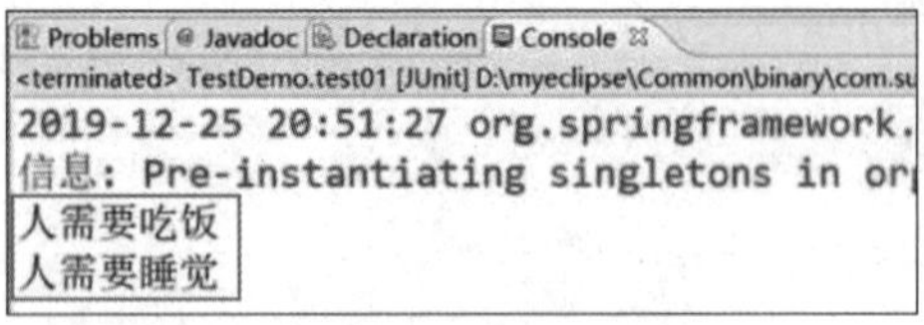

图 1–27　测试结果

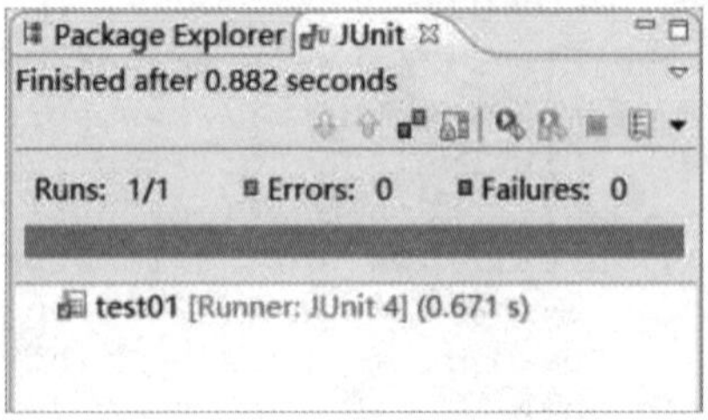

图 1–28　测试运行结果

1.4.2　IoC 的实现原理

视频

IoC实现原理和注意事项

在初始化一个 Spring 容器时，Spring 框架会去解析指定的 xml 文件，当解析到其中的 <bean> 标签时，会根据该标签中 Class 属性指定的类的全路径名，通过反射创建该类的对象，并将该对象存入内置的 Map 中管理。其中键就是该标签的 id 值，值就是该对象。

当通过 getBean 方法从容器中获取对象时，其实就是根据传入的条件在内置的 Map 中寻找是否有匹配的键值对，如果有则将该键值对中保存的对象返回，如果没有匹配到则抛出异常。

下面通过 loC 入门案例介绍 IoC 的实现原理。首先在 TestDemo 类代码中初始化 Spring 容器，其中包含 xml 文件，那么就会加载该文件；然后根据 <bean> 标签的 Class 字符串创建对象，并且根据 id 将创建的对象放在 Map 中管理。

此步骤可以通过以下伪代码进一步描述，相关伪代码如下：

```
// Class clz = Class.forName("com.daojie.domain.Person");
// Person p = clz.newInstance();
// map.put("person",p);
```

最后从容器中获取对象，也就是从 Map 中获取 person，如果获取不到对象，则会抛出异常。

通过伪代码进行描述，相关代码如下：

```
// map.get("person");
```

1.4.3　IoC 注意事项

下面对 IoC 的注意事项进行介绍，具体如下：

- 默认情况下，多次获取同一个 id 的 bean，得到的将是同一个对象。
- 即使是同一个类，如果配置过多个 <bean> 标签，具有不同的 id，每个 id 都会在内置 Map 中有一个键值对，其中的值是这个类创建的不同的对象。
- 同一个 <beans> 标签下不允许配置多个相同 id 的 <bean> 标签，如果配置，则启动抛出异常。

下面举例说明。在 loC 入门案例的 TestDemo 类的代码中再创建 p1 对象，然后输出 p 和 p1 的地址。相关代码如下：

```
Person p = (Person) context.getBean("personx");
Person p1 = (Person) context.getBean("personx");
System.out.println(p);
System.out.println(p1);
```

执行 test01 方法，输出结果如图 1–29 所示。

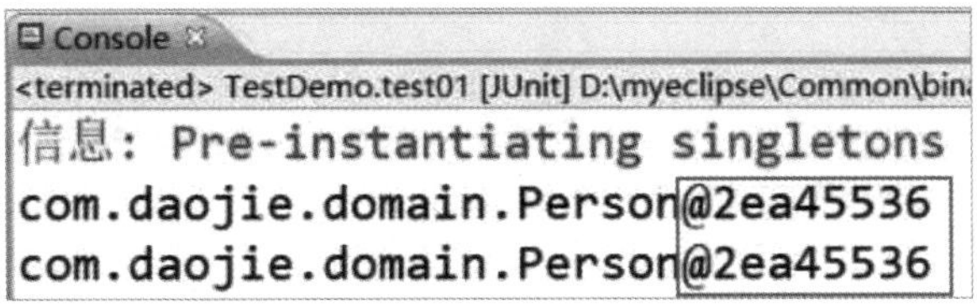

图 1–29 输出结果

输出 p 和 p1 的地址是完全一样的，说明多次获取同一个 id 的 bean，得到的将是同一个对象。

接着再举例说明第二个注意事项，首先在 applicationContext.xml 文件中配置两个 <bean> 标签，其中类是相同的，id 是不同的，分别为 person 和 person1，相关代码如下：

```
<bean id = "person" class="com.daojie.domain.Person"></bean>
<bean id = "person1" class="com.daojie.domain.Person"></bean>
```

然后在 TestDemo 类的代码中再创建 p1 对象，并输出 p 和 p1 的地址。该部分代码与验证第一个注意事项的代码一样。执行 test01 方法，输出结果如图 1–30 所示。

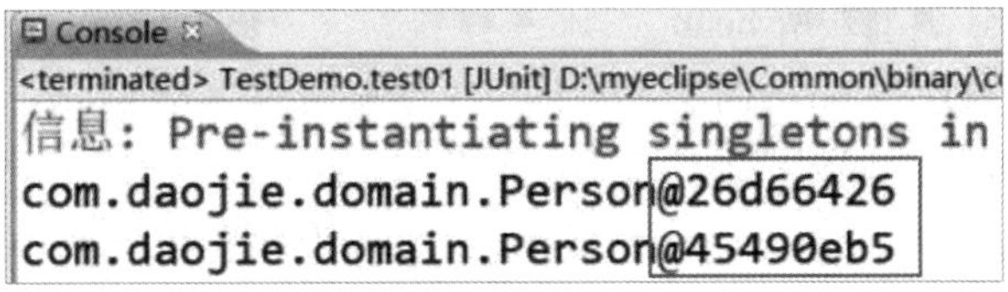

图 1–30 输出结果

可见输出 p 和 p1 的地址是不一样的，说明 p 和 p1 是不同的对象。因为在初始化 Spring 容器时，加载 xml 文件查找到第一个 <bean> 标签时，就会创建对象并且以 person 作为 id 放在 Map 中，同样的道理，为第二个 <bean> 标签创建对象时会以 person1 作为 id 放在 Map 中。创建了两次对象，所以其地址是不一样的。

最后举例说明第三个注意事项，在 xml 中创建两个相同 id 的 <bean> 标签，执行 test01 方法，输出结果显示异常，如图 1–31 所示。说明同一个 <beans> 标签下不允许配置多个相同 id 的 <bean> 标签。

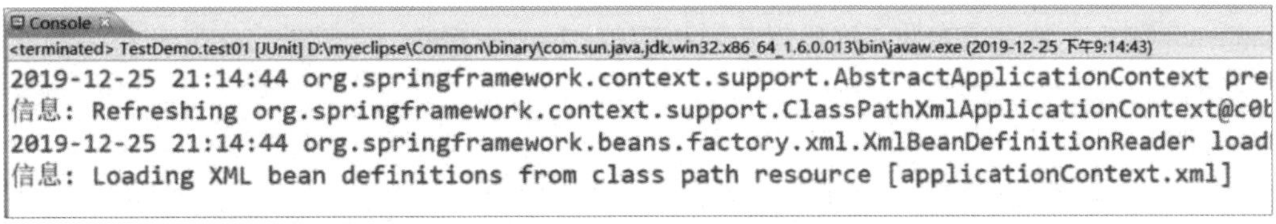

图 1–31 输出结果异常

1.4.4 IoC 获取对象的方式

通过 context.getBeans() 方法获取 bean 时，可以通过以下两种方式获取：

• 传入 id 值。

• 传入 class 类型。

下面举例介绍两种获取方法，在 TestDemo 类中输入两种获取对象的代码，相关代码如下：

```
1  package com.daojie.test;
2  import org.junit.Test;
3  import org.springframework.context.ApplicationContext;
4  import org.springframework.context.support.ClassPathXmlApplicationContext;
5  import com.daojie.domain.Person;
6  public class TestDemo {
7      @Test
8      public void test01(){
9          // 初始化 Spring 容器
10         ApplicationContext context = new ClassPathXmlApplicationContext
("applicationContext.xml");
11         // 根据 bean 的 id 获取 Spring 容器中的对象
12         Person p = (Person) context.getBean("person");
13         p.sleep();
14         Person p1 = (Person) context.getBean(person.class);
15         p1.eat();
16     }
17 }
```

视频

获取对象方式和别名标签

执行 test01 方法，输出结果正常。第 12 行代码是通过传入 id 值获取 bean；第 14 行代码是通过传入 class 类型获取 bean。

通过 class 类型获取 bean 时，如果同一个类配置过多个 bean，则在获取时因为无法确定到底要获取哪个 bean 而抛出异常。

下面举例说明，在 applicationContext.xml 文件中配置两个 <bean> 标签，其中 class 相同，id 不同，分别为 person 和 personx，相关代码如下：

```
<bean id = "person" class="com.daojie.domain.Person"></bean>
<bean id = "personx" class="com.daojie.domain.Person"></bean>
```

执行 test01 方法，输出结果如图 1-32 所示。

从输出结果可见，通过传入 id 获取 bean 是成功的，而通过 class 类型获取 bean 时出现异常。因为 id 通常是唯一的，不存在这样的问题，所以建议大家尽量使用 id 获取 bean。

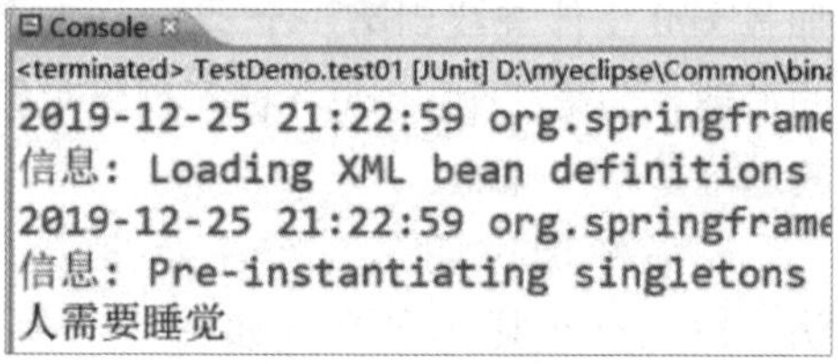

图 1-32　输出结果

1.4.5　别名标签

在 Spring 中提供的别名标签 <alias> 可以为配置的 <bean> 起一个别名，要注意的是，这仅仅是对指定的 <bean> 起的一个额外名字，并不会额外创建对象存入 Map。

别名标签格式：

```
<alias name="要起别名的 bean 的 id"  alias="要指定的别名"/>
```

下面举例说明别名标签的使用方法，在 IoC 入门案例中，可以将 person 起名为 personx，相关代码如下：

```
<bean id = "person" class="com.daojie.domain.Person"></bean>
<alias name="person" alias="personx"/>
```

为配置的 <bean> 起别名后，通过传入 id 获取 Spring 容器中的对象时，可以使用原名也可以使用别名。

1.4.6 Spring 创建对象的方式

视频

类的无参构造方法创建对象

Spring 可以通过以下 4 种方式创建对象：

- 通过类的无参构造方法创建对象。
- 通过静态工厂创建对象。
- 通过实例工厂创建对象。
- 通过 Spring 工厂创建对象。

1. 通过类的无参构造方法创建对象

在 IoC 入门案例中，使用的就是通过类的无参构造方法创建对象。当用最普通方式配置一个 <bean> 时，默认就是采用类的无参构造方法创建对象。在 Spring 容器初始化时，通过 <bean> 上配置的 class 属性反射得到字节码对象，通过 newInstance() 创建对象。

这种方式下 Spring 创建对象时，要求类必须有无参的构造方法，否则无法通过反射创建对象，会抛出异常。

在 Java 中创建类时，默认提供无参构造方法，所以在 IoC 入门案例中创建 Person 类时也包含无参构造方法。下面在 Person 类中提供无参构造方法进行验证，相关代码如下：

```
public Person(){
    System.out.println("无参构造被调用");
}
```

执行 test01 方法，输出结果如图 1-33 所示。

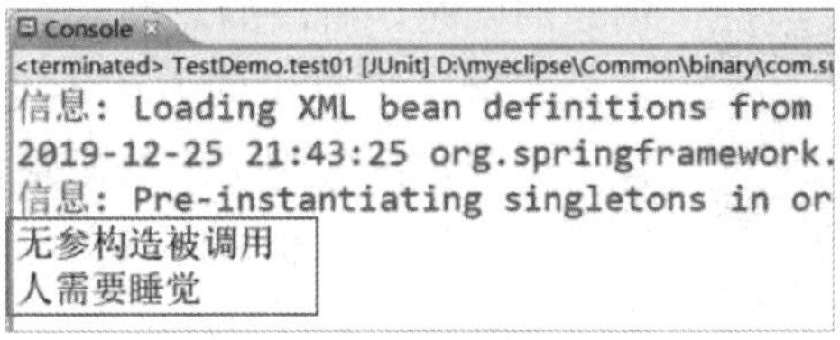

图 1-33 输出结果

从输出结果可见调用了无参构造方法。而如果在类中创建了有参构造方法，则默认不会提供无参构造方法。如果在上面的 Person 类的无参构造方法后面再创建有参构造方法，执行 test01 方法，则输出结果异常。

2. 通过静态工厂创建对象

视频

静态工厂创建对象

很多时候，面对的类是无法通过无参构造方法创建的，例如该类没有无参构造或是抽象类等情况时，无法要求 Spring 通过无参构造方法创建对象，此时可以使用静态工厂的方式创建。

下面举例说明通过静态工厂创建对象的方法。先创建 com.daojie.factory 包，并在包里创建 CalendarStaticFactory 类获取日历对象。在该类中创建方法可以获取日历对象，相关代码如下：

```
1  package com.daojie.factory;
2  import java.util.Calendar;
3  public class CalendarStaticFactory {
4      // 静态工厂
5      public static Calendar getCalendar(){
6          return Calendar.getInstance();
7      }
8  }
```

第 5 行代码用于通过创建静态工厂获取日历对象，其中 Calendar 为抽象类；第 6 行代码获取日历对象的实例，其中有一个静态方法。

接着在 applicationContext.xml 文件中进行配置，相关代码如下：

```
    <!-- 静态工厂的配置  -->
    <bean id="calendar" class="com.daojie.factory.CalendarStaticFactory" factory-
method="getCalendar"></bean>
```

在代码中除了创建 id 和 class 外，还调用了类中的静态方法 getCalendar，完成配置。

最后在 TestDemo 测试类中创建 test02 方法，相关代码如下：

```
1   @Test
2   public void test02(){
3       // 初始化 Spring 容器
4        ApplicationContext context = new ClassPathXmlApplicationContext("applicati
onContext.xml");
5       // 根据 bean 的 id 获取对象
6       Calendar c =  (Calendar) context.getBean("calendar");
7       System.out.println(c);
8   }
```

第 4 行代码初始化 Spring 容器；第 6 行代码传入 id 以获取 bean；第 7 行代码输出了日历对象。执行 test02 方法，即可输出日历对象，如图 1–34 所示。

3. 通过实例工厂创建对象

视 频

实例工厂创建对象

实例工厂也可以解决类无法通过无参构造创建的问题，解决的思路和静态工厂类似，只不过实例工厂提供的方法不是静态的。Spring 需要先创建出实例工厂的对象，再调用实例工厂对象上指定的普通方法创建对象，所以实例工厂也需要配置到 Spring 中管理。

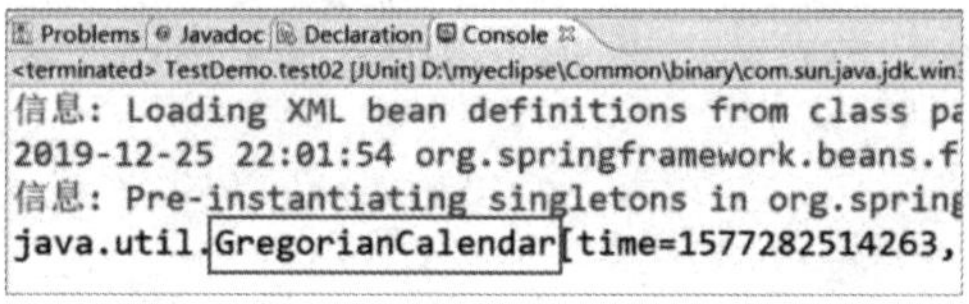

图 1–34　输出结果

下面接着 IoC 的入门案例说明通过实例工厂创建对象的方法，首先创建 CalendarFactory 类，并且创建普通方法获取日历对象，相关代码如下：

```
    package com.daojie.factory;
    import java.util.Calendar;
    public class CalendarFactory {
        // 实例工厂
        public Calendar getCalendar(){
            return Calendar.getInstance();
        }
    }
```

接着需要在 applicationContext.xml 文件中配置 <bean> 标签，相关代码如下：

```
    <!-- 实例工厂的配置 -->
    <bean id = "calendarFactory" class="com.daojie.factory.CalendarFactory"></bean>
    <bean id = "calendarinstance" factory-bean="calendarFactory" factory-
method="getCalendar"></bean>
```

第一个 <bean> 标签配置实例工厂的内容，加载 Spring 时会创建相应的对象；第二个 <bean> 标签调用 CalendarFactory 类中的方法。

最后在 TestDemo 测试类中创建 test03 方法，相关代码如下：

```
@Test
public void test03(){
```

```
3        // 初始化 Spring 容器
4        ApplicationContext context = new ClassPathXmlApplicationContext("application
Context.xml");
5        // 根据 bean 的 id 获取对象
6        Calendar c =  (Calendar) context.getBean("calendarinstance");
7        System.out.println(c);
8    }
```

第 4 行代码初始化 Spring 容器；第 6 行代码传入 id 获取 bean；第 7 行代码输出日历对象。执行 test03 方法，即可输出日历对象，如图 1-35 所示。

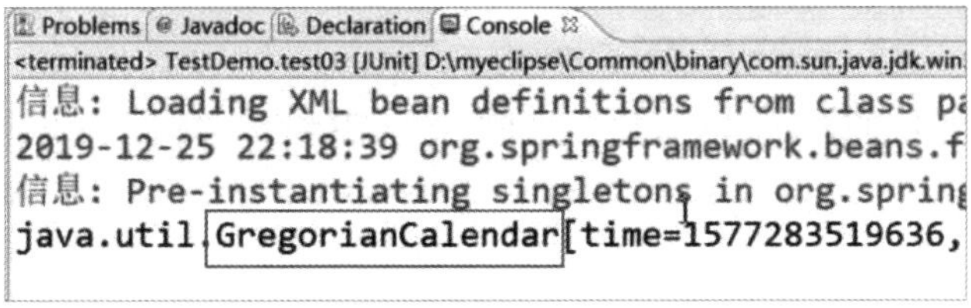

图 1-35 输出结果

视 频

Spring工厂创建对象

4. 通过 Spring 工厂创建对象

Spring 内置了工厂接口，也可以通过实现这个接口开发 Spring 工厂，然后通过这个工厂创建对象。

下面同样接着 IoC 入门案例说明通过 Spring 工厂创建对象的方法，首先创建 CalendarSpring-Factory 类并实现接口，相关代码如下：

```
1  package com.daojie.factory;
2  import java.util.Calendar;
3  import org.springframework.beans.factory.FactoryBean;
4  public class CalendarSpringFactory implements FactoryBean<Calendar>{
5      // Spring 工厂生产对象的方法
6      @Override
7      public Calendar getObject() throws Exception {
8          // TODO Auto-generated method stub
9          return Calendar.getInstance();
10     }
11     // 获取当前工厂生产的对象的类型
12     @Override
13     public Class<Calendar> getObjectType() {
14         // TODO Auto-generated method stub
15         return Calendar.class;
16     }
17     /*
18      * Spring 工厂生产对象时是否采用单例模式
19      * */
20     @Override
21     public boolean isSingleton() {
22         // TODO Auto-generated method stub
23         return true;
24     }
25 }
```

第 4 行代码实现接口并通过泛型限制生成对象的类；第 7 行代码使用 getObject() 方法获取 Spring 工厂生产的对象；第 13 行代码使用 getObjectType() 方法获取当前工厂生产的对象的类型；第 21 行代码使用 isSingleton() 方法决定 Spring 工厂生产对象时是否采用单例模式。

注意：

使用 isSingleton() 方法时，如果返回 true，那么 Spring 容器中该对象只创建一次，后续重复使用，被称为单例模式；如果返回 false，那么 Spring 容器中每次获取该对象时，都会创建新的对象，被称为多例模式。

接着在 applicationContext.xml 文件中配置 <bean> 标签，配置方法和通过无参构造方法创建对象一样，相关代码如下：

```
<!-- Spring 工厂的配置 -->
<bean id="calendarspring" class = "com.daojie.factory.CalendarSpringFactory"></bean>
```

最后在 TestDemo 测试类中创建 test04 方法，test04 的代码和 test03 的代码相似，只是通过 bean 的 id 获取对象代码中的 id 不同，应为 calendarspring。执行 test04 方法，即可正确输出日历对象。

1.4.7 Spring 单例模式

视频

Spring单例模式

Spring 容器管理的 bean 在默认情况下是单例模式的，即一个 bean 只会创建一个对象，存在内置 Map 中，之后无论获取多少次该 bean，都返回同一个对象。Spring 默认采用单例方式，减少了对象的创建，从而减少了内存的消耗。

但在实际开发中，是存在多例需求的，Spring 也提供了选项可以将 bean 设置为多例模式。

下面接着 IoC 入门案例说明 Spring 单例模式的使用，首先在 com.daojie.domain 包中创建 Cart 类，该类中无任何内容，相关代码如下：

```
package com.daojie.domain;
public class Cart {
}
```

接着在 applicationContext.xml 文件中配置 <bean> 标签，代码如下：

```
<bean id="cart" class="com.daojie.domain.Cart"></bean>
```

最后在 TestDemo 测试类中创建 test05 方法，相关代码如下：

```
1  @Test
2  public void test05(){
3      // 初始化 Spring 容器
4       ApplicationContext context = new ClassPathXmlApplicationContext("applicationContext.xml");
5      // 根据 bean 的 id 获取对象
6      Cart c =  (Cart) context.getBean("cart");
7      System.out.println(c);
8      Cart c1 =  (Cart) context.getBean("cart");
9      System.out.println(c1);
10 }
```

第 6、8 行代码通过相同的 id 获取对象。第 7、9 行代码分别输出 c 和 c1 的地址，如果两个地址一样，说明 Spring 默认采用单例模式，两个地址不同，则说明 Spring 默认采用多例模式。

执行 test05 方法，输出结果如图 1–36 所示。说明 Spring 默认采用单例模式。

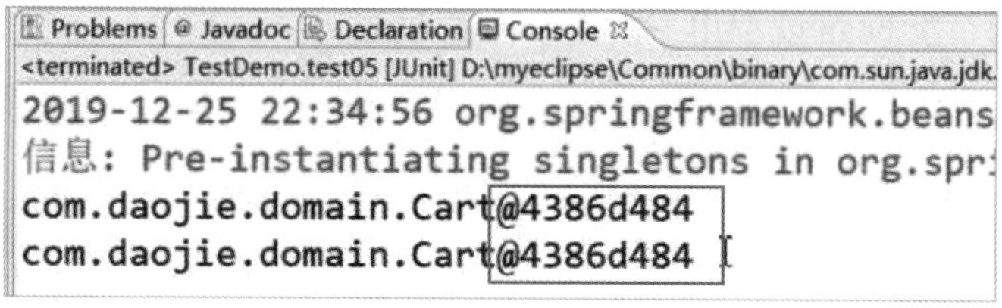

图 1–36　输出结果

如果要设置 Spring 为多例模式，可在 applicationContext.xml 文件中将配置的 <bean> 代码进行修改，修改后的代码如下：

```
<bean id="cart" class="com.daojie.domain.Cart" scope="prototype"></bean>
```

在代码中，scope="prototype" 表示设置为多例模式，如果 scope="singleton"，则表示设置为单例模式。

设置为多例模式后，执行 test05 方法，输出结果如图 1–37 所示。

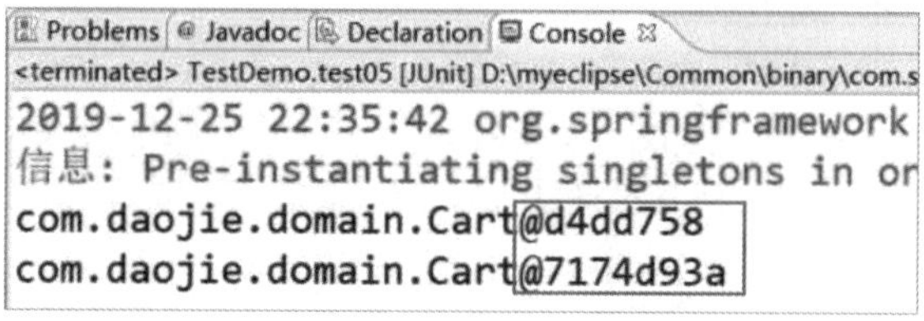

图 1–37　输出结果

从输出结果可见 c 和 c1 的地址不同，说明 Spring 为多例模式。

Spring 默认情况下是单例模式的，存在内置 Map 中，之后无论获取多少次该 bean，都返回同一个对象，该对象是被 Spring 容器所持有的，那么 bean 的生命周期有多长呢？只有容器退出时，bean 才会被销毁。

Spring 在多例模式下，在初始化 Spring 容器时只是管理 bean，并没有创建对象，在调用 bean 时 Spring 才会创建对象。每次创建的都是新对象，而且该对象并没有被 Spring 容器所持有，如果要销毁对象则取决于程序员什么时候写代码销毁。

下面接着入门案例说明单例模式和多例模式下是什么时候创建对象的，首先在 Cart 类中创建无参构造方法，创建对象时会调用无参构造方法。Spring 为多例模式，执行 test05 方法，输出结果如图 1–38 所示。

如果 Spring 为单例模式，执行 test05 方法，输出结果如图 1–39 所示。

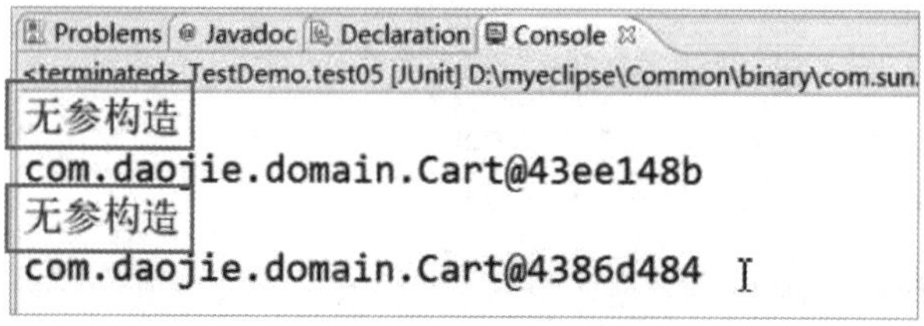

图 1–38　多例模式输出结果

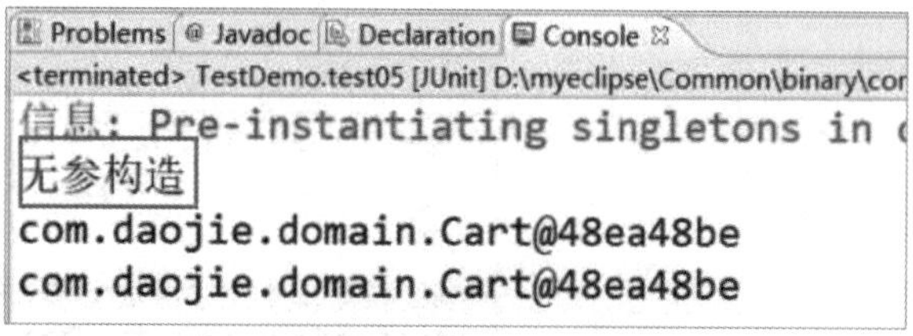

图 1–39　单例模式输出结果

通过在 test05 方法的初始化代码中打断点并逐行运行代码可知，在 Spring 单例模式下，执行初始化 Spring 容器代码时调用无参构造方法。在 Spring 多例模式下，只有调用 bean 代码时才调用无参构造方法，而且是调用一次 bean 就调用一次无参构造方法。

注意：

在 Java 代码中添加断点可以查看程序的执行过程，在代码区域的某行代码左侧双击即可添加断点。然后右击 test05 方法，在弹出的快捷菜单中选择 Debug As → JUnit Test 命令，然后在弹出的对话框中单击 Yes 按钮。此时，选中打断点的代码，按【F6】功能键即可执行该行代码，同时显示输出结果。

视 频

Spring懒加载机制

1.4.8 Spring 懒加载机制

Spring 懒加载机制可以规定指定的 bean 不在启动时立即创建，而是在后续第一次使用时才创建，从而减轻在启动过程中对时间和内存的消耗。

懒加载机制只对单例模式 bean 有作用，对于多例模式 bean 设置懒加载没有意义。

下面接着入门案例说明 Spring 懒加载机制的应用，首先在 com.daojie.domain 包中创建 Dog 类，并添加无参构造方法，相关代码如下：

```
package com.daojie.domain;
public class Dog {
    public Dog(){
        System.out.println("无参构造");
    }
}
```

接着在 applicationContext.xml 文件中配置 <bean> 标签，使用单例模式和懒加载机制，相关代码如下：

```
<bean id="dog" class="com.daojie.domain.Dog" lazy-init="true"></bean>
```

最后在测试代码中创建 test06 方法，相关代码如下：

```
1  @Test
2  public void test06(){
3      // 初始化 Spring 容器
4      ApplicationContext context = new ClassPathXmlApplicationContext("applicationContext.xml");
5      // 根据 bean 的 id 获取对象
6      Dog dog = (Dog) context.getBean("dog");
7      System.out.println(dog);
8      Dog dog1 = (Dog) context.getBean("dog");
9      System.out.println(dog1);
10 }
```

执行 test06 方法，输出结果如图 1–40 所示。

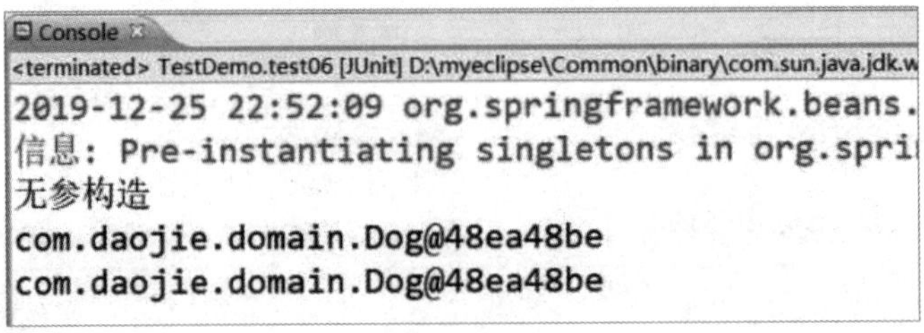

图 1–40 单例模式懒加载机制输出结果

从输出的结果无法确定无参构造方法是哪一行代码调用的，如果懒加载机制有效，将是第 8 行代码调用无参构造；如果懒加载机制不起作用，则是第 6 行代码调用的。通过打断点并逐行运行代码可知，执行第 6 行代码时并没有调用无参构造方法，执行第 8 行代码时才调用无参构造方法，说明懒加载机制有效。

如果需要将 applicationContext.xml 文件中所有 bean 都使用懒加载机制，只需要修改生成 xml 文件时的自动输入内容即可，修改后代码如下：

```
1  <?xml version="1.0" encoding="UTF-8"?>
2  <beans xmlns="http://www.springframework.org/schema/beans"
3      xmlns:xsi="http://www.w3.org/2001/XMLSchema-instance"
4      xsi:schemaLocation="http://www.springframework.org/schema/beans
5      http://www.springframework.org/schema/beans/spring-beans-3.2.xsd "
6      default-lazy-init="true"
7  >
```

将光标定位在第 5 行代码最右侧的 > 括号前，按【Enter】键，然后输入 default-lazy-init="true" 代码即可。

注意：

如果同时设定全局懒加载机制和指定局部懒加载机制，并且配置不同时，那么局部配置覆盖全局配置。例如，局部懒加载机制为 false，全局懒加载机制为 true，运行时全局配置对于该局部配置无效。

1.4.9 配置初始化和销毁方法

在 Spring 中，如果某个 bean 在初始化之后或销毁之前要做一些额外操作时，可以为该 bean 配置初始化和销毁的方法，在这些方法中完成功能。

视 频

配置初始化和销毁方法

方法执行顺序：在 Spring 创建 bean 对象时，先创建对象（通过无参构造或工厂），然后立即调用 init 方法执行初始化操作，最后此 bean 就可以调用其他普通方法，而在对象销毁之前 Spring 容器调用其 destory 方法执行销毁操作。

下面接着入门案例举例说明，首先创建 com.daojie.dao 包，在该包中创建 ProdDao 类，假设该类在 DAO 层，即数据访问层，希望在调用方法之前是和数据库连接的，而不使用对象时是断开数据库连接的。根据以上需求输入代码如下：

```
package com.daojie.dao;
public class ProdDao {
    public ProdDao(){
        System.out.println(" 无参构造方法 ");
    }
    public void init(){
        System.out.println(" 连接数据库中 ....");
    }
    public void destory(){
        System.out.println(" 断开数据库 ...");
    }
    public void addProd(){
        System.out.println(" 添加商品成功 ");
    }
}
```

接着，在 applicationContext.xml 文件中配置 <bean> 标签，相关代码如下：

```
<bean id="proddao" class="com.daojie.dao.ProdDao" init-method="init" destroy-method="destory"></bean>
```

在代码中，init-method 为初始化方法，可以保证在 ProdDao 类中调用方法之前调用；destroy-method 为销毁之前调用的方法，可以保证在销毁之前调用。

最后在 TestDemo 测试类中创建 test07 方法，相关代码如下：

```
1  @Test
2  public void test07(){
3      // 初始化Spring容器
4      ClassPathXmlApplicationContext context = new ClassPathXmlApplicationContext
("applicationContext.xml");
5      // 根据bean的id获取对象
6      ProdDao pd = (ProdDao) context.getBean("proddao");
7      pd.addProd();
8      context.close();
9  }
```

第 7 行代码调用 ProdDao 类中 addProd() 方法；第 8 行代码使用 close() 方法销毁容器。执行 test07 方法，输出结果如图 1-41 所示。

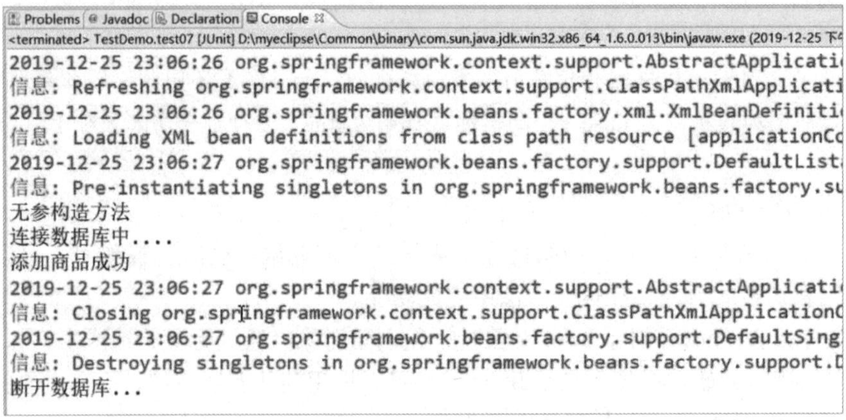

图 1-41　配置初始化和销毁方法的输出结果

从输出结果可知，首先调用无参构造方法，然后在调用 addProd() 方法之前调用 init() 方法执行初始化操作，调用 addProd() 方法后销毁对象之前调用 destory() 方法执行销毁前断开数据库的操作。

1.5 DI

视频

set方法注入

在创建对象的过程中，Spring 可以依据配置对对象的属性进行设置，这个过程称为依赖注入，也就是 DI。下面学习使用 set 方法注入和构造方法注入两种方式。

1.5.1 set 方法注入

通常的 javabean 属性都会私有化，而对外暴露 setXxx() 和 getXxx() 方法，此时 Spring 可以通过 setXxx() 方法将属性的值注入对象。

set 方法注入注意事项：

• 如果没有提供 set 方法，那么就会报错。

• 如果添加了新的类属性，那么需要再提供 set、get 方法和 toString 方法。

下面举例说明。首先创建 Spring-day0-demo03 项目，然后导入相应的 jar 包，并新建一个

application Context.xml 文件。完成准备工作后创建 com.daojie.domain 包，在该包中创建 Hero 类，相关代码如下：

```
1  package com.daojie.domain;
2  import java.util.List;
3  import java.util.Map;
4  import java.util.Properties;
5  import java.util.Set;
6  public class Hero {
7      private int id;
8      private String name;
9      private List<String> jobs;
10     private Set<String> set;
11     private Map<String,String> map;
12     private Properties prop;
13     public void setId(int id) {
14         this.id = id;
15     }
16     public void setName(String name) {
17         this.name = name;
18     }
19     public void setJobs(List<String> jobs) {
20         this.jobs = jobs;
21     }
22     public void setSet(Set<String> set) {
23         this.set = set;
24     }
25     public void setMap(Map<String, String> map) {
26         this.map = map;
27     }
28     public void setProp(Properties prop) {
29         this.prop = prop;
30     }
31     @Override
32     public String toString() {
33         return "Hero [id=" + id + ", name=" + name + ", jobs=" + jobs + ",
                 set=" + set + ", map=" + map + ", prop=" + prop + "]";
34     }
35 }
```

第 7~12 行代码提供 6 种不同的属性，包括 int、String、List、Set、Map 和 Properties；第 13~30 行代码通过 set 方法注入；第 31~34 行代码生成 toString 方法。

然后在 applicationContext.xml 文件中配置 <bean> 标签，相关代码如下：

```
<bean id="hero" class="com.daojie.domain.Hero">
<property name="id" value = "123"></property>
<property name="name" value=" 亚瑟 "></property>
<property name="jobs">
<list>
    <value> 上单 </value>
    <value> 打野 </value>
    <value> 辅助 </value>
    <value>C 位 </value>
</list>
</property>
<property name="set">
    <set>
```

```
            <value> 张三 </value>
            <value> 李四 </value>
            <value> 王五 </value>
        </set>
    </property>
    <property name="map">
        <map>
            <entry key="addr" value=" 王者荣耀 "></entry>
            <entry key="skill" value=" 风火轮 "></entry>
            <entry key="age" value="30"></entry>
        </map>
    </property>
    <property name="prop">
        <props>
            <prop key="k1">v1</prop>
            <prop key="k2">v2</prop>
            <prop key="k3">v3</prop>
        </props>
    </property>
    </bean>
```

以上代码分别为 Hero 类中定义的 6 种属性赋值。

最后创建 com.daojie.test 包，并在该包中创建 TestDemo 测试类，然后再创建 test01 方法，相关代码如下：

```
    package com.daojie.test;
    import org.junit.Test;
    import org.springframework.context.ApplicationContext;
    import org.springframework.context.support.ClassPathXmlApplicationContext;
    public class TestDemo {
        @Test
        public void test01(){
            // 初始化 Spring 容器
           ApplicationContext context = new ClassPathXmlApplicationContext("application
Context.xml");
            // 获取对象
            Hero hero = (Hero) context.getBean("hero");
            System.out.println(hero);
        }
    }
```

以上代码在 Hero 类中添加了 toString 方法，在 test01 的代码中直接输出 hero 即可输出相应属性。执行 test01 方法，输出结果如图 1–42 所示。

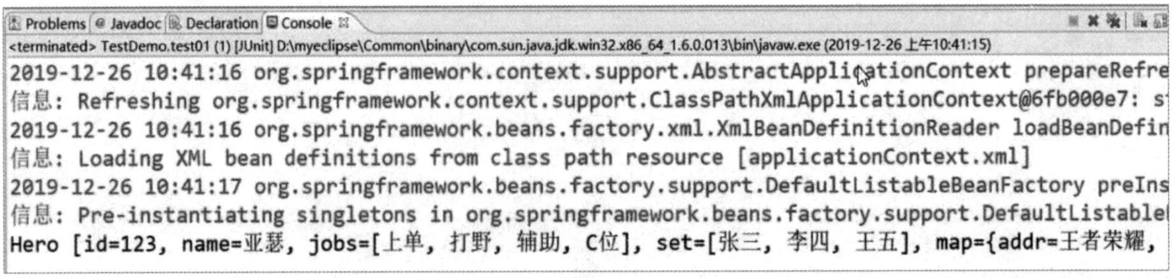

```
Problems  @ Javadoc  Declaration  Console
<terminated> TestDemo.test01 (1) [JUnit] D:\myeclipse\Common\binary\com.sun.java.jdk.win32.x86_64_1.6.0.013\bin\javaw.exe (2019-12-26 上午10:41:15)
2019-12-26 10:41:16 org.springframework.context.support.AbstractApplicationContext prepareRefre
信息: Refreshing org.springframework.context.support.ClassPathXmlApplicationContext@6fb000e7: s
2019-12-26 10:41:16 org.springframework.beans.factory.xml.XmlBeanDefinitionReader loadBeanDefin
信息: Loading XML bean definitions from class path resource [applicationContext.xml]
2019-12-26 10:41:17 org.springframework.beans.factory.support.DefaultListableBeanFactory preIns
信息: Pre-instantiating singletons in org.springframework.beans.factory.support.DefaultListable
Hero [id=123, name=亚瑟, jobs=[上单, 打野, 辅助, C位], set=[张三, 李四, 王五], map={addr=王者荣耀,
```

图 1–42　set 方法注入输出的结果

输出结果为 applicationContext.xml 文件中赋值的内容，因此可以使用 set 方法设定 Spring 内置的

可以直接注入的类。

如果要添加自定义类，也需要提供 set 和 toString 方法，下面举例说明。接着上面的案例，首先在 com.daojie.domain 包中创建 Dog 和 Cat 类，在 Dog 类中添加 name，并提供 set 方法和 toString 方法，Cat 类中不添加任何内容。

Dog 类的相关代码如下：

```
package com.daojie.domain;
public class Dog {
    private String name;
    public void setName(String name) {
        this.name = name;
    }
    @Override
    public String toString() {
        return "Dog [name=" + name + "]";
    }
}
```

Cat 类中代码如下：

```
package com.daojie.domain;
public class Cat {
}
```

接着在 Hero 类中添加 Dog 和 Cat 类，并添加 set 方法，重新生成 toString 方法。下面展示添加 Dog 类、Cat 类以及 set 方法的相关代码。

```
// 自定义的类
private Dog dog;
private Cat cat;
public void setCat(Cat cat) {
    this.cat = cat;
}
public void setDog(Dog dog) {
    this.dog = dog;
}
```

最后在 applicationContext.xml 文件中为其赋值，首先需要在 xml 文件中通过 <bean> 标签创建 Dog 和 Cat 两个对象。因为在 Dog 类中创建了 name，所以直接在 Dog 的 <bean> 标签内为 name 赋值，相关代码如下：

```
<bean id="dog" class="com.daojie.domain.Dog">
    <property name="name" value=" 旺财 "></property>
    </bean>
    <bean id="dog" class="com.daojie.domain.Dog"></bean>
<bean id="cat" class="com.daojie.domain.Cat"></bean>
```

然后为之前 6 种类赋值的 <bean> 标签中输入以下代码：

```
<property name="dog" ref="dog"></property>
<property name="cat" ref="cat"></property>
```

代码中 name 等号右侧的 dog 和 cat 是 Hero 中自定义类的属性，ref 等号右侧的 Dog 和 cat 是在 applicationContext.xml 文件中创建对象的 bean。

执行 TestDemo 测试类中 test01 方法，输出结果如图 1–43 所示。

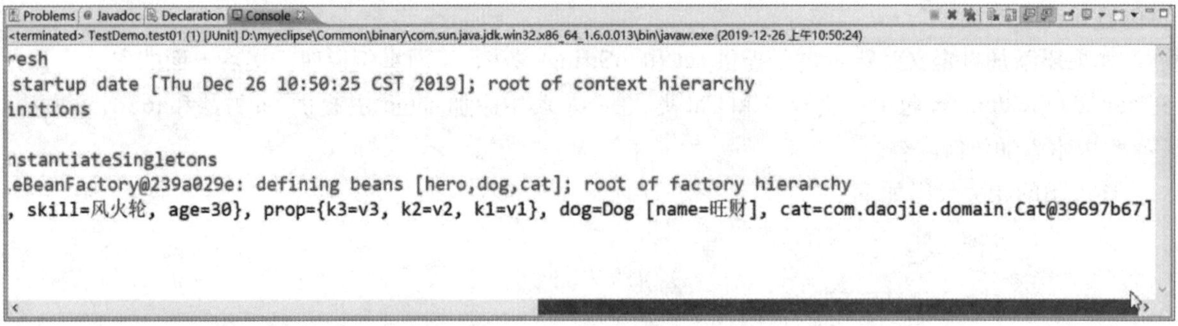

图 1-43　自定义类后注入的结果

可以 dog 等于 Dog 类型，name 等于“旺财”，这是因为在 Dog 类中重写了 toString 方法，并且在 applicationContext.xml 文件中进行配置。另外，cat 输出的是 Cat 类型的对象地址，这是因为给 cat 的赋值就是对象地址。

视频

自动装配

1.5.2　自动装配

在 Spring 的 set 方式实现的注入过程中，支持自动装配机制。所谓自动装配机制，是指根据要设置的 javabean 属性的名字或类型到 Spring 中自动寻找对应 id 或类型的 <bean> 进行设置，从而省去依次配置的过程，简化了配置。

下面接着上一节的例子说明自动装配的使用，首先在 com.daojie.domain 包中创建测试的 Teacher 类，包含 Dog 和 Cat，并且添加 set 和 toString 方法。相关代码如下：

```
package com.daojie.domain;
public class Teacher {
    private Dog dog;
    private Cat cat;
    public Dog getDog() {
        return dog;
    }
    public void setDog(Dog dog) {
        this.dog = dog;
    }
    public Cat getCat() {
        return cat;
    }
    public void setCat(Cat cat) {
        this.cat = cat;
    }
    @Override
    public String toString() {
        return "Teacher [dog=" + dog + ", cat=" + cat + "]";
    }
}
```

接着在 applicationContext.xml 文件中配置 teacher 类，相关代码如下：

```
<bean id="teacher" class="com.daojie.domain.Teacher" autowire="byName"></bean>
```

通过 <bean> 标签配置 teacher 类后，如果按照上一节配置的方法，还需要配置 Teacher 类中的 Dog 和 Cat 属性，而这里使用自动装配省去了该部分代码，代码中的 autowire="byName" 实现了自动装配机制。

byName 自动装配的过程是首先在 Teacher 类中找到属性名称（dog 和 cat），然后根据属性名称在 Spring 容器中进行 bean id 匹配，如果有 bean id 和类属性名称相同，则匹配成功，将产生的对象赋值给 Teacher 类中对应的属性。

最后在 TestDemo 测试类创建 test02 方法，相关代码如下：

```
@Test
public void test02(){
     // 初始化 Spring 容器
     ApplicationContext context = new ClassPathXmlApplicationContext("application
Context.xml");
     // 获取对象
     Teacher t = (Teacher) context.getBean("teacher");
     System.out.println(t);
}
```

执行 test02 方法，输出结果如图 1–44 所示。

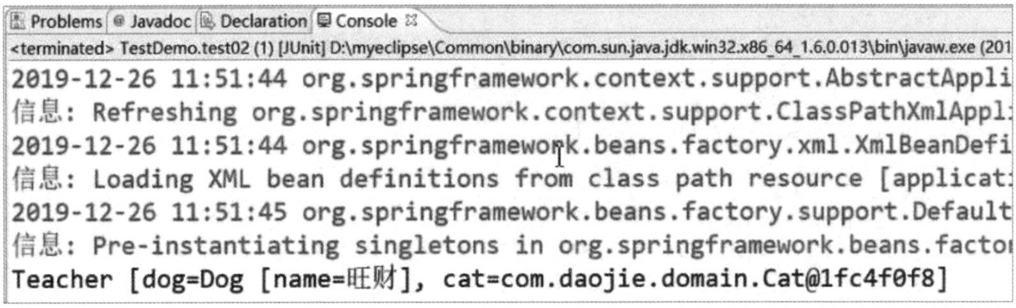

图 1–44　自动装配输出的结果

从输出结果可见，通过自动装配实现了 set 方法的注入，而且节省了在 xml 文件中大量创建对象和赋值的代码。

自动装配有两种方法：byName 和 byType。byName 是根据类属性的名称去 Spring 容器中进行 bean id 的匹配。如果有 bean id 和类属性名称相同，那么就将产生的对象赋值给类属性。byType 是根据类属性的类型去 Spring 容器中进行 bean 类型的匹配，如果有 bean 类型和类属性的类型相同，那么就将产生的对象赋值给类属性。

接着上面的案例，可以根据 Teacher 类中 Dog 和 Cat 数据类型在 xml 文件中匹配 Dog 和 Cat 数据类型，匹配成功后，将产生的对象赋值给类中对应的属性。

注意：

自动装配有两种，优先使用 byName，因为类型可能有多个，而 id 的名称一般是唯一的。

如果需要匹配所有的 bean，只需要修改 applicationContext.xml 文件中的自动输入内容即可，修改后代码如下：

```
<?xml version="1.0" encoding="UTF-8"?>
<beans xmlns="http://www.springframework.org/schema/beans"
    xmlns:xsi="http://www.w3.org/2001/XMLSchema-instance"
    xsi:schemaLocation="http://www.springframework.org/schema/beans
```

```
5        http://www.springframework.org/schema/beans/spring-beans-3.2.xsd "
6        default-autowire="byName"
7    >
```

将光标定位在第 5 行代码最右侧的 > 括号之前，然后按【Enter】键，再输入 default-autowire="byName" 代码即可。

视 频

构造方法注入

1.5.3 构造方法注入

之前介绍了如何使用 set 方法为对象赋值，另外，也可以通过构造方法传入并设置对象的属性。Spring 也可以通过这样的构造方法实现属性的注入。

下面接着上一节的例子说明构造方法注入，首先在 com.daojie.domain 包中创建 Student 类，并创建 int、String 和 Dog 类型，然后添加构造方法并重写 toString 方法，相关代码如下：

```
package com.daojie.domain;
public class Student {
    private int id;
    private String name;
    private Dog dog;
    public Student(int id, String name, Dog dog) {
        this.id = id;
        this.name = name;
        this.dog = dog;
    }
    @Override
    public String toString() {
        return "Student [id=" + id + ", name=" + name + ", dog=" + dog + "]";
    }
}
```

接着在 applicationContext.xml 文件中进行配置，相关代码如下：

```
1    <bean id = "student" class = "com.daojie.domain.Student">
2        <constructor-arg index ="0" value="999"></constructor-arg>
3        <constructor-arg name="name" type="java.lang.String" value="张三丰"></constructor-arg>
4        <constructor-arg index="2" name="dog" ref="dog"></constructor-arg>
5    </bean>
```

在代码中，通过 <bean> 标签配置 Student，接着通过构造方法进行赋值。第 2 行代码中 index ="0" 代码表示为 Student 类中索引为 0 的构造方法进行配置，第 3 行和第 4 行分别为索引为 1 和 2 的构造方法进行配置。在第 3 行代码中省略了 index ="1" 代码，因为该代码指定 Student 类中的 name 构造方法，与 name="name" 代码重复。代码中的 value 是给参数设定的值；name 是指定构造方法的参数名称；type 是指定构造方法的参数类型；ref 是用于指定引用其他 bean 的值。

在 TestDemo 测试类中创建 test03 方法，相关代码如下：

```
@Test
public void test03(){
    // 初始化 Spring 容器
    ApplicationContext context = new ClassPathXmlApplicationContext("application
Context.xml");
    // 获取对象
    Student s = (Student) context.getBean("student");
    System.out.println(s);
}
```

执行 test03 方法，输出结果如图 1–45 所示。

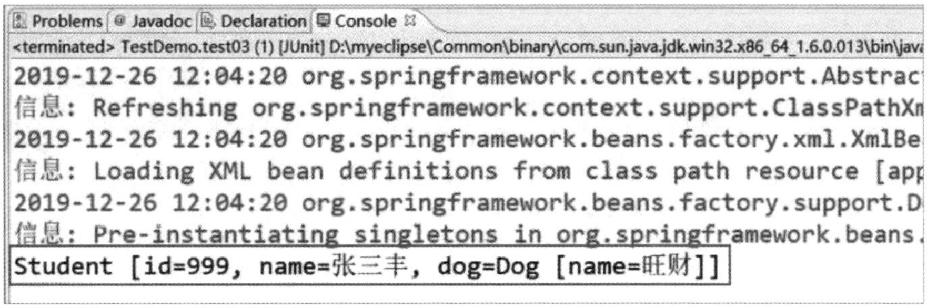

图 1–45　通过构造方法注入的结果

小　结

视频

课程总结

通过本章的学习，可以了解框架的作用和常用的框架，掌握配置 Spring 框架的方法，并且通过 xml 文件配置，使用 Spring 中的 IoC 和 DI 技术。对于 IoC 和 DI，后续内容会通过注解的方式学习。使用 IoC 和 DI 可以更好地将软件分层，而使用合适的框架可以大大提高开发效率，让程序员将主要精力放在业务逻辑的处理上。

习　题

一、选择题

1. 以下说法正确的是（　　）。

   A. Spring 是一个 Web 层的框架，可以整合许多其他框架进行工作

   B. Spring 是一个 Dao 层的框架，可以整合许多其他框架进行工作

   C. IoC 是面向切面编程

   D. DI 称为依赖注入

2. 关于 Spring 中 xml 文件中配置 bean 标签的说法错误的是（　　）。

   A. 默认情况下，多次获取同一个 id 的 bean，得到的将是同一个对象

   B. 即使是同一个类，如果配置过多个 <bean> 标签且具有不同的 id，每个 id 都会在内置 Map 中有一个键值对，其中的值是这个类创建的不同的对象

   C. 同一个 <beans> 标签下不允许配置多个同 id 的 <bean> 标签，如果配置则启动抛出异常

   D. 只能通过 bean 的 id 获取 Spring 容器中的对象

二、简答题

如何通过 Spring 中的 IoC 和 DI 技术实现软件分层解耦？

三、编程题

使用 Spring 的 IoC 技术获取对象。

第 2 章 注解方式使用 Spring

学习目标

视频
课程介绍

- 理解注解的使用场景。
- 熟练定义和使用注解。
- 熟练使用注解的方式实现 Spring 的 IoC 和 DI。
- 理解利用 Spring 中的 IoC 和 DI 实现软件分层。

本章首先介绍注解的应用，包括注解概述、JDK 内置注解、自定义注解、元注解和反射注解等内容；接着介绍使用注解的方式实现 IoC 和 DI，包括 Spring 引入 Context 名称空间、使用 Spring 注解方式实现 IoC、使用 Spring 注解方式实现 DI、注入自定义类型数据和类的实例注入到 Spring 容器等内容。通过本章的学习，大家可以更深入地了解注解的使用，为以后的学习打下坚实基础。

2.1 注解

视频
注解概述和举例

在 Java 中，注解（Annotation）是用来描述 Java 代码的元信息，它将一个类的外部信息和内部成员联系起来，在编译、运行时进行解析和使用。

2.1.1 注解概述

注解是 JDK5.0 引入的一种注释机制，它是给程序的提示信息，程序可以根据有无注解及注解属性的不同配置执行不同的逻辑。

Java 中的注解格式：

```
@AnnoName(key=value,...)
```

注解在开发中，可以作为轻量化配置使用，比起使用 xml 作为配置文件，使用注解更加轻便易用。

2.1.2 JDK 内置注解

下面介绍 JDK 内置的 3 种注解：

- @Override

声明重写父类方法的注解，要求编译器帮用户检查是否成功覆盖，如果没有成功覆盖父类方法，编译器将会进行报错提示。

• @Deprecated

声明方法过时，不再建议使用，要求编译器在编译过程中对于调用这样的方法提出警告，提示方法过时。

• @SuppressWarnings

压制警告，提示编译器，在编译过程中对指定类型的警告不再提示。

下面举例说明 JDK 内置注解的应用。新建 Spring-day02-annoDemo 项目，再创建 com.daojie.test 包，并创建 TestDemo 类，相关代码如下：

```
1  package com.daojie.test;
2  import java.util.Date;
3  public class TestDemo {
4      public static void main(String[] args) {
5          @SuppressWarnings("unused")
6          int i = 10;
7          Date d = new Date();
8      }
9  }
10 interface Inter{
11     void show();
12 }
13 class A implements Inter{
14     @Override
15     public void show() {
16         // TODO Auto-generated method stub
17     }
18 }
```

第 5 行代码为 @SuppressWarnings 注解，作用是压制第 6 行代码的警告。如果不使用 @SuppressWarnings 注解，第 6 行代码会显示警告，因为定义的 i 变量没有被使用。

第 10 行代码是创建 Inter 接口；第 11 行是创建 show 方法；第 13 行是创建 A 类实现 Inter 接口；第 14~17 行是自动添加实现接口中的方法并且添加 @Override 注解。@Override 注解可以帮助用户检查是否覆盖父类的方法，如果将第 15 行代码中的 show 方法修改为 show1，则编译不通过，因为 show1 不是父类中的方法。

第 7 行代码中 Date 方法是过时的，进入源代码，可见在对应的构造方法上方显示 @Deprecated 注解，说明该方法已经过时了，如图 2–1 所示。

```
@Deprecated
public Date(int year, int month, int date) {
    this(year, month, date, 0, 0, 0);
}
```

图 2–1 @Deprecated 注解

2.1.3 自定义注解

视 频

自定义注解

上一节介绍了 JDK 中内置的 3 种注解，在程序开发过程中也可以根据需要自定义注解，并且可以添加属性。

自定义注解的格式：

```
@interface{
}
```

在自定义注解中添加属性时，需要注意以下事项：

- 注解中所有属性必须是 public 修饰，可以显式声明，也可以不声明，不声明默认还是被 public 修饰。
- 注解中的属性只能是八种基本数据类型、String 类型、Class 类型、枚举类型、其他注解类型及以上类型的一维数组。
- 注解中声明的属性需要在使用注解时为其赋值。赋值的方式是使用注解时，在注解后跟一对小括号，在其中通过“属性名 = 属性值”的方式指定属性的值。
- 声明注解时，在注解的属性后通过 default 关键字声明属性的默认值。
- 如果属性是一维数组类型，而在传入的数组中只有一个值，则包括数组的大括号可以省略。
- 如果注解的属性只有一个需要赋值，且该属性的名称为 value，则在使用注解时“value=”可以省略。

下面举例说明注解添加属性的应用。首先创建 com.daojie.anno 包，并创建 TestDemo 类，相关代码如下：

```
1  package com.daojie.anno;
2  @FirstAnno("aaa")
3  public class TestDemo {
4      public static void main(String[] args) {
5          int i = 10;
6      }
7  }
8  @interface FirstAnno{
9  //  public int i = 10;
10 //  public String name();
11 //  public double d();
12 //  public Object obj();
13 //  public int[] arr();
14 //  public String id() default "001";
15     String value();
16 }
```

第 8 行代码根据自定义注解的格式自定义 FirstAnno 注解；第 2 行代码为定义的 TestDemo 类应用注解；第 9~15 行代码为注解添加属性，都是使用 public 修饰，若不声明，默认也是使用 public 修饰的。

第 9 行代码是使用八种数据类型中的 int 数据类型直接为属性赋值；第 10 行代码定义字符串类型的属性，必须在注解后添加 () 小括号，然后在第 2 行注解右侧添加小括号，并在小括号内通过“属性名 = 属性值”的方式为属性赋值；第 11 行代码定义 double 类型的属性，根据相同的方法在注解右侧小括号内赋值；第 12 行代码定义 Object 类型的属性，编译不通过，Object 类型不在注意事项第二条规定的范围内。

第 13 行代码定义属性是一维数组类型，然后在注解的小括号内赋值，此时如果数组中只有一个值则数组的大括号可省略；第 14 行代码定义属性为 id，并且通过 default 关键字声明该属性的默认值。第 15 行代码定义属性为字符串类型，只有一个需要赋值，且属性的名称为 value，此时在注解中赋值时可以省略“value=”。

视频

元注解

2.1.4 元注解

元注解是用来修饰注解声明的注解，可以控制被修饰注解的特性。

元注解共分为四类，分别为：

• @Target

用来声明被修饰的注解可以用在什么位置，例如限制注解使用在类、接口、枚举、变量、方法、参数、构造方法或包等位置。

• @Retention

用来声明被修饰的注解会被保留的阶段，总共分为三个阶段：元码阶段、编译阶段和运行阶段。

• @Documented

用来声明被修饰注解是否要被文档提取工具提取到文档中。

• @Inherited

用来声明被修饰的注解是否具有继承性。

下面举例说明元注解的使用。在 com.daojie.anno 包中创建 TestDemo02 类，相关代码如下：

```
1  package com.daojie.anno;
2  import java.lang.annotation.Documented;
3  import java.lang.annotation.ElementType;
4  import java.lang.annotation.Inherited;
5  import java.lang.annotation.Retention;
6  import java.lang.annotation.RetentionPolicy;
7  import java.lang.annotation.Target;
8  @SecondAnno
9  public class TestDemo02 {
10     public static void main(String[] args) {
11         int i = 10;
12     }
13 }
14 //@Target(ElementType.METHOD)
15 //@Retention(RetentionPolicy.RUNTIME)
16 //@Documented
17 @Inherited
18 @interface SecondAnno{// 注解
19 }
```

第 14 行代码使用 @Target 元注解限制自定义的 @SecondAnno 注解只能使用在方法上，否则会报错。

第 15 行代码使用 @Retention 元注解声明 @SecondAnno 注解保留阶段，如果保留到 SOURCE（元码阶段），在编写代码后编译阶段 @SecondAnno 注解会被删除；如果保留到 CLASS（编译阶段），@SecondAnno 注解会保留在元码阶段和编译阶段，也就是保存在 .java 和 .class 文件中，该类型的注解通常为类加载器使用；如果保留到 RUNTIME（运行阶段），@SecondAnno 注解会保存在 .java、.class 和内存的字节码文件中，通常用来在运行阶段进行反射控制程序运行。

注意：

只有 RUNTIME 级别的注解才可以通过反射技术进行反射，因为反射技术只有在运行阶段才能动态地获取类和对象的信息。

第 16 行代码使用 @Documented 元注解将 @SecondAnno 注解提取到文档中。第 8 行代码使用 @SecondAnno 注解修饰类，下面生成文档，验证是否将 @SecondAnno 注解提取到文档中，具体操作如下：

（1）在菜单栏中选择 Project → Generate Javadoc 命令，如图 2–2 所示。

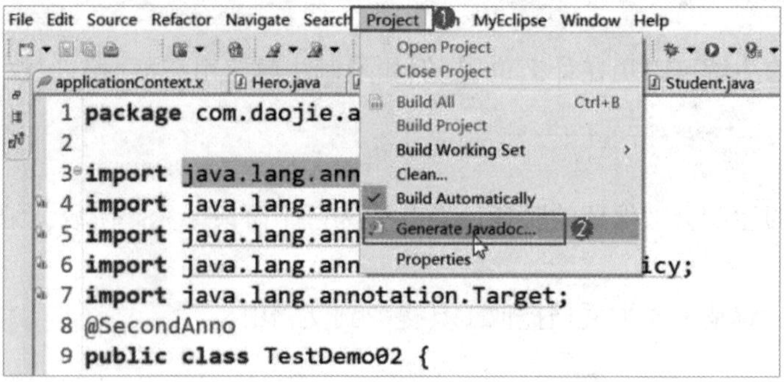

图 2-2　选择 Generate Javadoc 命令

（2）在打开的 Generate Javadoc 对话框中直接单击 Finish 按钮，即可生成文档，如图 2-3 所示。

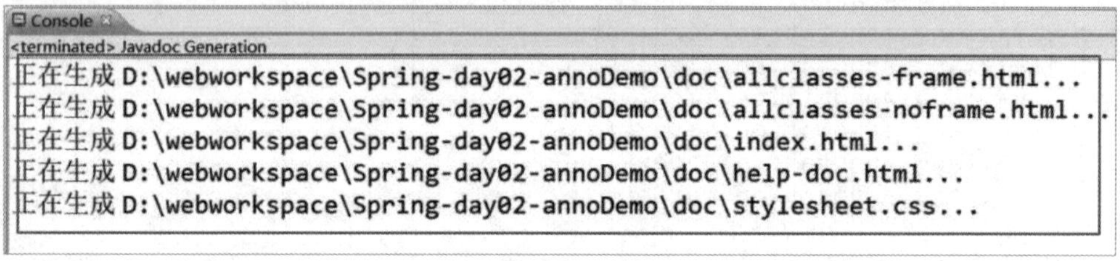

图 2-3　生成文档

（3）根据生成文档的路径打开文件夹，双击 index.html 文件，如图 2-4 所示。

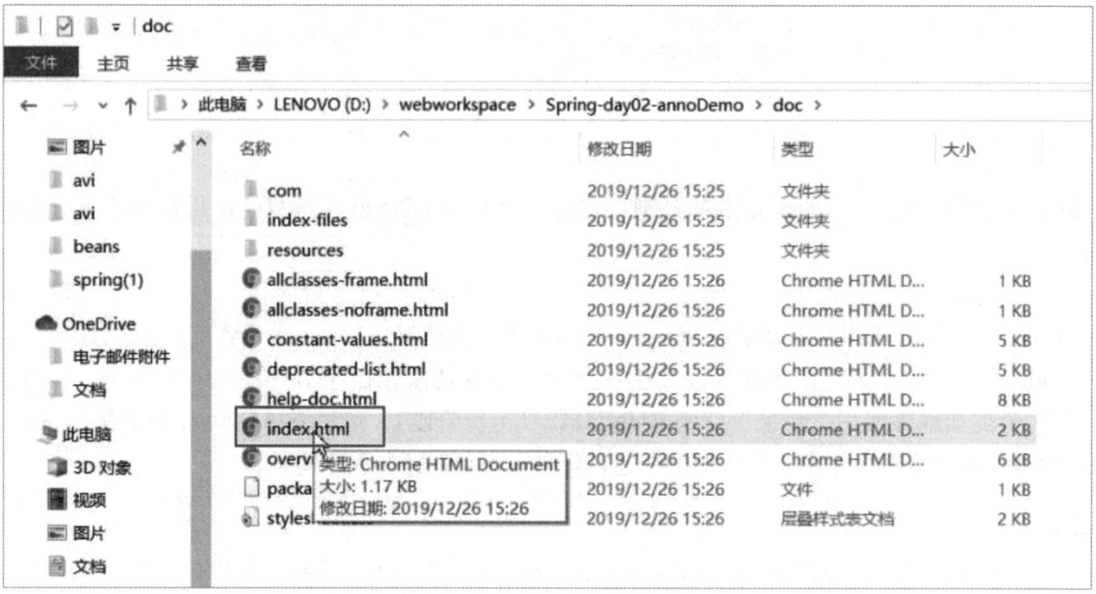

图 2-4　双击 index.html 文件

（4）在打开的文档中单击 TestDemo02，打开后在下面显示编写代码创建的类，在类的上面显示 @SecondAnno 注解，说明将注解提取到文档中了，如图 2-5 所示。

第 17 行代码使用 @Inherited 元注解声明 @SecondAnno 注解，具有继承性。

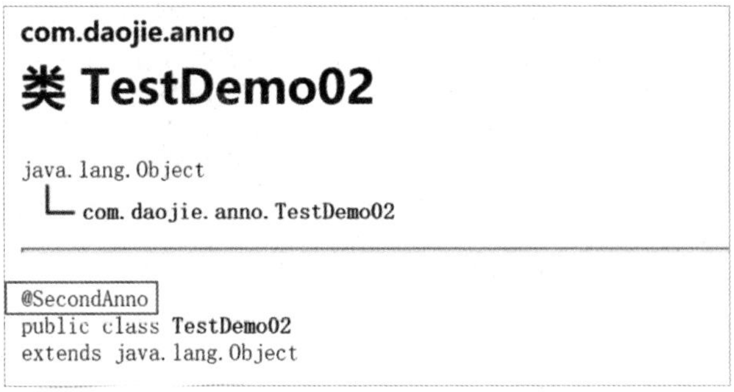
com.daojie.anno
类 TestDemo02

java.lang.Object
└ com.daojie.anno.TestDemo02

@SecondAnno
public class TestDemo02
extends java.lang.Object

图 2-5　将注解提取到文档中

视 频

反射注解和课堂案例

2.1.5　反射注解

RetentionPolicy.RUNTIME 级别的注解会保留到运行期间，可以通过反射技术获取注解的内容，从而可以根据是否有注解或注解属性值的不同控制程序按照不同的方式运行。

类 Class<T>、类 Method、类 Field、类 Constructor<T>、类 Package 都提供了以下方法，如表 2–1 所示。

表 2–1　提供的方法

方法	说明
boolean	isAnnotationPresent(Class<? extends Annotation>annotationClass) 如果指定类型的注解存在于此元素上，则返回 true，否则返回 false
<A extends Annotation> A	getAnnotation(Class<A> annotationClass) 如果存在该元素的指定类型的注解，则返回这些注解，否则返回 null
Annotation[]	getAnnotations() 返回此元素上存在的所有注解

练一练

使用反射注解控制程序流程。

需求描述：定义一个代表警察级别的注解，声明一个警察类，然后根据注解属性的级别，输出不同的内容。

使用技能：注解的定义和使用、反射注解。

完整代码：

```
package com.daojie.practice;
import java.lang.annotation.ElementType;
import java.lang.annotation.Retention;
import java.lang.annotation.RetentionPolicy;
import java.lang.annotation.Target;
public class Practice {
    public static void main(String[] args) {
        System.out.println("敬个礼，您好");
        if (Police.class.isAnnotationPresent(Level.class)){
            // 获取注解
            Level level = Police.class.getAnnotation(Level.class);
            if (level.value().equals("交警")){
```

```
                System.out.println("去交警大队处理事情");
            }else if(level.value().equals("刑警")){
                System.out.println("可能要上法庭了");
            }else if(level.value().equals("民警")){
                System.out.println("可能要吵一架了");
            }
        }else{
            System.out.println("报警，把假警察抓起来");
        }
    }
}
@Level("民警")
class Police{
}
@Target(ElementType.TYPE)
@Retention(RetentionPolicy.RUNTIME)
@interface Level{
    String value();
}
```

解答过程：

（1）打开 MyEclipse，在 Spring-day02-annoDemo 项目中右击 src 文件夹，在弹出的快捷菜单中选择 New → Package 命令，如图 2-6 所示。

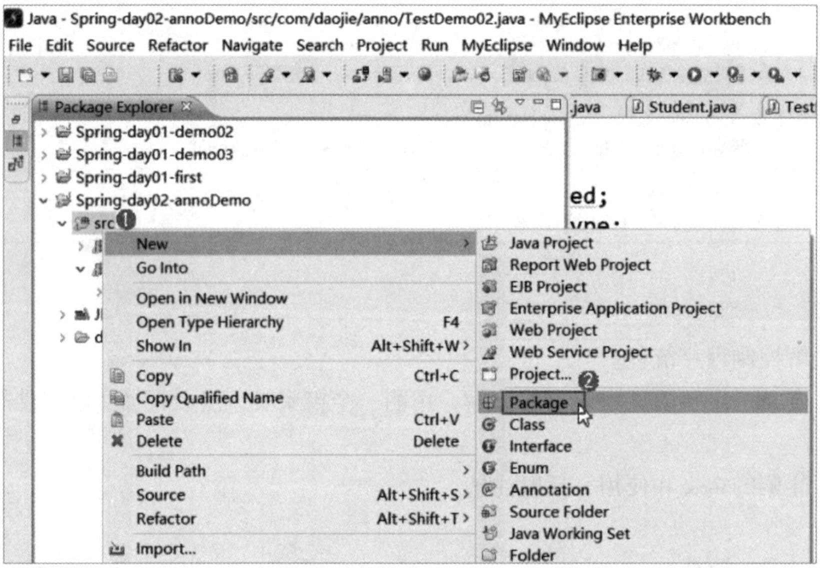

图 2-6　在 src 文件夹中创建包

（2）打开 New Java Package 对话框，在 Name 文本框中输入包的名称，此处输入 com.daojie.practice，按【Enter】键或者单击 Finish 按钮，即可完成包的创建，如图 2-7 所示。

（3）接着在创建的包中创建类，右击创建的包，在弹出的快捷菜单中选择 New → Class 命令。打开 New Java Class 对话框，在 Name 文本框中输入类的名称，此处输入 Practice，单击 Finish 按钮，如图 2-8 所示。

（4）即可创建 Practice.java 文件，在该文件中自动生成 main 方法。首先定义 @interface 注解表示警察的级别，然后再定义 value 属性，相关代码如下：

```
@interface Level{
    String value();
}
```

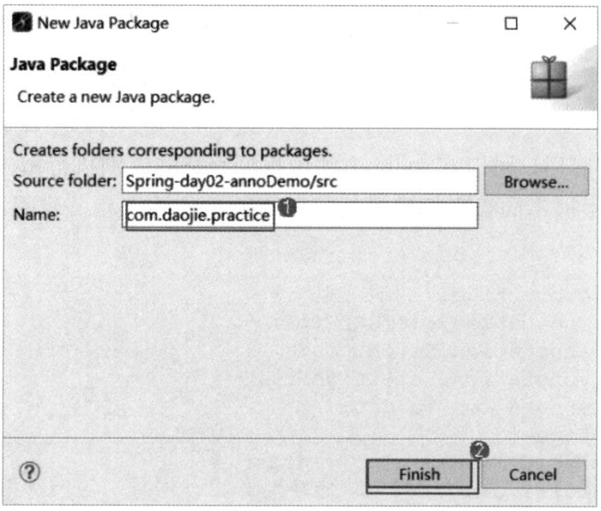

图 2-7　在对话框中输入包名称

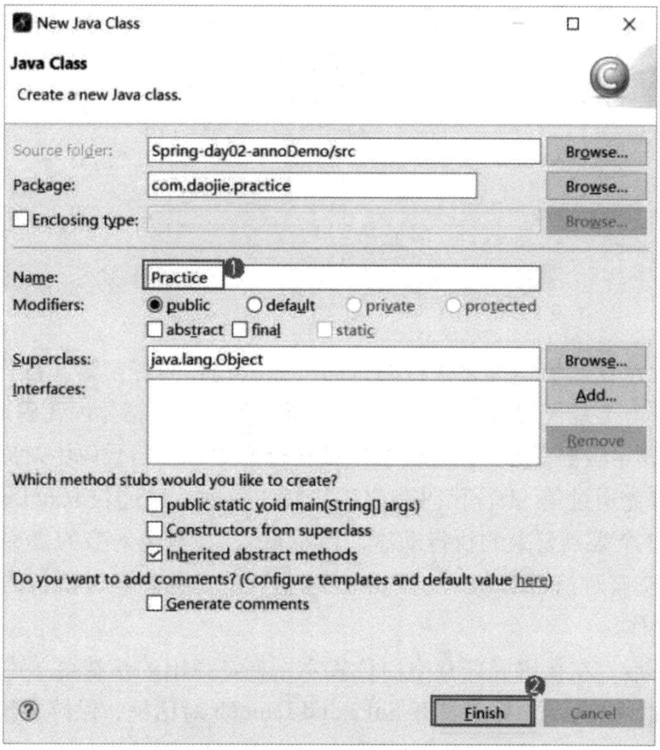

图 2-8　在包中创建 Practice 类

（5）在该段代码的上方添加 @Target(ElementType.TYPE) 注解，可以使 @interface 注解在类上。使用 @Retention 注解能够保留在运行阶段，相关代码如下：

```
@Target(ElementType.TYPE)
@Retention(RetentionPolicy.RUNTIME)
@interface Level{
    String value();
}
```

（6）定义 Police 类，并且为该类使用 @Level 注解定义内容为“刑警”，相关代码如下：

```
@Level("刑警")
class Police{
}
```

定义完 Police 类的内容后，可以在 main 方法中根据警察的级别执行相应的动作。

（7）在 main 方法中根据不同级别的警察执行相应的动作输入相关代码，其中包括交警、刑警和民警 3 种，相关代码如下：

```
1  package com.daojie.practice;
2  import java.lang.annotation.ElementType;
3  import java.lang.annotation.Retention;
4  import java.lang.annotation.RetentionPolicy;
5  import java.lang.annotation.Target;
6  public class Practice {
7      public static void main(String[] args) {
8          System.out.println("敬个礼，您好");
9          if (Police.class.isAnnotationPresent(Level.class)){
10             // 获取注解
11             Level level = Police.class.getAnnotation(Level.class);
12             if (level.value().equals("交警")){
13                 System.out.println("去交警大队处理事情");
14             }else if(level.value().equals("刑警")){
15                 System.out.println("可能要上法庭了");
16             }else if(level.value().equals("民警")){
17                 System.out.println("可能危害社会治安了");
18             }
19         }else{
20             System.out.println("报警，把假警察抓起来");
21         }
22     }
23 }
```

第 8 行代码定义无论什么警察都会执行的行为——敬礼和问好；第 9 行代码使用 if 判断该警察的级别，通过判断 Police 类是否有 @Level 注解来判断。如果该行括号内代码返回 TRUE 表示为真警察，如果返回 FALSE 表示假警察。如果是假警察则执行第 19~21 行代码中对应的动作。

如果是真警察，首先通过第 11 行代码获取该警察的级别，通过获取 @Level 注解判断级别；第 12、18 行代码分别为 3 个级别警察的执行动作，当 @Level 注解为对应的警察时则执行相应的动作。第 12、13 行代码是为交警时执行的动作；第 14、15 行代码是为刑警时执行的动作；第 16、17 行代码是为民警时执行的动作。

（8）代码输入完成后，在代码区任意空白位置右击，在弹出的快捷菜单中选择 Run As → 1 Java Application 命令，如图 2–9 所示。接着打开 Save and Launch 对话框，保持参数不变，单击 OK 按钮。

（9）运行代码后，在 Console 面板中显示“刑警”执行的结果，因为 @Level 的注解定义的内容为“刑警”，如图 2–10 所示。

（10）如果将 @Level 的注解定义的内容修改为“民警”，再运行代码，即可输出民警执行的动作，如图 2–11 所示。

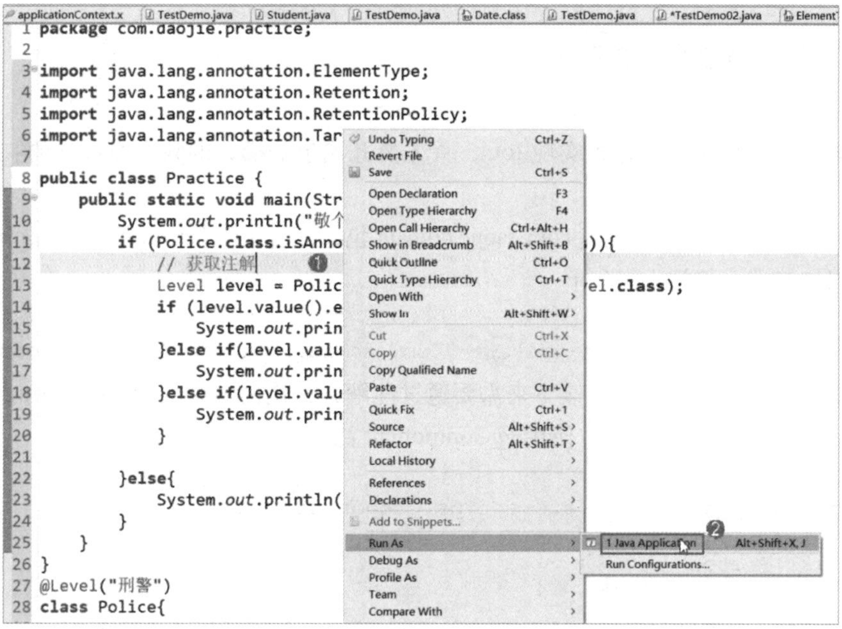

图 2-9 运行代码

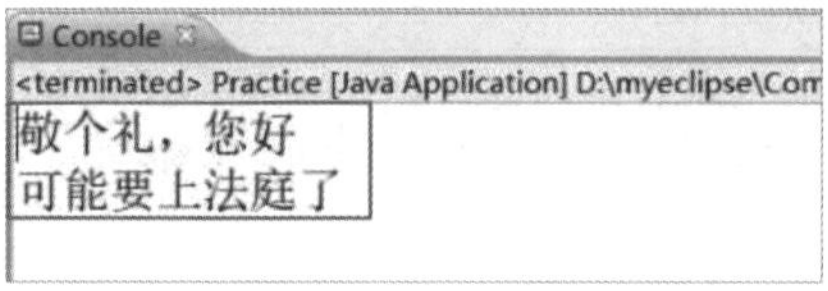

图 2-10 为“刑警”时执行的结果

图 2-11 为“民警”时执行的结果

2.2 注解实现 IoC 和 DI

Spring 除了默认使用 xml 配置文件的方式实现配置之外，也支持使用注解方式实现配置，这种方式效率更高、配置信息更清晰、修改更方便，所以推荐使用。

2.2.1 Spring 引入 context 名称空间

在 IDE 中导入 spring-context-3.2.xsd 约束文件时，导入的方法和 Spring 入门的 Spring 配置一节中将 Spring 的约束文件交给 MyEclipse 管理方法一样，只是导入的文件不同，此处不再介绍。

在 applicationContext.xml 文件中，引入该 schema 文件。大家可以将上一章中通过 xml 约束文件生成符合约束格式的 xml 相关代码复制并修改即可，如图 2-12 所示。

视 频

Spring中引入context名称空间

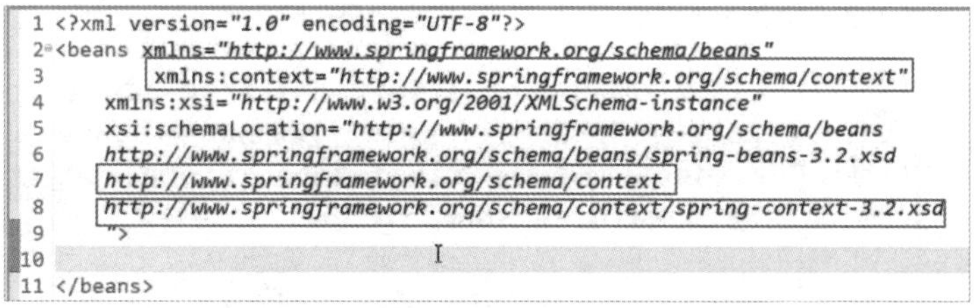

图 2-12 在 xml 文件中引入 schema 文件

视 频

使用注解方式实现IoC

2.2.2 Spring 注解方式实现 IoC

1. 开启包扫描

要使用 Spring 注解方式实现 IoC，首先要开启包扫描，即只有在指定的扫描包下的类上的 IoC 注解才会生效。

下面举例说明，首先创建 com.daojie.domain 包并创建一个 Person 类，在 applicationContext.xml 文件中开启包扫描，相关代码如下：

```
<!-- 开启包扫描 -->
<context:component-scan base-package="com.daojie.domain"></context:component-scan>
```

代码等号右侧为包的完整路径，接下来需要通过注解方式使用 IoC，先引用 Spring 包，引入后就可以使用注解了。在 Person 类的上方使用 @Component 注解，相关代码如下：

```
package com.daojie.domain;
import org.springframework.stereotype.Component;
@Component
public class Person {
}
```

最后创建 TestDemo 类进行测试，在测试类中创建 test01 方法，相关代码如下：

```
package com.daojie.test;
import org.junit.Test;
import org.springframework.context.ApplicationContext;
import org.springframework.context.support.ClassPathXmlApplicationContext;
import com.daojie.domain.Person;
public class TestDemo {
    @Test
    public void test01(){
        // 初始化 Spring 容器
        ApplicationContext context = new ClassPathXmlApplicationContext("application
Context.xml");
        // 获取 Person 对应的对象
        Person p = (Person) context.getBean("person");
        System.out.println(p);
    }
}
```

初始化 Spring 容器后，根据上一章的内容应当是在 applicationContext.xml 文件中配置 id，但是通过注解方式实现 IoC 不需要配置 id 了。因为在 Person 类中使用的 @Component 注解就相当于配置 id，这个类会自动被注册为 bean。

执行 test01 方法，输出结果如图 2–13 所示。

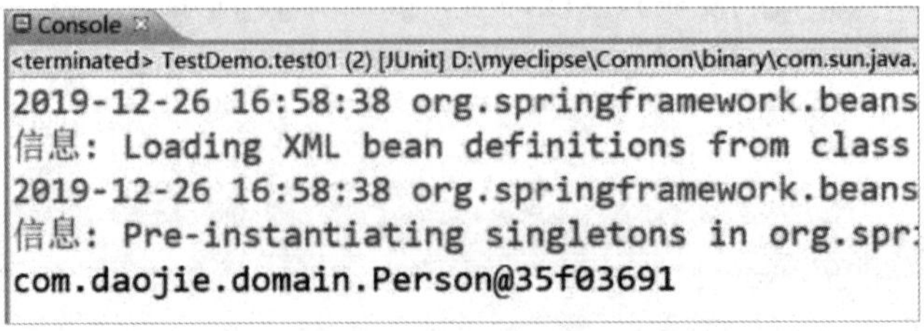

图 2–13　通过注解方式实现 IoC 的结果

结果显示 person 的地址，说明成功通过注解方式实现了 IoC。

2. 使用注解注册 bean

在配置的包中的类上使用 @Component 注解，则这个类会自动被注册为 bean，使用当前类的 class 为 <bean> 的 class，通常情况下使用类名首字母小写为 <bean>id。

如果类名第二个字母为小写，id 名为首字母转换为小写，其他字母不变；如果类名的第二个字母为大写，id 名和类名一致。也可以通过在 @Component 中配置 value 属性，明确指定 bean 的 id。

在 Person 类的 @Component 右侧添加小括号，在小括号内输入 value="hahaha"，即可完成指定 id 名。

2.2.3 Spring 注解方式实现 DI

视频

Spring注解方式实现DI(1)

• 在配置文件中开启注解实现 DI。

• 注解方式注入 Spring 内置支持的类型数据——非集合类型。

Spring 中可以通过 @Value 注解来实现 Spring 内置支持类型的属性的注入。可以将值配置到一个 properties 配置文件中，然后在 Spring 中进行引入。

• 注解方式注入 Spring 内置支持的类型数据——集合类型。

将 spring-util-3.2.xsd 交给 IDE 管理，在当前 Spring 容器的配置文件中导入 util 名称空间，再通过适当的 util 标签注册数据，最后在类的属性中使用 @Value 注入赋值。

视频

Spring注解方式实现DI(2)

下面举例说明 Spring 注解方式实现 DI 和注解方式注入 Spring 内置支持的非集合类型数据。首先在 applicationContext.xml 文件中开启注解配置 DI，相关代码如下：

```
<!-- 开启注解配置 DI -->
<context:annotation-config></context:annotation-config>
```

接着创建 Teacher 类，相关代码如下：

视频

Spring注解方式实现DI(3)

```
1  package com.daojie.domain;
2  import org.springframework.beans.factory.annotation.Value;
3  import org.springframework.stereotype.Component;
4  @Component
5  public class Teacher {
6      @Value("赵四")
7      private String name;
8      @Value("19")
9      private int age;
10     @Override
11     public String toString() {
12         return "Teacher [name=" + name + ", age=" + age + "]";
13     }
14 }
```

第 4 行代码为 @Component 注解，其作用是将 Teacher 类产生的对象由 Spring 容器管理；第 6 行和第 8 行代码通过 @Value 注解实现依赖注入，直接在小括号内为其赋值。第 10~13 行代码重写 toString 方法。

在 TestDemo 类中创建 test02 方法，相关代码如下：

```
@Test
public void test02(){
    // 初始化 Spring 容器
    ApplicationContext context = new ClassPathXmlApplicationContext("application
Context.xml");
    // 获取 Teacher 对应的对象
```

```
        Teacher t = (Teacher) context.getBean("teacher");
        System.out.println(t);
    }
```

执行 test02 方法，输出结果如图 2-14 所示。

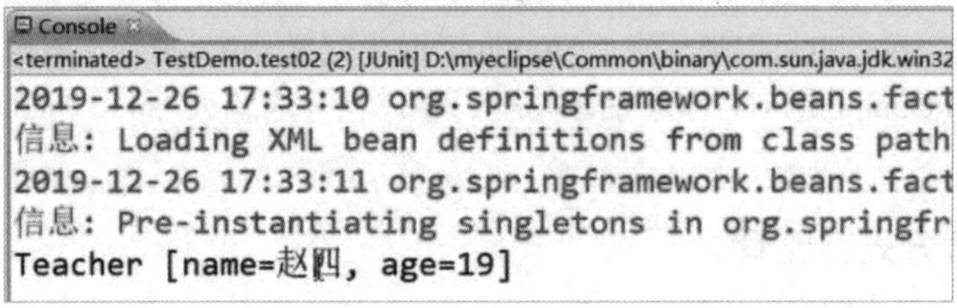

图 2-14 Spring 内置支持数据注入结果

从输出结果可见显示了 @Value 注解中的赋值内容，如果需要修改赋值内容，还需要在元代码中进行修改。可以将赋值内容配置到一个 properties 配置文件中，然后在 Spring 中进行引入。

下面举例说明，首先需要创建 properties 配置文件，在项目区域右击 src 项目，在弹出的快捷菜单中选择 New → File 命令，在打开的 New File 对话框中设置 File name 为 data.properties，单击 Finish 按钮，如图 2-15 所示。

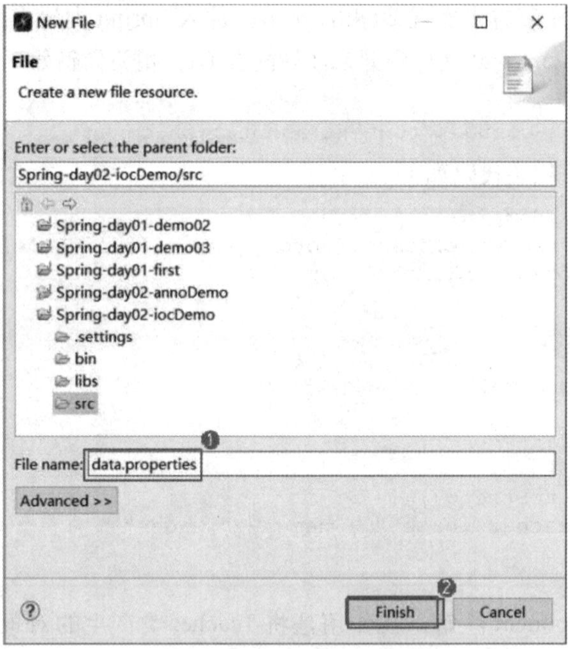

图 2-15 创建 properties 文件

创建好 properties 配置文件后，输入 name 为王五、id 为 33，相关代码如下：

```
name=\u738B\u4E94
id=33
```

接着在 applicationContext.xml 文件中引用文件，相关代码如下：

```
<!-- 引入文件  -->
<context:property-placeholder location="classpath:/data.properties"/>
```

然后，使用引入的文件，在 Teacher 类中通过 @Value 注解引入，下面只展示 @Value 注解的相关代码，代码如下：

```
@Value("${name}")
private String name;
@Value("${id}")
private int age;
```

将值配置到 properties 配置文件中，通过 Spring 引入时，在 @Value 注解中不需要输入赋值内容，只需在双引号中输入美元符号和大括号，大括号内输入属性名称。

执行 test02 方法，输出 properties 配置文件中的内容，如图 2–16 所示。

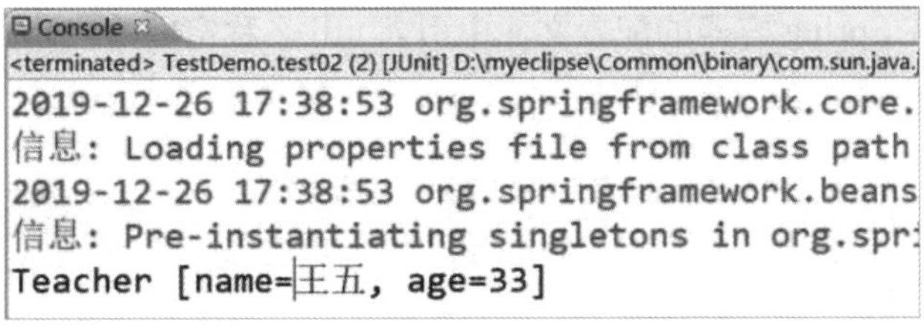

图 2–16　注入非集合类型数据的结果

下面举例说明注解方式注入 Spring 内置支持的集合类型数据。

首先将 spring-util-3.2.xsd 交给 IDE 管理，其方法和 Spring 入门的 Spring 配置一节中将 Spring 的约束文件交给 MyEclipse 管理方法一样。

在菜单栏中选择 Window → Preferences 命令，在 Preferences 对话框中输入 xml，在列表中选择 XML Catalog，单击 Add 按钮。在打开的对话框中单击 File System 按钮，在“打开”对话框中选择 util 包中的 spring-util-3.2.xsd 文件，单击“打开”按钮，如图 2–17 所示。

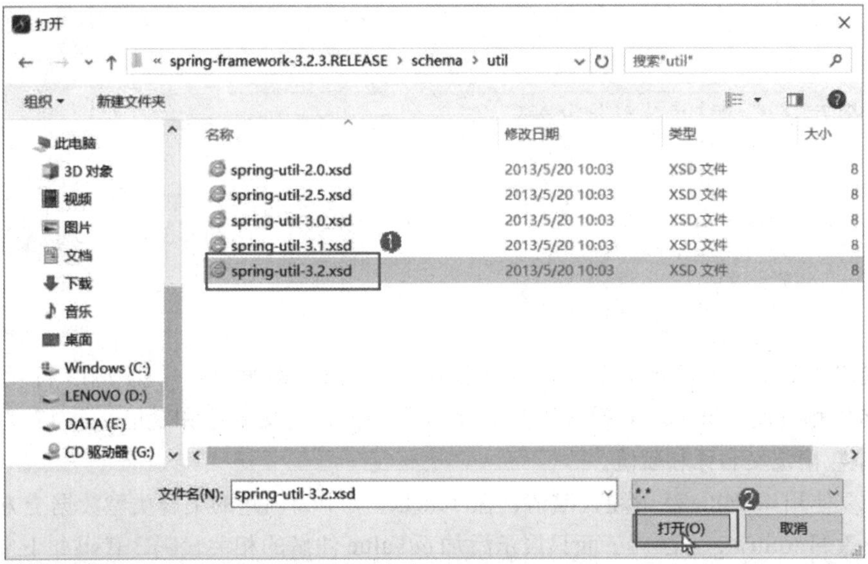

图 2–17　选择 spring-util-3.2.xsd 文件

接着需要在当前 Spring 容器的配置文件中导入 util 名称空间，其方法和在 Spring 中引入 context 名称空间的方法一样，引用相关代码如下：

```
1  <?xml version="1.0" encoding="UTF-8"?>
2  <beans xmlns="http://www.springframework.org/schema/beans"
3      xmlns:context="http://www.springframework.org/schema/context"
4      xmlns:util="http://www.springframework.org/schema/util"
5      xmlns:xsi="http://www.w3.org/2001/XMLSchema-instance"
6      xsi:schemaLocation="http://www.springframework.org/schema/beans
7      http://www.springframework.org/schema/beans/spring-beans-3.2.xsd
8      http://www.springframework.org/schema/context
9      http://www.springframework.org/schema/context/spring-context-3.2.xsd
10     http://www.springframework.org/schema/util
11     http://www.springframework.org/schema/util/spring-util-3.2.xsd
12 ">
```

第 4、10、11 行为在 Spring 容器的配置文件中引入 util 名称空间的代码。

然后，在 Teacher 类中添加集合类型数据，如 List、Set、Map 和 Properties，下面只展示添加的代码，相关代码如下：

```
private List<String>list;
private Set<String>set;
private Map<String,String>map;
private Properties prop;
```

接着在 applicationContext.xml 文件中配置集合数据，相关代码如下：

```
1  <!-- 配置集合数据 -->
2  <util:list id="l1">
3  <value>aaa</value>
4  <value>bbb</value>
5  <value>ccc</value>
6  </util:list>
7  <util:set id="s1">
8  <value>111</value>
9  <value>222</value>
10 <value>333</value>
11 </util:set>
12 <util:map id="m1">
13 <entry key="k1" value="v1"></entry>
14 <entry key="k2" value="v2"></entry>
15 <entry key="k3" value="v3"></entry>
16 </util:map>
17 <util:properties id="p1">
18     <prop key="pro1">v1</prop>
19     <prop key="pro2">v2</prop>
20     <prop key="pro3">v3</prop>
21 </util:properties>
```

第 2 行代码为 list 定义 id 名为 l1，第 3~6 行代码是为 list 数据赋值；第 7~11 行代码是为 set 类型数据定义名称和赋值；第 12~16 行代码是为 map 类型数据定义名称和赋值；第 17~21 行代码是为 properties 类型数据定义名称和赋值。

最后，需要使用 @Value 注解注入赋值，在 Teacher 类中为创建的集合类型数据上方添加 @Value 注解。还需要重写 toString 方法，下面只展示添加 @Value 注解的相关代码，代码如下：

```
@Value("#{@l1}")
private List<String>list;
@Value("#{@s1}")
private Set<String>set;
@Value("#{@m1}")
```

```
private Map<String,String>map;
@Value("#{@p1}")
private Properties prop;
```

在 @Value 注解右侧小括号内输入“#”和大括号，然后在大括号内输入“@”和数据类型配置的 id 名称。在之前注入非集合类型数据时，使用美元符号和属性名。

执行 test02 方法，输出集合类型数据的值，如图 2–18 所示。

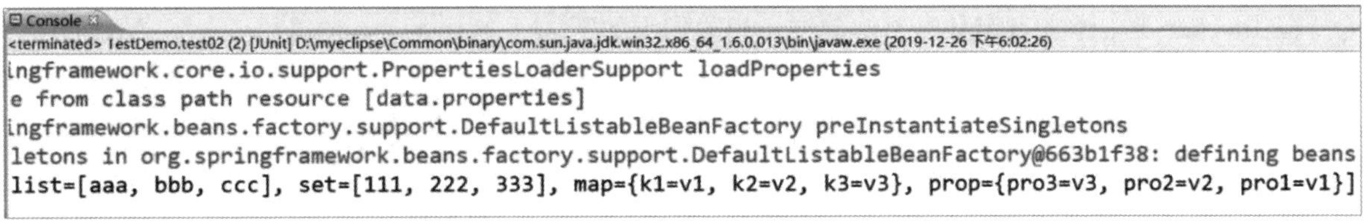

图 2–18　注入集合类型数据的结果

2.2.4 注解注入自定义类型数据

视 频

注解注入自定义类型数据

上一节中介绍注入非集合类型和集合类型的数据，都是 Spring 内置支持的类型数据，用户也可以注入自定义类型数据。

下面介绍 3 种注入自定义类型数据的方法：

- 在 bean 中的属性上通过 @Autowired 实现自定义 bean 类型的属性注入。
- 使用 @Qualifier(value="id") 注解，明确地指定要注入哪个 id 的 bean。
- 使用 @Resource(name="id") 指定注入给定 id 的 bean。

下面举例说明注解注入自定义类型数据，首先在 com.daojie.domain 包中创建 Dog 和 Cat 类，分别使用 @Value 注解进行赋值。Dog 类中的相关代码如下：

```
package com.daojie.domain;
import org.springframework.beans.factory.annotation.Value;
import org.springframework.stereotype.Component;
@Component
public class Dog {
    @Value("5")
    private int age;
    @Value(" 旺财 ")
    private String name;
    @Override
    public String toString() {
        return "Dog [age=" + age + ", name=" + name + "]";
    }
}
```

Cat 类中的相关代码如下：

```
package com.daojie.domain;
import org.springframework.beans.factory.annotation.Value;
import org.springframework.stereotype.Component;
@Component
public class Cat {
    @Value("3")
    private int age;
    @Value(" 进宝 ")
    private String name;
```

```
        @Override
        public String toString() {
            return "Cat [age=" + age + ", name=" + name + "]";
        }
    }
```

在 Dog 和 Cat 代码中使用 @Component 注解将其交给 Spring 容器进行管理。如果不使用 @Component 注解，在测试时会出现异常。

在 Teacher 类中添加自定义类型的数据，相关代码如下：

```
1  @Autowired
2  private Dog dog;
3  @Autowired
4  private Cat cat;
```

第 1 行和第 3 行代码使用 @Autowired 注解实现自定义 bean 类型的属性注入。

执行 test02 方法，输出结果如图 2–19 所示。

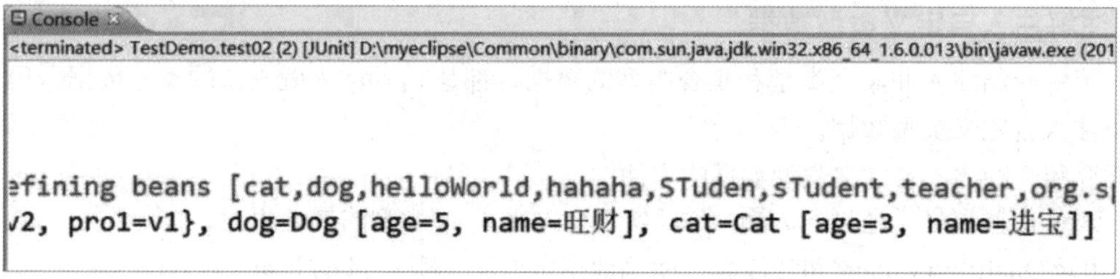

图 2–19　注入自定义类型数据的结果

@Autowired 注解注入自定义类型数据的过程是：当 Spring 容器解析到 @Component 注解时，创建当前类的 bean 在 Spring 容器中进行管理，在创建 bean 的过程中发现了 @Autowired 注解，会根据当前 bean 属性名称，寻找在 Spring 中是否存在 id 等于该名称的 bean，如果存在就自动注入。如果不存在，再检查是否存在和当前 bean 属性类型相同的 bean，如果存在就注入进来，如果都不存在则抛出异常。

结合本节的例子进一步理解 @Autowired 注解注入的过程，首先将 Dog 和 Cat 交给 Spring 容器管理；然后 @Autowired 注解根据当前的 bean 属性名称 dog 和 cat，在 Spring 容器中找 id 名称为 dog 和 cat 的 bean，找到后就直接注入。如果在 Cat 类中将属性名称修改为 c，则在 Spring 容器中找不到 id 名称为 c 的 bean，此时再查找和当前 bean 类型（Cat）相同的 bean，找到后注入。如果通过两种方法都无法注入则抛出异常。

使用 @Autowired 注解注入时，是根据查找和 bean 的属性名称或类型相同的方法实现的。我们也可以使用 @Qualifier(value="id") 和 @Resource(name="id") 注解找到指定的 id。

如果指定查找 cat 的 id，则 Teacher 类中的相关代码如下：

```
@Qualifier("cat")
private Cat c;
```

在代码中使用 @Qualifier 注解查找属性名称时，指定在 Spring 容器中查找属性名为 cat 的 bean，而不是查找属性名为 c 的 bean。

使用 @Resource 注解也可以达到相同的效果，但是推荐使用 @Qualifier 注解，因为 @Qualifier 注解是 Spring 框架自带的内容。

2.2.5 其他常用注解

除了以上介绍的注解之外，还经常使用到以下注解。

- @Scope(value="prototype")/@Scope(ConfigurableBeanFactory.SCOPE_PROTOTYPE)

配置修饰类的 bean 是单例还是多例，如果不配置默认为单例。

- @Lazy

配置修饰的类的 bean 采用懒加载机制。

- @PostConstruct

修饰方法，将该方法声明为初始化方法，对象创建之后立即执行。

- @PreDestroy

修饰方法，将该方法声明为销毁的方法，对象销毁之前调用的方法。

视 频

其他常用注解

下面举例说明常用的其他注解，首先在包中创建 Doctor 类，相关代码如下：

```
1  package com.daojie.domain;
2  import javax.annotation.PostConstruct;
3  import javax.annotation.PreDestroy;
4  import org.springframework.beans.factory.config.ConfigurableBeanFactory;
5  import org.springframework.context.annotation.Lazy;
6  import org.springframework.context.annotation.Scope;
7  import org.springframework.stereotype.Component;
8  @Component
9  //@Scope("prototype")
10 //@Scope(ConfigurableBeanFactory.SCOPE_PROTOTYPE)
11 //@Lazy
12 public class Doctor {
13     public Doctor(){
14         System.out.println("构造方法");
15     }
16     @PostConstruct
17     public void init(){
18         System.out.println("对象已经产生...");
19     }
20     public void treat(){
21         System.out.println("医生治病救人");
22     }
23     @PreDestroy
24     public void destory(){
25         System.out.println("对象即将销毁...");
26     }
27 }
```

第 9、10 行使用 @Scope 注解配置 Doctor 类为多例。推荐使用第 10 行代码，因为第 9 行代码双引号中是字符串，如果输入有误 Java 不会提示，而第 10 行代码如果输入错误则编译不通过，可以保证操作准确性。

在类代码上面输入 @Lazy 注解，可以配置 Doctor 类的 bean 采用懒加载机制。

第 16 行代码使用 @PostConstruct 注解声明为初始化方法，创建对象之后执行；第 23 行代码使用 @PreDestroy 注解声明为销毁方法，销毁对象之前调用该方法。

注意：

在使用 @PreDestroy 注解时，需要注意类的 bean 为多例时销毁方法不会被调用。

在 TestDemo 类中创建 test03 方法，相关代码如下：

```
@Test
public void test03(){
    // 初始化 Spring 容器
    ClassPathXmlApplicationContext context = new ClassPathXmlApplicationContext
("applicationContext.xml");
    // 获取 Teacher 对应的对象
    Doctor d = (Doctor) context.getBean("doctor");
    System.out.println(d);
    context.close();
}
```

执行 test03 方法，输出结果如图 2–20 所示。

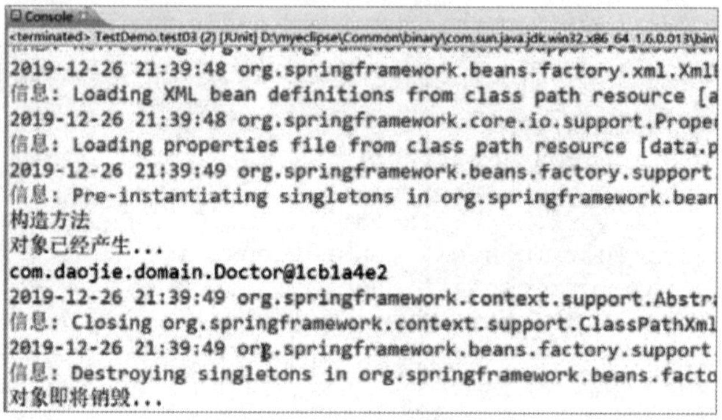

图 2–20 输出结果

视 频

类的实例注入到Spring容器

2.2.6 类的实例注入到 Spring 容器

此前使用 @Component 注解修饰类，其实 @Controller、@Service 和 @Repository 三个注解的功能与 @Component 完全相同。这四个注解都用来修饰类，将类的实例注入到 Spring 容器。

因为 Java 软件分层，分层后要保证业务逻辑不混乱和代码的可读性高，所以分为四个注解。下面介绍这四个注解的区别：

- @Component：一般认为是通用的注解。
- @Controller：用在软件分层中的表示层。
- @Service：用在软件分层中的业务逻辑层。
- @Repository：用在软件分层中的数据访问层。

练一练

视 频

课堂案例——Java经典三层架构

Java 经典三层架构练习。

需求描述：使用软件分层思想编写一个具有三层架构的程序，完成注册用户的功能（如果已经有对应用户名的用户，那么注册失败），DAO 层的方法体用控制台输出打印表示即可。

使用技能：

Java 分层思想、面向对象思想。

解答过程：

(1) 创建项目，在 Package Explorer 面板空白处右击，在弹出的快捷菜单中选择 New → Java Project 命令，如图 2–21 所示。

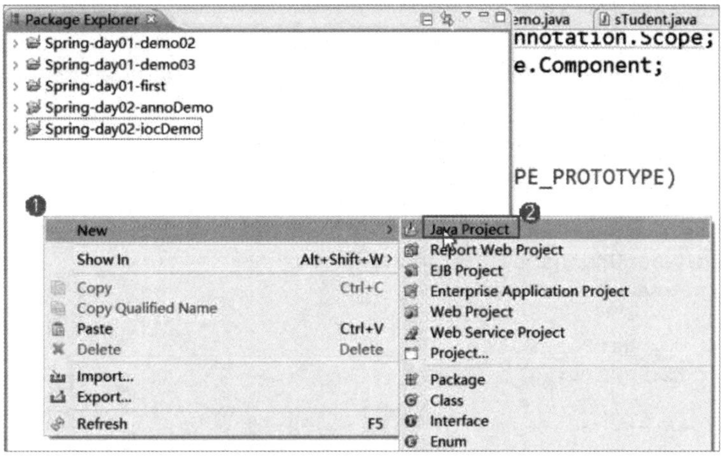

图 2–21 选择 Java Project 命令

(2) 打开 New Java Project 对话框，在 Project name 文本框中输入项目名称，按［Enter］键，如图 2–22 所示。

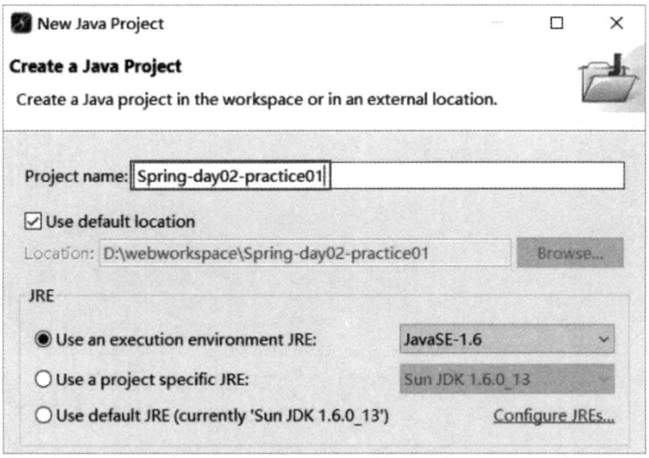

图 2–22 输入项目名称

(3) 要使用三层架构，则在项目中要包括 dao、service 和 web 三层，在创建的项目的 src 文件夹中创建三个包，名称分别与三层架构的名称对应，如图 2–23 所示。

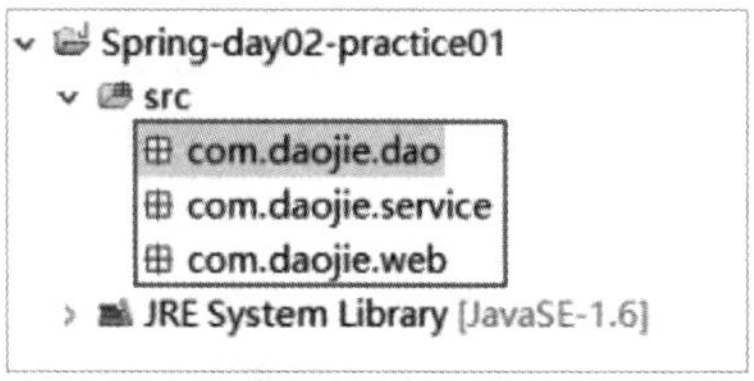

图 2–23 创建包

(4) 继续创建 com.daojie.domain 包，并在该包中创建 User 类，在 User.java 文件中添加 id、username、password 和 email 四个属性，生成 get/set 方法、toString 方法和全参、无参构造方法。相关代码如下：

```
package com.daojie.domain;
public class User {
    private int id;                // 标识号
```

```
4       private String username;     // 用户名
5       private String password;     // 密码
6       private String email;        // 邮箱地址
7       public int getId() {
8           return id;
9       }
10      public void setId(int id) {
11          this.id = id;
12      }
13      public String getUsername() {
14          return username;
15      }
16      public void setUsername(String username) {
17          this.username = username;
18      }
19      public String getPassword() {
20          return password;
21      }
22      public void setPassword(String password) {
23          this.password = password;
24      }
25      public String getEmail() {
26          return email;
27      }
28      public void setEmail(String email) {
29          this.email = email;
30      }
31      public User(int id, String username, String password, String email) {
32          this.id = id;
33          this.username = username;
34          this.password = password;
35          this.email = email;
36      }
37      public User() {
38      }
39      @Override
40      public String toString() {
41          return "User [id=" + id + ", username=" + username + ", password="
42                  "+ password + ", email=" + email + "]";
43      }
44  }
```

第 3~6 行代码为定义的四个属性；第 7~30 行代码为生成的 get/set 方法；第 31~36 行代码为生成的全参构造方法；第 37、38 行代码为生成的无参构造方法：第 39~43 行代码为生成的 toString 方法。

其中，生成 get/set 方法的具体操作如下：

① 将光标定位在属性的下一行并右击，在弹出的快捷菜单中选择 Generate Getters and Setters 命令，如图 2–24 所示。

② 打开 Generate Getters and Setters 对话框，单击 Select All 按钮即可选中定义的四个属性对应的复选框，单击 OK 按钮即可，如图 2–25 所示。

生成全参和无参构造方法的具体操作如下：

① 在生成的 get/set 方法下一行右击，在弹出的快捷菜单中选择 Generate Constructor using Fields 命令。在打开的对话框中勾选四个属性复选框，单击 OK 按钮，如图 2–26 所示。

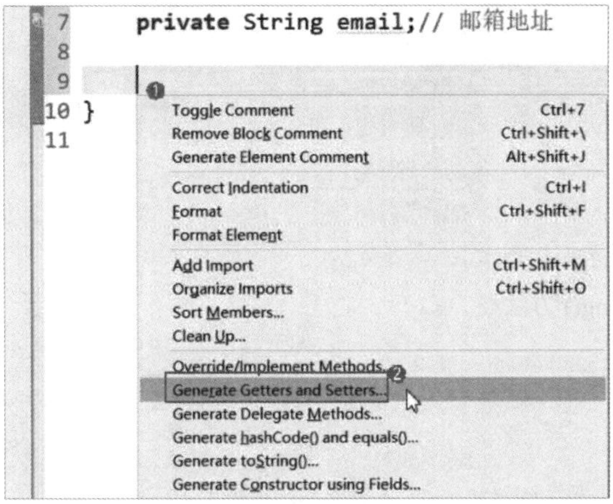

图 2-24 选择 Generate Getters and Setters 命令

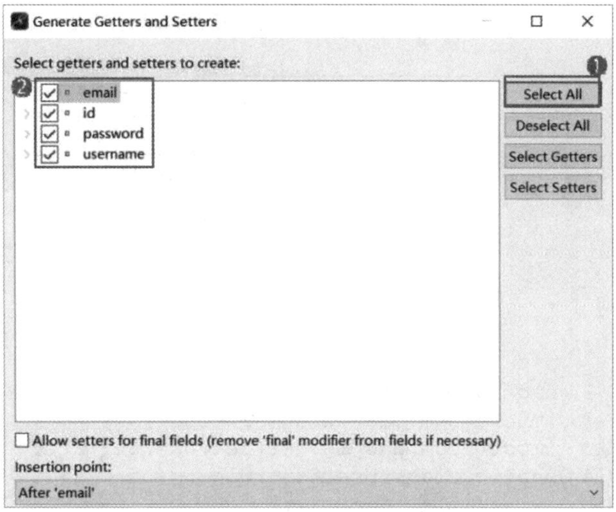

图 2-25 添加 Get 和 Set 方法

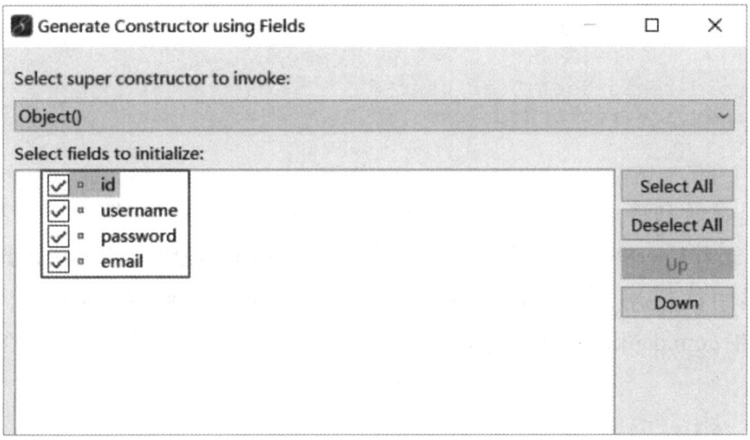

图 2-26 生成全参构造方法

② 即可在右击位置添加全参构造的代码，然后删除“super();”代码即可。根据生成全参构造方法的操作生成无参构造方法，只需要在 Generate Constructor using Fields 对话框中单击 Deselect All 按钮取消勾选四个属性的复选框即可。同样在无参构造方法中删除“super();”代码。

生成 toString 方法的具体操作如下：

在无参构造代码的下方右击，在弹出的快捷菜单中选择 Generate toString() 命令。在打开的对话框中保持四个属性复选框为勾选状态，单击 OK 按钮，如图 2-27 所示。即可生成 toString 方法的相关代码。

dao 层中文件和数据进行交互，service 层中文件用于处理业务逻辑，web 层中文件处理用户发过来的信息并控制程序的扭转。

（5）在 com.daojie.web 包中创建 UserController 类。用户在浏览器中注册，输入注册信息后单击按钮就会发过来一个请求，收到请求后需要提供一个方法进行响应。所以首先创建注册方法，相关代码如下：

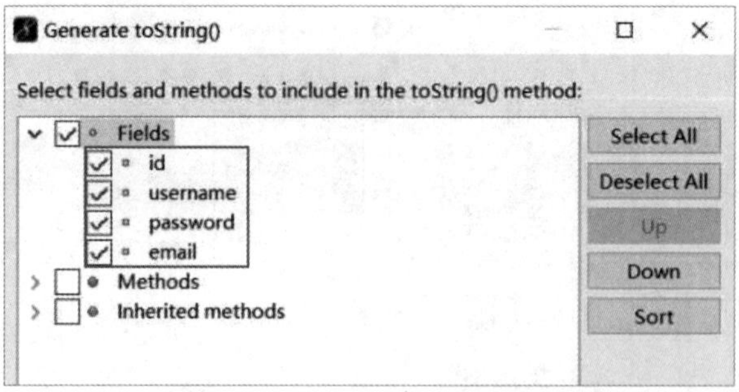

图 2-27　创建 toString() 方法

```
1  package com.daojie.web;
2  import com.daojie.domain.User;
3  import com.daojie.service.UserService;
4  public class UserController {
5      // 创建 service 层对应的对象
6      private UserService userService = new UserService();
7      /*
8       * 注册用户 :
9       * 客户端提交用户信息，调用 service 层注册用户
10      * */
11     public void registUser(User user){
12         userService.registUser(user);
13     }
14 }
```

第 11 行代码是接收到请求后，控制调用 service 层中的哪个方法；第 6 行代码是创建 service 层对应的对象，该对象为 UserService，所以还需要在 service 层中创建 UserService 类。

（6）在 web 层中注册用户的方法应该调用 service 层中的 UserService 类中的注册用户方法（registUser），因此在 com.daojie.service 包的 UserService 类中提供一个方法（步骤 8 中第 11 行代码），相关代码如下：

```
public void registUser(User user){
}
```

在 web 层中的 UserController 类需要调用本方法。

（7）在 service 层中的 UserService 类需要检查用户名是否已经存在，如果存在就抛出异常，如果不存在就将用户信息写入数据库。首先在 UserService 类中判断用户名是否在数据库中存在，因为 service 层不能直接与数据库进行交互，所以在 dao 层要创建 MySqlUserDao 类并提供一个方法判断用户名是否存在，如果存在就返回对应的用户，如果不存在，则向数据库中添加注册用户信息。相关代码如下：

```
package com.daojie.dao;
import com.daojie.domain.User;
public class MySqlUserDao {
    /*
     * 根据用户名判断对应的用户是否存在，如果存在，那么返回对应的用户，如果不存在，返回 null
     * */
    public User findUserByUserName(String username){
        if ("zs".equals(username)){
            return new User(1,"zs","123","zs@qq.com");
        }else{
```

```
11                return null;
12            }
13        }
14        // 向数据库中添加用户的方法
15        public void addUser(User user){
16            System.out.println("成功向 MySql 数据库中写入了 user...." + user);
17        }
18    }
```

第 7 行代码是创建方法用于判断用户是否存在于数据库中，第 8~12 行代码表示判断用户是否存在，如果不存在执行第 9 行代码返回数据，如果存在执行第 11 行代码返回 null。第 15~17 行代码表示向数据库中添加新用户信息。

(8)在 service 层的 UserService 类中调用 MySqlUserDao 类中相关方法判断用户名，相关代码如下：

```
1  package com.daojie.service;
2  import com.daojie.dao.MySqlUserDao;
3  import com.daojie.domain.User;
4  public class UserService {
5      // 创建 DAO 层对应的对象
6      private MySqlUserDao userDao = new MySqlUserDao();
7      /*
8       * 注册用户
9       * 检查用户名是否已经存在，如果存在就抛出异常，如果不存在就将用户信息写入数据库
10      * */
11     public void registUser(User user){
12         // 判断用户名是否已经存在于数据库中
13         if (userDao.findUserByUserName(user.getUsername()) != null){
14             throw new RuntimeException("用户名已存在");
15         }else{
16             // 表示用户没有被注册过，可以进行注册
17             userDao.addUser(user);
18         }
19     }
20 }
```

第 6 行代码是创建 MySqlUserDao 对象，方便第 13 行代码调用 MySqlUserDao 类中的 findUserBy UserName 方法。第 13、14 行用于判断用户名不为 null 时，会抛出相关异常。第 15~18 行代码表示如果用户名不存在，将调用 MySqlUserDao 类中向数据库添加用户的方法。

(9) 在 src 文件夹中创建 com.daojie.test 包，并在该包中创建 TestDemo 类，相关代码如下：

```
1  package com.daojie.test;
2  import org.junit.Test;
3  import com.daojie.domain.User;
4  import com.daojie.web.UserController;
5  public class TestDemo {
6      @Test
7      public void test01(){
8          UserController userController = new UserController();
9          User user = new User(1,"zs","123","zs@qq.com");
10         userController.registUser(user);
11     }
12 }
```

第 8 行代码创建 UserController 对象；第 9 行代码为模拟输入的客户信息，与数据库中信息一致；第 10 行代码是调用 web 层中的方法。

如果是真实的 Web 项目开发是不需要写测试代码的，因为用户在浏览器中输入信息后，在 web 层中就会自动响应设置的方法了。

（10）代码输入完成后进行测试，右击 test01 方法，在弹出的快捷菜单中选择 Run AS → 1 JUnit Test 命令，如图 2–28 所示。在打开的 Save and Launch 对话框中保持各参数不变，单击 OK 按钮。

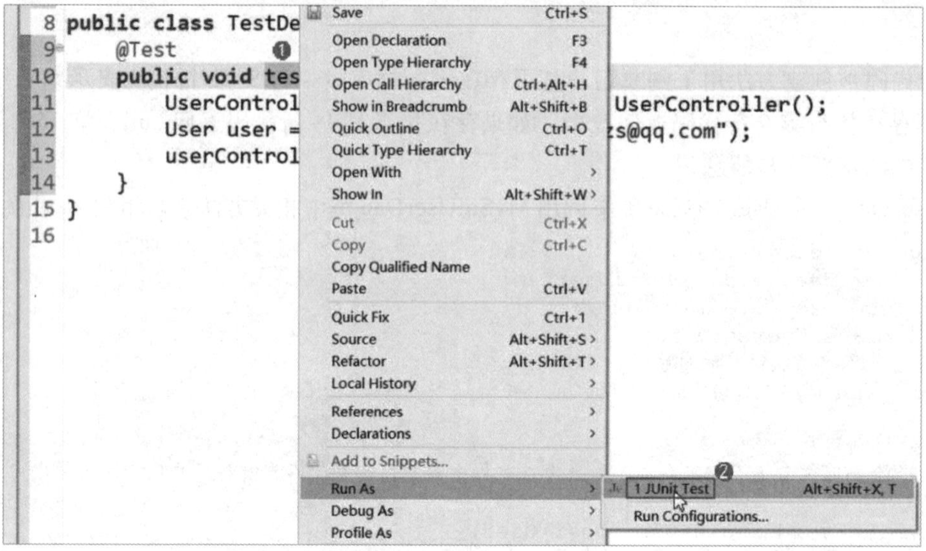

图 2–28 运行 test01 方法

（11）此时在 JUnit 面板中显示 1 个“用户名已存在”的异常，因为输入的信息和数据库中一致，所以出现异常是正常情况，如图 2–29 所示。

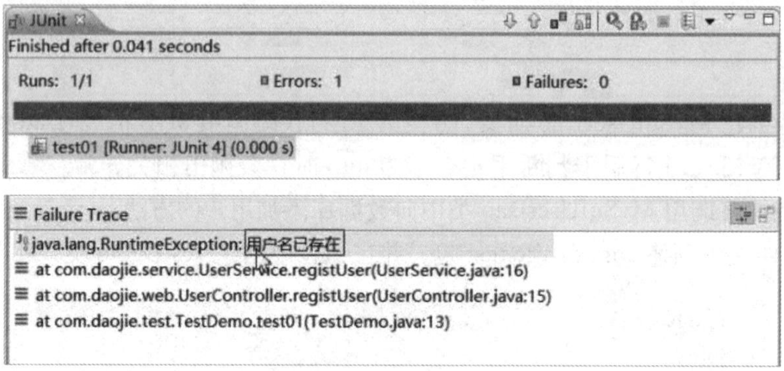

图 2–29 输出结果显示异常

（12）如果修改 TestDemo 类中第 9 行代码的用户名为“ww”，执行 test01 方法，在 Console 面板中显示向数据库中添加用户信息，如图 2–30 所示。

图 2–30 向数据库中添加用户信息

下面通过图形的形式介绍以上代码的执行过程和存在的问题，如图 2–31 所示。

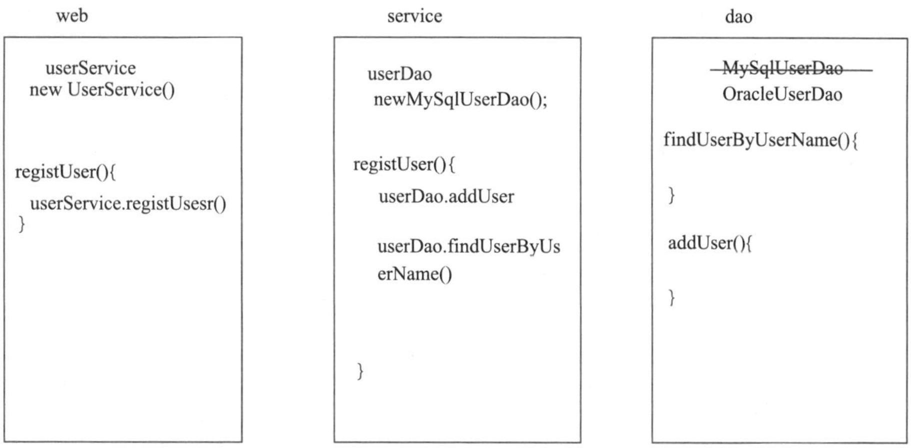

图 2-31 分析“练一练”的图形

视频

课堂案例问题分析

图 2-31 所示为本案例中 Java 经典三层架构所对应的图形。执行测试代码时，首先创建用户，通过在 web 中创建的对象调用 registUser() 方法注册用户；接着来到 web 层中，控制程序的流程，通过 service 中创建的对象也调用其 registUser() 方法；在 service 层中，首先在 dao 层判断用户名是否存在，因此调用 dao 层中的 addUser() 方法；在 dao 层中判断注册用户名是否存在，如果不存在返回 null，再返回 service 层，执行 else 语句中的 addUser() 方法，来到 dao 层中输出注册用户的信息。如果在 dao 层中判断注册用户名存在，则返回用户信息，来到 service 层，if 语句中等式不等于 null，所以就抛出异常。

通过图形分析三层之间是通过创建对象相互调用的，如果修改某层的对象名称，就需要在对应的层中修改源代码，这就使得三层之间的耦合性太强。为了实现“低耦合”，在接下来的练一练中我们将介绍如何使用 Spring 中的 IoC 和 DI 实现软件分层解耦。

练一练

视频

课堂练习——实现分层解耦

使用 Spring 中的 IoC 和 DI 对上述案例实现软件分层解耦。

解答过程：

（1）复制 Spring-day02-practice01 项目并命名为 Spring-day02-practice02。当在 dao 层中创建其他类时，都需要实现判断用户是否存在和添加用户两个方法。此时可以使用接口实现两个抽象方法，而且在 UserService.java 中创建 dao 层对应的对象时也可以使用该接口。在 dao 层创建接口，右击 com.daojie.dao 包，在弹出的快捷菜单中选择 New → Interface 命令，如图 2-32 所示。

视频

课堂练习解析

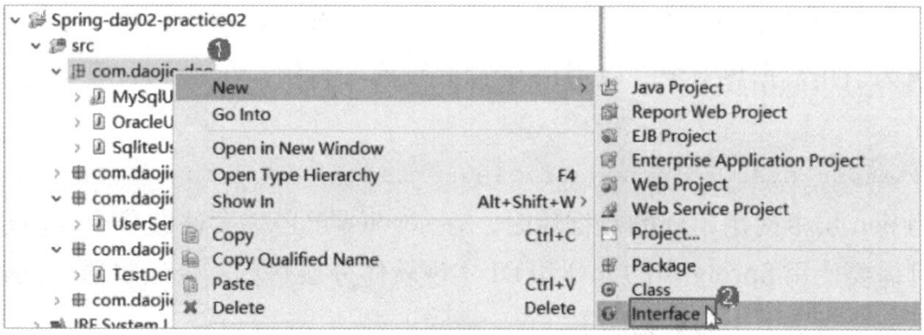

图 2-32 选择 Interface 命令

（2）打开 New Java Interface 对话框，在 Name 文本框中输入接口的名称，此处输入 UserDao，单击 Finish 按钮，如图 2-33 所示。

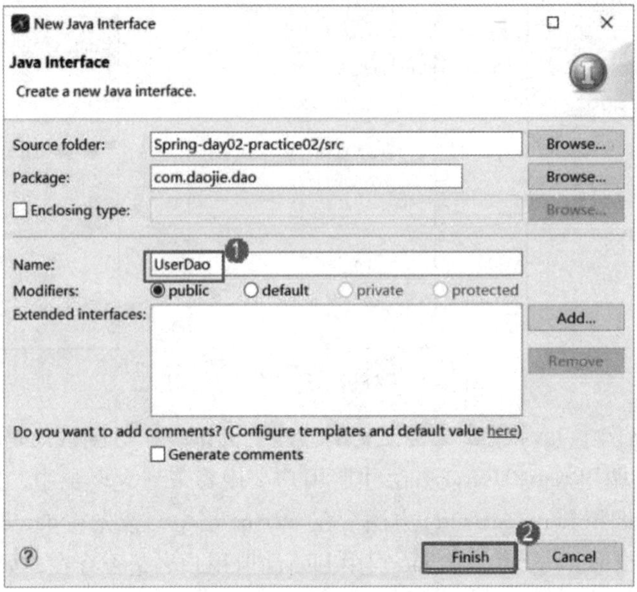

图 2-33　创建接口

（3）在 UserDao 接口中需要实现判断用户名是否存在和添加用户两个方法，相关代码如下：

```
package com.daojie.dao;
import com.daojie.domain.User;
public interface UserDao {
    // 向数据库中添加用户
    public void addUser(User user);
    // 根据用户名判断用户是否存在
    public User findUserByUserName(String username);
}
```

（4）在 dao 层创建接口后，还需要为其他类实现 UserDao 接口，只需要在创建类代码右侧输入 implements UserDao 即可，以 OracleUserDao 类为例展示实现接口的代码，具体代码如下：

```
public class OracleUserDao implements UserDao{
```

然后向数据库中添加用户代码的输出语句中修改数据库名称，相关代码如下：

```
public void addUser(User user){
    System.out.println("成功向 Oracle 数据库中写入了 user...." + user);
}
```

此时在 service 层中创建 dao 层对应的对象时，等号左侧可以引用接口，不需要引用数据库，但是等号右侧必须为引用数据库对象。以引用 Oracle 数据库为例，在 service 层创建 dao 层对象的代码如下：

```
private UserDao userDao = new OracleUserDao();
```

也就是说当 dao 层中使用不同的数据库时，在 service 层还需要修改代码，两层之间的耦合性还是很强的。此时需要使用 Spring 中的 IoC 和 DI 实现软件分层解耦，分层解耦后在 service 层创建 dao 层中对象时就不需要指定引用的数据库了。

（5）使用 Spring 首先需要导包，直接将 Spring-day02-iocDemo 项目中的 libs 文件夹（包含 Spring 的包）复制到 Spring-day02-practice02 项目中。选择复制的所有 .jar 文件并右击，在弹出的快捷菜单中选择 Build Path → Add to Build Path 命令，即可完成导包，如图 2–34 所示。

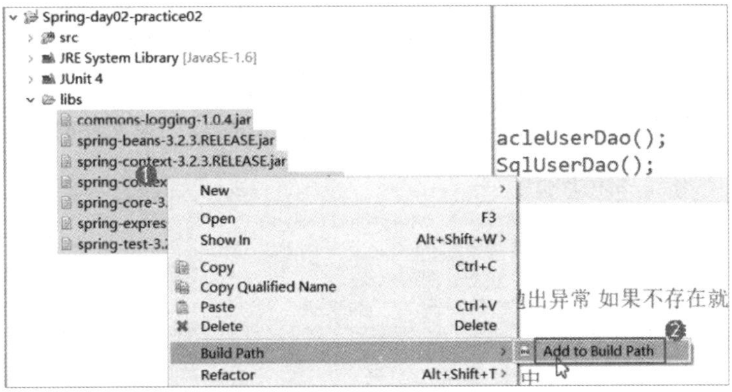

图 2–34　导入 Spring 包

（6）在 src 中创建 xml 文件。右击项目中的 src 文件夹，在弹出的快捷菜单中选择 New → File 命令，打开 New File 对话框，在 File name 文本框中输入文件名称，名称为 applicationContext.xml，按［Enter］键或者单击 Finish 按钮，如图 2–35 所示。

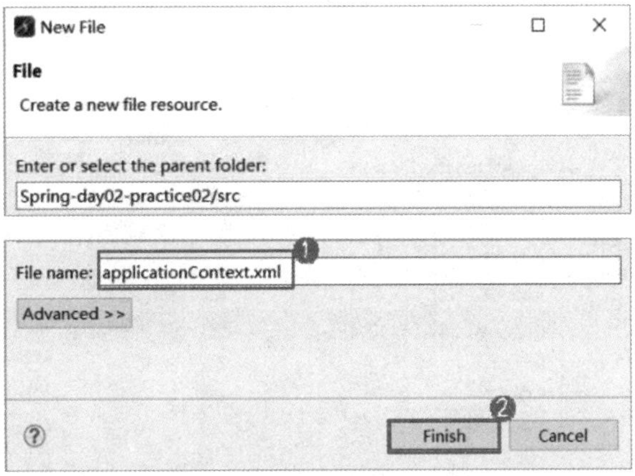

图 2–35　创建 xml 文件

（7）创建完 xml 文件后，接着引入约束文件，再开启包扫描和开启 DI。开启包扫描主要开启三层架构对应的包，如 dao、service 和 web，相关代码如下：

```
<?xml version="1.0" encoding="UTF-8"?>
<beans xmlns="http://www.springframework.org/schema/beans"
        xmlns:context="http://www.springframework.org/schema/context"
    xmlns:xsi="http://www.w3.org/2001/XMLSchema-instance"
    xsi:schemaLocation="http://www.springframework.org/schema/beans
    http://www.springframework.org/schema/beans/spring-beans-3.2.xsd
    http://www.springframework.org/schema/context
    http://www.springframework.org/schema/context/spring-context-3.2.xsd
    ">
<!-- 开启包扫描 -->
<context:component-scan base-package="com.daojie.dao"></context:component-scan>
```

```
12 <context:component-scan base-package="com.daojie.service"></context:component-scan>
13 <context:component-scan base-package="com.daojie.web"></context:component-scan>
14 <!-- 开启 DI -->
15 <context:annotation-config></context:annotation-config>
16 </beans>
```

第 1~9 行代码用于引入约束文件，它是直接生成的，具体操作如下：

打开创建的 xml 文件，输入 spring，然后按【Alt+/】组合键，在列表中选择 spring_context 选项，如图 2–36 所示。操作完成后即可在输入 spring 的位置处自动生成约束文件的代码。

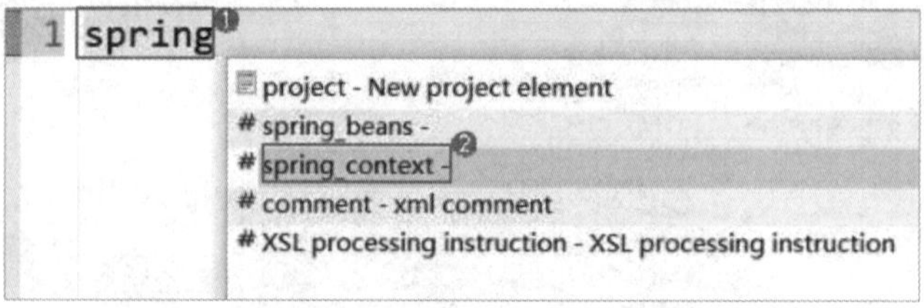

图 2–36 选择 spring_context 选项

通过以上方法实现 dao 层和 service 层低耦合性，同样在 web 层中也需要创建 service 层对应的对象，这两层也存在高耦合性，所以也需要通过创建接口的方法实现低耦合性。

（8）因为需要在 service 层中创建 UserService 接口，将原有的 UserService 类作为实现类，为了防止重名需要对现有的文件进行重命名。右击 UserService.java 文件，在弹出的快捷菜单中选择 Refactor → Rename 命令，如图 2–37 所示。

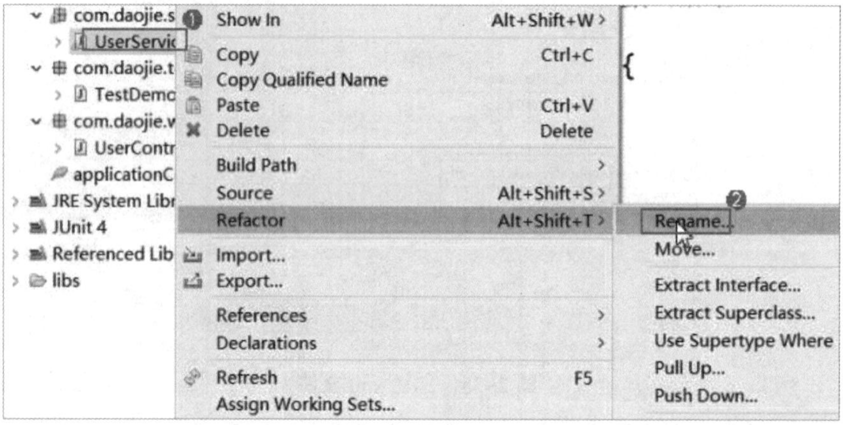

图 2–37 选择 Rename 命令

（9）打开 Rename Compilation Unit 对话框，在 New name 文本框中修改文件名称为 UserServiceImpl，单击 Finish 按钮，如图 2–38 所示。

（10）在 service 层创建 UserService 接口，并且需要提供 service 层中的注册方法（以下代码中的第 4 行代码），相关代码如下：

```
1 package com.daojie.service;
2 import com.daojie.domain.User;
3 public interface UserService {
4     public void registUser(User user);
5 }
```

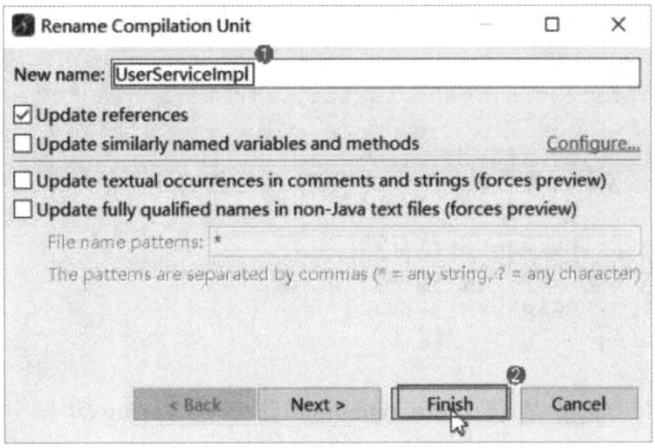

图 2-38　重命名类名

(11) 修改 service 层中 UserServiceImpl 实现类的代码，相关代码如下：

```
1  package com.daojie.service;
2  import org.springframework.beans.factory.annotation.Autowired;
3  import org.springframework.stereotype.Service;
4  import com.daojie.dao.OracleUserDao;
5  import com.daojie.dao.SqliteUserDao;
6  import com.daojie.dao.UserDao;
7  import com.daojie.domain.User;
8  @Service
9  public class UserServiceImpl implements UserService{
10     // 创建 DAO 层对应的对象
11     @Autowired
12     private UserDao userDao;
13     public void registUser(User user){
14         // 判断用户名是否已经存在于数据库中
15         if (userDao.findUserByUserName(user.getUsername()) != null){
16             throw new RuntimeException("用户名已存在");
17         }else{
18             // 表示用户没有被注册过，可以进行注册
19             userDao.addUser(user);
20         }
21     }
22 }
```

第 8 行代码使用 @Service 注解将 UserServiceImpl 类交由 Spring 进行管理；第 9 行代码实现 UserServiceImpl 接口。

第 11 行代码使用 @Autowired 注解为 userDao 赋值，前提是 UserDao 需要交给 Spring 进行管理。如果想让 dao 层中相关的类成为 UserDao 的实现类，还需要将相关的类交由 Spring 窗口进行管理，只需要在类中的方法语句上方添加 @Repository 注解即可。下面以 MySqlUserDao.java 为例介绍 UserDao 在 Spring 容器中实现类的方法，具体代码如下：

```
@Repository
public class MySqlUserDao implements UserDao{
```

此时，在 dao 层中其他类没有使用 @Repository 注解也是 UserDao 的实现类，但是没有被 Spring 容器进行管理，所以运行 UserServiceImpl 实现类的第 9 行代码时只能查找到 MySqlUserDao.java 类。

（12）对 web 包中 UserController 类进行修改，相关代码如下：

```
1  package com.daojie.web;
2  import org.springframework.beans.factory.annotation.Autowired;
3  @Controller
4  public class UserController {
5      // 创建 service 层对应的对象
6      @Autowired
7      private UserService userService;
8      public void registUser(User user){
9          userService.registUser(user);
10     }
11 }
```

第 3 行的 @Controller 注解是将 UserController 类交给 Spring 容器进行管理；第 6 行的 @Autowired 注解和 UserServiceImpl 实现类中第 11 行代码的含义一样。

（13）在 TestDemo 类中修改 test01 方法，相关代码如下：

```
1  package com.daojie.test;
2  import org.junit.Test;
3  public class TestDemo {
4      @Test
5      public void test01(){
6          // 获取 Spring 容器中的 UserController 对应的对象
7          // 1. 获取 Spring 容器
8          ApplicationContext context = new ClassPathXmlApplicationContext("application
Context.xml");
9          // 2. 从 Spring 容器中获取对象
10         UserController userController = context.getBean(UserController.class);
11         User user = new User(1,"jj","123","zs@qq.com");
12         userController.registUser(user);
13     }
14 }
```

第 8 行代码是获取 Spring 容器，也就是 applicationContext.xml 文件；第 10 行代码通过 class 获取 web 包中的 UserController。

（14）执行 test01 方法进行测试，输出结果如图 2–39 所示。

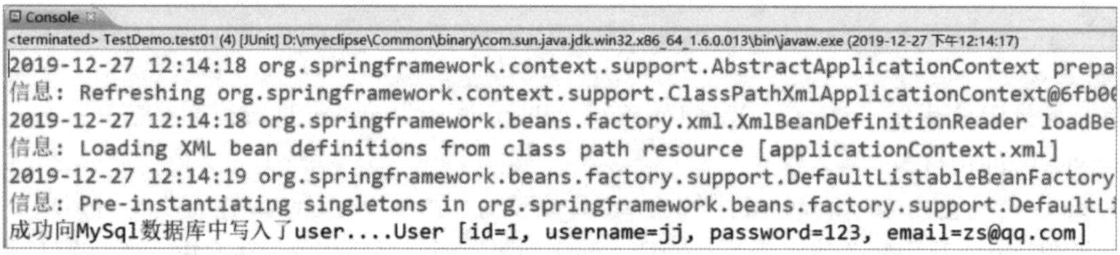

图 2–39　实现软件解耦的结果

因为数据库中没有 jj 用户名，所以向 MySQL 数据库中添加该用户的信息。如果修改用户名为 zs 则显示用户名已存在。结果运行都正常，说明通过 Spring 的 IoC 和 DI 进行分层解耦成功。

下面通过图形的形式进一步理解解耦的过程，如图 2–40 所示。

从图 2–40 可以看出，在层与层之间创建接口，并在对应的层中创建实现类，然后使用 Spring 中的 IoC 和 DI 进行分层解耦。如果修改 dao 层中的数据库，只需要将正在使用类中的 @Repository 注解剪切到另一个数据库中并修饰类即可，而 service 和 web 层不需要修改代码。

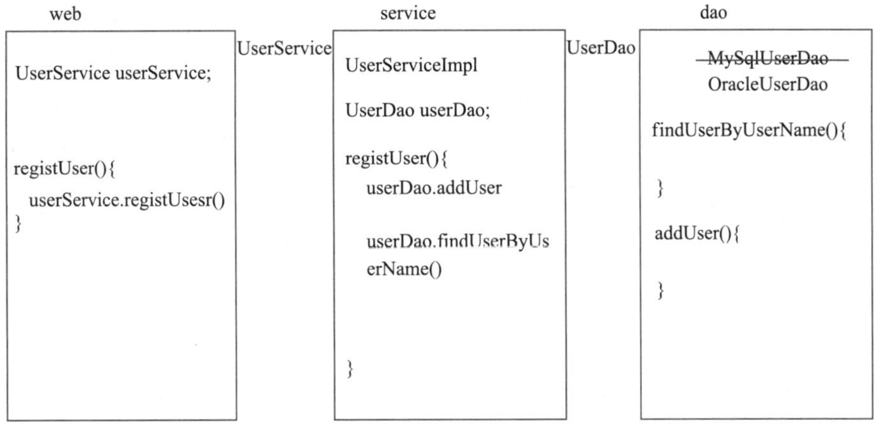

图 2-40 解耦分析图

小 结

视频

课程总结

通过本章的学习，大家可以更进一步理解 Spring 框架中 IoC 和 DI 的作用以及用法。此外，我们还介绍了注解的使用方式，在今后的学习中注解会大量使用，通过这些内容的学习，可以使大家对于程序的“低耦合”要求有更深的理解，并且通过代码的编写，来提高动手能力。

习 题

一、填空题

1. RequestMapping 注解类型用于映射________。

2. 在使用 Spring MVC 的注解开发时，除了需要引入 Spring 的核心 JAR 包、Commons-logging 的 JAR 包以及 Spring MVC 的 2 个 JAR 包外，还需要引入________的 JAR 包。

3. 在视图解析器配置中，可以设置视图的________。

4. 如果没有通过 <init-param> 元素配置，则应用程序会默认去________寻找配置文件。

5. 如果 <load-on-startup> 元素不存在，则应用程序会________加载该 Servlet。

二、判断题

1. 在控制器类中，每一个请求处理方法都可以有多个不同类型的参数，以及一个多种类型的返回结果。 (　　)

2. @RequestMapping 的 method 属性必须使用。 (　　)

3. @RequestMapping(method = RequestMethod.GET) 可以缩写为 @GetMapping。 (　　)

4. @RequestMapping 注解的属性都是可选属性。 (　　)

5. Web.xml 文件中必须使用标签元素，否则文件会报错。 (　　)

三、单选题

1. 下面类型中，不属于请求处理方法参数类型的是（　　）。

A. javax.servlet.http.HttpSession　　B. @MatrixVariable

C. org.springframework.ui.Model　　D. void

2. 下面关于组合注解的说法正确的是（　　）。

A. 组合注解是 Spring3.x 版本中的新特性

B. 组合注解可以简化常用的 HTTP 方法的映射

C. 在所有 Spring 项目中，使用组合注解可以替代 @RequestMapping 注解

D. @GetMapping 注解可以用来匹配 GET 和 POST 方式的请求

3. 下面关于 @RequestMapping 注解说法错误的是（　　）。

A. @RequestMapping 注解的默认属性是 value

B. @RequestMapping 注解的 value 属性值可以省略

C. @RequestMapping 注解的 value 属性名可以省略

D. @RequestMapping 注解的 value 属性必须标注

4. 下面关于 <load-on-startup> 元素的说法错误的是（　　）。

A. 如果 <load-on-startup> 元素的值为 1，则在应用程序启动时会立即加载该 Servlet

B. 如果 <load-on-startup> 元素不存在，则应用程序会在第一个 Servlet 请求时加载该 Servlet

C. 如果 <load-on-startup> 元素的值为 1，则在应用程序启动时会延迟加载该 Servlet

D. <load-on-startup> 元素是可选的

四、简答题

请简述 ModelAndView、String 和 void 三种返回类型的作用。

第3章

代理设计模式

学习目标

- 理解静态代理模式。
- 理解动态代理模式。
- 能够使用代理模式修改案例。

本章主要学习代理设计模式的相关知识，代理设计模式分为静态代理模式和动态代理模式。首先介绍静态代理模式，包括设计模式的优点、静态代理模式的构成和静态代理模式的特点等；接着介绍动态代理模式，包括 JDK 内置动态代理和 cglib 实现的动态代理等。本章案例练习比较多，我们可以通过这些实践内容掌握这两种代理设计模式。

视频

课程介绍

3.1 静态代理模式

静态代理设计模式是由程序员创建或特定工具自动生成源代码的，也就是在编译时就已经将接口、被代理类和代理类等确定下来。在程序运行之前，代理类的 .class 文件就已经生成了。

视频

代理设计模式概述和优点

3.1.1 代理设计模式概述

代理设计模式是 Java 常见的设计模式之一。代理设计模式的定义是为其他对象提供一种代理，以控制对这个对象的访问。在某些情况下，一个对象不适合或者不能直接引用另一个对象，而代理对象可以在客户端和目标对象之间起到中介的作用。在现实生活中，这种情形非常常见，比如请一个律师代理来打官司。

代理设计模式分为静态代理设计模式和动态代理设计模式两种。

代理设计模式具有以下优点：

- 职责清晰

真实的角色就是实现实际的业务逻辑，不用关心其他非本职责的事务，通过后期的代理完成一切事务，附带结果就是编程简洁清晰。

- 保护目标对象

代理对象可以在客户端和目标对象之间起到中介的作用，从而保护目标对象。

- 高扩展性

将调用对象和被调用对象分离，一定程度上降低了耦合度，扩展性好。

视频 案例分析

视频 案例分析2

3.1.2 案例分析

在第 2 章的“Java 经典三层架构练习”案例中，如果要检查权限、记录日志和开启事务，常规手段会造成代码大量重复，而且逻辑混乱。

下面以“Java 经典三层架构练习”案例的 service 层中 UserserviceImpl.java 文件的代码为例介绍添加需求的应用，相关代码如下：

```
package com.daojie.service;
import org.springframework.beans.factory.annotation.Autowired;
@Service
public class UserServiceImpl implements UserService{
    @Autowired
    private UserDao userDao;
    public void registUser(User user) {
        try {
            System.out.println("检查权限...");
            System.out.println("记录日志...");
            System.out.println("开启事务");
            if (userDao.findUserByUserName(user.getUsername()) != null) {
                throw new RuntimeException("用户名已存在");
            } else {
                userDao.addUser(user);
                System.out.println("提交事务");
            }
        } catch (Exception e) {
            // TODO Auto-generated catch block
            e.printStackTrace();
            System.out.println("回滚事务");
        }
    }
    /*
     * 登录
     */
    public void loginUser(User user) {
        try {
            System.out.println("检查权限...");
            System.out.println("记录日志...");
            System.out.println("开启事务");
            System.out.println("登录成功");
            System.out.println("提交事务");
        } catch (Exception e) {
            // TODO Auto-generated catch block
            e.printStackTrace();
            System.out.println("回滚事务");
        }
    }
    /*
     * 注销
     */
    public void logoutUser(User user) {
        try {
            System.out.println("检查权限...");
            System.out.println("记录日志...");
            System.out.println("开启事务");
```

```
                System.out.println("注销成功")
                System.out.println("提交事务");
            } catch (Exception e) {
                // TODO Auto-generated catch block
                e.printStackTrace();
                System.out.println("回滚事务");
            }
        }
    }
```

以上代码是在原代码基础上添加登录和注销两种方法，同时满足检查权限、记录日志和开启事务的需求。从代码中可见，每种方法中都有大量重复的代码，而且方法越多，重复的代码也就越多。代码中逻辑也比较混乱，service 层是处理业务逻辑的，在代码中包含了与业务逻辑无关的事务，如检查权限、记录日志和开启事务等，导致没有实现“高内聚”。

我们希望在 service 层中只有业务逻辑的相关代码，但是还需要有检查权限、记录日志和开启事务等功能。以上需求是在原有类的基础上增强类的功能，可以尝试使用继承和装饰设计模式。

装饰设计模式指的是在不必改变原类文件和使用继承的情况下，动态地扩展一个对象的功能。它通过创建一个包装对象——装饰来包裹真实对象。

下面举例说明使用继承增强类的功能，在 com.daojie.test2 包中创建 TestDemo2 类，相关代码如下：

```
package com.daojie.test2;
public class TestDemo2 {
    public static void main(String[] args) {
        狗 dog = new 狗();
        dog.eat();
        继承狗 dog1 = new 继承狗();
        dog1.eat();
        dog1.sleep();
    }
}
class 狗{
    public void eat(){
        System.out.println("狗要吃骨头");
    }
}
class 继承狗 extends 狗{
    public void sleep(){
        System.out.println("狗会睡觉");
    }
}
```

运行代码，输出结果如图 3–1 所示。

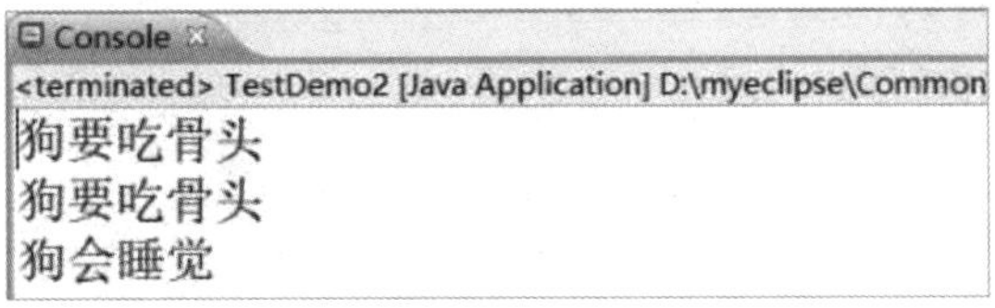

图 3–1　继承输出的结果

从输出结果来看，继承狗的功能确实增强了，但是这不是增强父类原有的功能，而是通过继承的方式继承父类的功能，从而增强子类的功能。所以通过继承方式不能满足我们在原有功能上增强的需求。

下面再举例说明装饰设计模式，在 com.daojie.test2 包中创建 TestDemo3 类，相关代码如下：

```
1  package com.daojie.test2;
2  public class TestDemo3 {
3      public static void main(String[] args) {
4          狗1 dog = new 狗1();
5          装饰狗 dog1 = new 装饰狗(dog);
6          dog1.eat();
7          dog1.sleep();
8      }
9  }
10 class 狗1{
11     public void eat(){
12         System.out.println("狗要吃骨头.....");
13     }
14 }
15 class 装饰狗{
16     private 狗1 dog;
17     public 装饰狗(狗1 dog){
18         this.dog = dog;
19     }
20     public void eat(){
21         this.dog.eat();
22     }
23     public void sleep(){
24         System.out.println("狗要睡觉....");
25     }
26 }
```

第 10~14 行代码为创建“狗 1”类，实现 eat() 方法；第 15~26 行代码为创建“装饰狗”类，实现 eat() 和 sleep() 方法，其中 eat() 方法是直接调用“狗 1”类中的 eat() 方法。第 4~7 行代码为创建“狗 1”，再通过构造方法将 dog 传进来，那么装饰狗的功能就增强了。

执行代码，输出结果如图 3-2 所示。

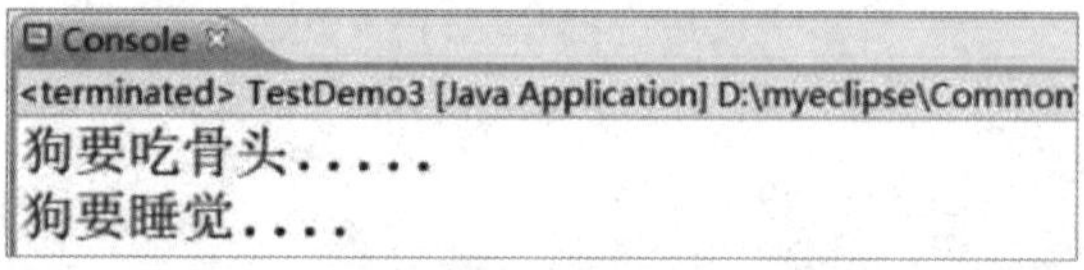

图 3-2　装饰设计模式输出的结果

装饰设计模式之前也使用过，就是 BufferedWriter，使用时还需要导入包和抛出异常。其代码的功能和第 4、5 行代码的功能一样。相关代码如下：

```
FileWriter fw = new FileWriter("");
BufferedWriter bw = new BufferedWriter(fw);
```

装饰设计模式是调用原来的方法，然后再添加新的方法，在本章的需求中也是不合适的。继承和装饰设计模式与本章的场景都不匹配，这时可以使用代理设计模式。

视频

静态代理模式案例1

3.1.3　静态代理模式构成

静态代理模式由三部分构成：

- 一个公共的接口。
- 一个代理角色。
- 一个被代理角色。

练一练

静态代理模式案例 1。

需求描述：定义一个动物接口，包含吃、叫两个方法，狗实现动物接口，再定义一个代理狗实现动物接口，增强吃、叫两个方法。

使用技能：接口的定义和使用、静态代理模式。

完整代码：

```
package com.daojie.demo;
public class Practice01 {
    public static void main(String[] args) {
        代理狗 dog = new 代理狗 ();
        dog.eat();
        dog.shout();
    }
}
interface 动物 {
    void eat();
    void shout();
}
// 被代理的角色
class 狗 implements 动物 {
    @Override
    public void eat() {
        // TODO Auto-generated method stub
        System.out.println(" 狗亲自来吃 ....");
    }
    @Override
    public void shout() {
        // TODO Auto-generated method stub
        System.out.println(" 狗亲自叫 .....");
    }
}
// 代理角色
class 代理狗 implements 动物 {
    private 狗 dog = new 狗 ();
    @Override
    public void eat() {
        // TODO Auto-generated method stub
        System.out.println(" 狗狗吃之前需要刷牙 ");
        dog.eat();
        System.out.println(" 狗擦擦嘴 ");
    }
    @Override
    public void shout() {
        // TODO Auto-generated method stub
        System.out.println(" 狗狗叫之前需要开嗓 ");
        dog.shout();
        System.out.println(" 叫之后需要收到鼓励 ");
    }
}
```

解答过程：

（1）打开 MyEclipse，在 Package Explorer 页面的空白处右击，在弹出的快捷菜单中选择 New → Java Project 命令，在打开的对话框中设置项目名称为 Spring-day03-practice02，单击 Finish 按钮，如图 3–3 所示。

（2）展开创建的项目，右击 src 文件夹，在弹出的快捷菜单中选择 New → Package 命令。在打开对话框的 Name 文本框中输入包的名称，此处输入 com.daojie.demo，单击 Finish 按钮，如图 3–4 所示。

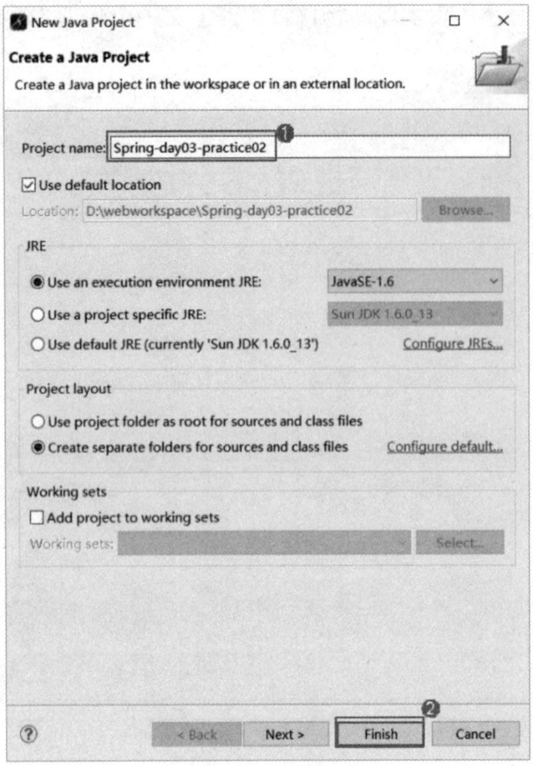

图 3-3　创建项目

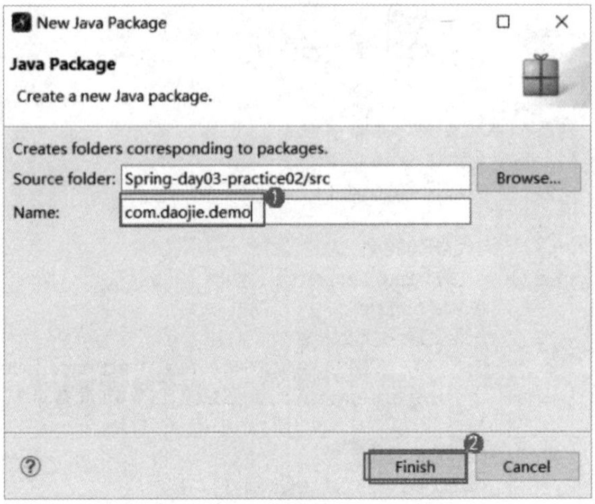

图 3-4　创建包

（3）右击创建的包，在弹出的快捷菜单中选择 New → Class 命令，在打开对话框的 Name 文本框中输入类的名称，此处输入 Practice01，单击 Finish 按钮，如图 3-5 所示。

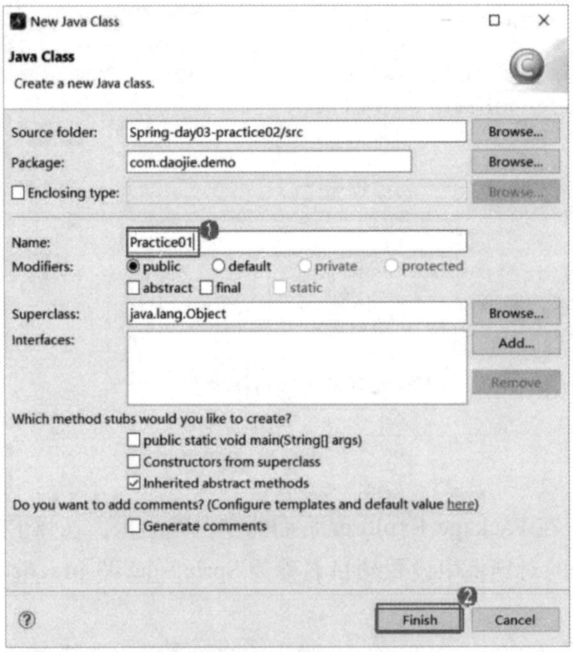

图 3-5　创建 Practice01 类

（4）根据静态模式的 3 部分结构创建公共接口、代理类和被代理类，其中在接口中创建 eat 和 shout 两个方法，相关代码如下：

```
1  interface 动物 {
2      void eat();
3      void shout();
4  }
5  class 狗 implements 动物 {
6  }
7  class 代理狗 implements 动物 {
8  }
```

第 1~4 行代码创建一个公共的“动物”接口，该接口中包括 eat 和 shout 两个方法；第 5、6 行代码创建一个被代理角色；第 7、8 行代码创建一个代理角色。其中被代理角色和代理角色都要实现公共接口。

（5）实现动物接口必须要实现接口中的方法，在被代理的角色中单击“狗”类，在列表中选择 Add unimplemented methods 选项，如图 3–6 所示。

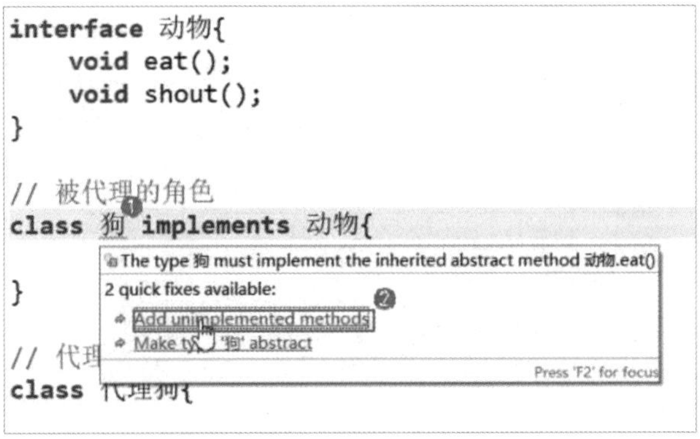

图 3–6　添加接口中的方法

（6）即可在被代理角色的代码中自动添加实现接口中方法的代码，然后分别为被代理狗的 eat() 和 shout() 两个方法添加输出内容，具体代码如下：

```
 1  // 被代理的角色
 2  class 狗 implements 动物 {
 3      @Override
 4      public void eat() {
 5          // TODO Auto-generated method stub
 6          System.out.println("狗亲自来吃....");
 7      }
 8      @Override
 9      public void shout() {
10          // TODO Auto-generated method stub
11          System.out.println("狗亲自叫.....");
12      }
13  }
```

第 3~12 行代码中第 6、11 行代码分别为实现的两种方法输出的代码；其他代码均为自动生成的实现接口中方法的代码。

（7）根据相同的方法为代理狗实现接口中的方法，并且添加代理狗的相关功能，具体代码如下：

```
// 代理角色
class 代理狗 implements 动物 {
```

```
3        private 狗 dog = new 狗();
4        @Override
5        public void eat() {
6            // TODO Auto-generated method stub
7            System.out.println("狗狗吃之前需要刷牙");
8            dog.eat();
9            System.out.println("狗擦擦嘴");
10       }
11       @Override
12       public void shout() {
13           // TODO Auto-generated method stub
14           System.out.println("狗狗叫之前需要开嗓");
15           dog.shout();
16           System.out.println("叫之后需要收到鼓励");
17       }
18   }
```

第 3 行代码为创建狗的对象，因为 eat() 和 shout() 两种方法是被代理狗实现的，代理狗不执行这两种方法；第 7、9 行是增强 eat() 方法，第 8 行代码表示创建狗对象来执行 eat() 方法。第 14~16 行代码是增强 shout() 方法，和 eat() 方法一样。

（8）被代理狗只会吃和叫两个动作，通过代理狗为其增强其他动作，所以被代理狗还需要实现代理狗的功能。创建 main() 方法，然后在该方法中创建代理狗并执行 eat() 和 shout() 方法，具体代码如下：

```
package com.daojie.demo;
public class Practice01 {
    public static void main(String[] args) {
    代理狗 dog = new 代理狗();
    dog.eat();
    dog.shout();
    }
}
```

（9）在代码区空白处右击，在弹出的快捷菜单中选择 Run As → 1 Java Application 命令，在打开的对话框中单击 OK 按钮。运行代码后在 Console 面板中输出狗的执行动作，如图 3-7 所示。

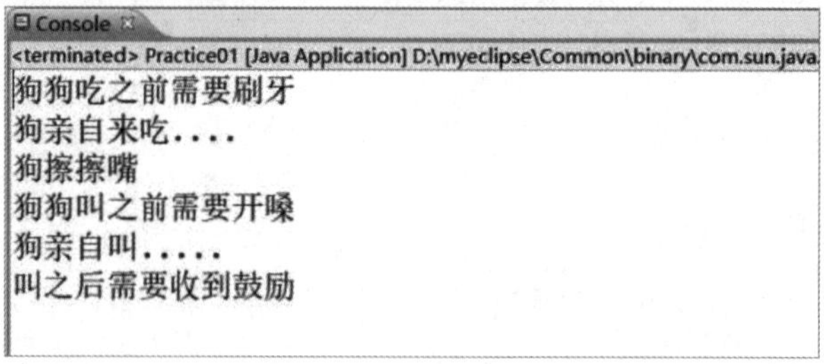

图 3-7　输出的结果

视频

静态代理模式案例2

从运行结果来看，eat() 和 shout() 方法被增强了，执行被代理狗和代理狗的所有动作。

练一练

静态代理模式案例 2。

需求描述：定义一个才艺接口，包含唱歌、跳舞两个方法，明星实现才艺接口，再定义一个经纪人实现才艺接口，增强唱歌、跳舞两个方法。

使用技能：接口的定义和使用、静态代理模式。

完整代码：

```
package com.daojie.demo;
public class Practice02 {
    public static void main(String[] args) {
        JJR j = new JJR();
        j.dance();
        j.sing();
    }
}
interface SJSkill{
    void sing();
    void dance();
}
// 被代理者
class MX implements SJSkill{
    @Override
    public void sing() {
        System.out.println("明星在唱歌...");
    }
    @Override
    public void dance() {
        System.out.println("明星在跳舞...");
    }
}
// 代理者
class JJR implements SJSkill{
    private MX mx = new MX();
    @Override
    public void sing() {
        System.out.println("检查权限");
        System.out.println("谈价格");
        mx.sing();
        System.out.println("经纪人帮助包装宣传");
    }
    @Override
    public void dance() {
        System.out.println("检查权限");
        System.out.println("谈价格");
        mx.dance();
        System.out.println("经纪人帮助包装宣传");
    }
}
```

解答过程：

（1）在 Spring-day03-practice02 项目的 com.daojie.demo 包中创建 Practice02 类。在该类中创建一个 SJSkill 公共接口，在接口中定义 sing() 和 dance() 两个方法，相关代码如下：

```
interface SJSkill{
    void sing();
    void dance();
}
```

（2）创建被代理者 MX 类来实现接口，并且实现接口中的两个方法，然后为 MX 类添加两个方法的输出动作，相关代码如下：

```
// 被代理者
```

```
class MX implements SJSkill{
    @Override
    public void sing() {
        System.out.println("明星在唱歌 ...");
    }
    @Override
    public void dance() {
        System.out.println("明星在跳舞 ...");
    }
}
```

（3）创建 JJR 类实现接口，该类作为代理者。该类也需要实现接口中的两个方法，并且添加代理者的动作，相关代码如下：

```
// 代理者
class JJR implements SJSkill{
    private MX mx = new MX();
    @Override
    public void sing() {
        System.out.println("检查权限");
        System.out.println("谈价格");
        mx.sing();
        System.out.println("经纪人帮助包装宣传");
    }
    @Override
    public void dance() {
        System.out.println("检查权限");
        System.out.println("谈价格");
        mx.dance();
        System.out.println("经纪人帮助包装宣传");
    }
}
```

（4）创建 main() 方法，再创建代理者对象并实现 sing() 和 dance() 两个方法，相关代码如下：

```
package com.daojie.demo;
public class Practice02 {
    public static void main(String[] args) {
        JJR j = new JJR();
        j.dance();
        j.sing();
    }
}
```

（5）在代码区空白处右击，在弹出的快捷菜单中选择 Run As → 1 Java Application 命令，在打开的对话框中单击 OK 按钮。运行代码后在 Console 面板中输出两个方法执行全部动作，如图 3-8 所示。

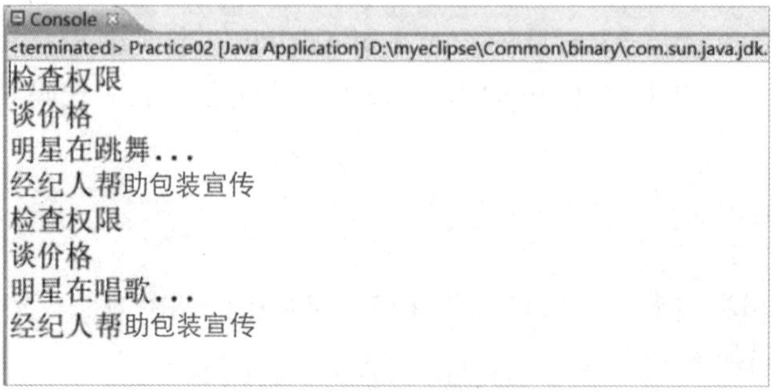

图 3-8　输出结果

视频

课程练习——静态代理模式优化案例

练一练

使用静态代理模式对“Java 经典三层架构练习”案例进行优化。

解答过程：

（1）打开 Spring-day03-practice01 项目，打开 UserService.java 接口，实现被代理者（UserServiceImpl.java）的 3 个方法。接口中相关代码如下：

```
1  package com.daojie.service;
2  import com.daojie.domain.User;
3  public interface UserService {
4      public void registUser(User user);
5      public void loginUser(User user);
6      public void logoutUser(User user);
7  }
```

第 4~6 行代码是 UserService 接口实现 registUser、loginUser 和 logoutUser 等 3 个方法。

（2）在 com.daojie.service 包中创建代理者类，名称为 UserServiceStaticProxy，并实现接口中的 3 个方法，相关代码如下：

```
package com.daojie.service;
import org.springframework.beans.factory.annotation.Autowired;
import org.springframework.beans.factory.annotation.Qualifier;
import org.springframework.stereotype.Service;
import com.daojie.domain.User;
// 代理者类
@Service("userService")
public class UserServiceStaticProxy implements UserService{
    @Autowired
    @Qualifier("userServiceImpl")
    private UserService userService;
    @Override
    public void registUser(User user) {
        try {
            System.out.println("检查权限...");
            System.out.println("记录日志...");
            System.out.println("开启事务");
            userService.registUser(user);     // 真正的业务逻辑代码
            System.out.println("提交事务");
        } catch (Exception e) {
            // TODO Auto-generated catch block
            e.printStackTrace();
            System.out.println("回滚事务");
        }
    }
    @Override
    public void loginUser(User user) {
        try {
            System.out.println("检查权限...");
            System.out.println("记录日志...");
            System.out.println("开启事务");
            userService.loginUser(user);     //真正的业务逻辑代码
            System.out.println("提交事务");
        } catch (Exception e) {
            // TODO Auto-generated catch block
            e.printStackTrace();
```

```
37              System.out.println("回滚事务");
38          }
39      }
40      @Override
41      public void logoutUser(User user) {
42          try {
43              System.out.println("检查权限...");
44              System.out.println("记录日志...");
45              System.out.println("开启事务");
46              userService.logoutUser(user);// 真正的业务逻辑代码
47              System.out.println("提交事务");
48          } catch (Exception e) {
49              // TODO Auto-generated catch block
50              e.printStackTrace();
51              System.out.println("回滚事务");
52          }
53      }
54  }
```

第 7 行 @Service("userService") 表示将 UserServiceStaticProxy 类放入 Spring 容器中，括号内 user Service 表示为该类设置 bin ID。这是因为希望在 web 层的 UserController 类中创建 service 层对应的对象时首先调用 UserServiceStaticProxy 类中的 registUser() 方法。如果不设置 bin ID，因为被代理者也需要放在 Spring 容器中，当在 web 层中创建 service 层对应的对象时会发现有两个 UserService 的实现类，所以会抛出异常。

第 9 行代码使用 @Autowired 注解，希望查找到 UserService 的实现类为被代理者（UserService Impl 类），所以使用第 10 行代码 @Qualifier("userServiceImpl") 指定查找的内容。

第 8 行代码实现 UserService 接口；第 13~53 行代码为实现接口中 3 个方法，并且添加代理需要实现的功能代码。

（3）service 层中 UserServiceImpl 类为被代理者类，只需要执行真正的业务逻辑代码，因为功能性代码被代理者执行了。具体代码如下：

```
package com.daojie.service;
import org.springframework.beans.factory.annotation.Autowired;
import org.springframework.stereotype.Service;
import com.daojie.dao.OracleUserDao;
import com.daojie.dao.SqliteUserDao;
import com.daojie.dao.UserDao;
import com.daojie.domain.User;
// 被代理者类
@Service
public class UserServiceImpl implements UserService{
    // 创建 DAO 层对应的对象
    @Autowired
    private UserDao userDao;
    public void registUser(User user) {
        // 判断用户名是否已经存在于数据库中
        if (userDao.findUserByUserName(user.getUsername()) != null) {
            throw new RuntimeException("用户名已存在");
        } else {
            // 表示用户没有被注册过，可以进行注册
            userDao.addUser(user);
        }
    }
```

```
    /*
     * 登录
     */
    public void loginUser(User user) {
        System.out.println(" 登录成功 ");
    }
    /*
     * 注销
     */
    public void logoutUser(User user) {
        System.out.println(" 注销成功 ");
    }
}
```

（4）打开 com.daojie.test 包中的 TestDemo.java 文件，执行 test01 方法，输出结果如图 3–9 所示。

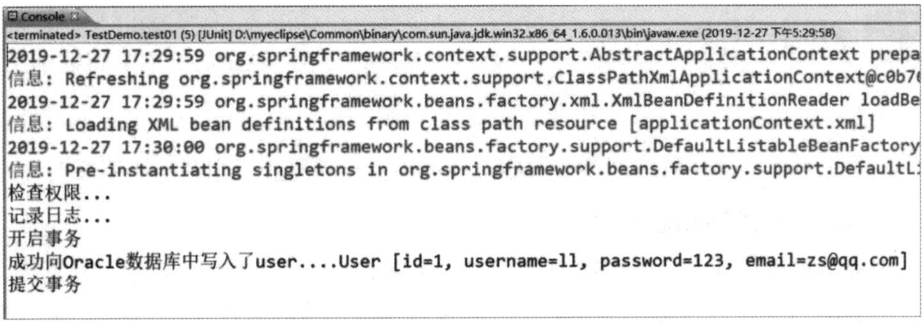

```
Console
<terminated> TestDemo.test01 (5) [JUnit] D:\myeclipse\Common\binary\com.sun.java.jdk.win32.x86_64_1.6.0.013\bin\javaw.exe (2019-12-27 下午5:29:58)
2019-12-27 17:29:59 org.springframework.context.support.AbstractApplicationContext prepa
信息: Refreshing org.springframework.context.support.ClassPathXmlApplicationContext@c0b7
2019-12-27 17:29:59 org.springframework.beans.factory.xml.XmlBeanDefinitionReader loadBe
信息: Loading XML bean definitions from class path resource [applicationContext.xml]
2019-12-27 17:30:00 org.springframework.beans.factory.support.DefaultListableBeanFactory
信息: Pre-instantiating singletons in org.springframework.beans.factory.support.DefaultL
检查权限...
记录日志...
开启事务
成功向Oracle数据库中写入了user....User [id=1, username=ll, password=123, email=zs@qq.com]
提交事务
```

图 3–9　向数据库中添加新用户信息

因为添加的信息在数据库中不存在，所以向 Oracle 数据库中添加用户信息。如果将用户名修改为 zs，再执行 test01 方法，输出结果如图 3–10 所示。

```
Console
<terminated> TestDemo.test01 (5) [JUnit] D:\myeclipse\Common\binary\com.sun.java.jdk.win32.x86_64_1.6.0.013\bin\javaw.exe (2019-12-27 下午5:30:12)
2019-12-27 17:30:13 org.springframework.context.support.AbstractApplicationContext prepareRefres
信息: Refreshing org.springframework.context.support.ClassPathXmlApplicationContext@6fb000e7: st
2019-12-27 17:30:14 org.springframework.beans.factory.xml.XmlBeanDefinitionReader loadBeanDefini
信息: Loading XML bean definitions from class path resource [applicationContext.xml]
2019-12-27 17:30:15 org.springframework.beans.factory.support.DefaultListableBeanFactory preInst
信息: Pre-instantiating singletons in org.springframework.beans.factory.support.DefaultListableB
java.lang.RuntimeException: 用户名已存在
检查权限...
记录日志...
开启事务
	at com.daojie.service.UserServiceImpl.registUser(UserServiceImpl.java:26)
	at com.daojie.service.UserServiceStaticProxy.registUser(UserServiceStaticProxy.java:22)
	at com.daojie.web.UserController.registUser(UserController.java:21)
	at com.daojie.test.TestDemo.test01(TestDemo.java:20)
	at sun.reflect.NativeMethodAccessorImpl.invoke0(Native Method)
	at org.junit.runners.BlockJUnit4ClassRunner.runChild(BlockJUnit4ClassRunner.java:49)
	at org.junit.runners.ParentRunner$3.run(ParentRunner.java:193)
	at org.junit.runners.ParentRunner$1.schedule(ParentRunner.java:52)
	at org.junit.runners.ParentRunner.runChildren(ParentRunner.java:191)
	at org.junit.runners.ParentRunner.access$000(ParentRunner.java:42)
	at org.junit.runners.ParentRunner$2.evaluate(ParentRunner.java:184)
	at org.junit.runners.ParentRunner.run(ParentRunner.java:236)
	at org.eclipse.jdt.internal.junit4.runner.JUnit4TestReference.run(JUnit4TestReference.java:50)
	at org.eclipse.jdt.internal.junit.runner.TestExecution.run(TestExecution.java:38)
	at org.eclipse.jdt.internal.junit.runner.RemoteTestRunner.runTests(RemoteTestRunner.java:467)
	at org.eclipse.jdt.internal.junit.runner.RemoteTestRunner.runTests(RemoteTestRunner.java:683)
	at org.eclipse.jdt.internal.junit.runner.RemoteTestRunner.run(RemoteTestRunner.java:390)
	at org.eclipse.jdt.internal.junit.runner.RemoteTestRunner.main(RemoteTestRunner.java:197)
回滚事务
```

图 3–10　用户名已经存在的结果

因为数据库中有 zs 用户信息，所以出现用户名已存在的异常信息，当出现异常后需要“回滚事务”。

在上述案例中，可以看到 service 层中的代码确实简化了，但是代理中还是有大量重复代码。如果再添加删除用户等功能，那么代理中依然要写很多重复代码。

3.1.4 静态代理模式的优缺点

视频

静态代理模式的特点

静态代理设计模式解决了软件分层过程中额外功能代码侵入模块的问题，将额外的功能代码提取到代理者中进行，但是静态代理实现的代理者中存在大量重复代码，并没有解决代码重复的问题。

静态代理模式的优点：结构清晰，易于理解。

静态代理模式的缺点：如果被代理者有多个方法，则代理者也需要开发多个方法，其中往往存在大量重复代码。

3.2 动态代理模式

视频

动态代理模式案例1

动态代理模式是 Java 语言中非常经典的一种设计模式，也是所有设计模式中最难理解的一种。本节将通过理论结合案例的形式，让大家充分理解和应用动态代理模式。

3.2.1 JDK 内置的动态代理

JDK 中提供了动态代理实现的工具类，直接使用该工具类可以创建出代理者，并且可以通过内置的回调函数指定代理在工作时的执行逻辑，从而实现基于 JDK 原生 API 的动态代理机制。

Proxy 的常用方法：

```
static Object newProxyInstance(classLoader loader, Class<?>[] interfaces, invocationHandler h)
```

返回一个指定接口的代理类实例，该接口可以将方法调用指派到指定的调用处理程序。

该方法中包含 3 个参数，分别为 classLoader、interfaces 和 invocationHandler，各参数的含义如下：

- classLoader：可以用来生成代理者类的类加载器，通常可以传入被代理者类的类加载器。
- interfaces：要求生成的代理者实现的接口，通常就是实现和被代理者相同的接口，保证具有和被代理者相同的方法。
- invocationHandler：用来设定回调函数的回调接口，使用者需要写一个类实现此接口，从而实现其中的 invoke 方法。

练一练

动态代理模式案例 1。

需求描述：定义一个动物接口，包含吃、叫两个方法，狗实现动物接口，再通过 JDK 内置动态代理生成代理者，通过代理者调用方法，进行方法的增强。

使用技能：接口的定义和使用、动态代理模式。

完整代码：

```
package com.daojie.proxydemo;
import java.lang.reflect.InvocationHandler;
import java.lang.reflect.Method;
```

```
    import java.lang.reflect.Proxy;
    public class Demo01 {
        public static void main(String[] args) {
            final Dog dog = new Dog();
            // 动态生成代理
            Animal proxy = (Animal) Proxy.newProxyInstance(Dog.class.getClassLoader(),
Dog.class.getInterfaces(), new InvocationHandler() {
                @Override
                public Object invoke(Object proxy, Method method, Object[] args)
                        throws Throwable {
                    System.out.println("检查权限");
                    System.out.println("记录日志");
                    Object obj =  method.invoke(dog, args);
                    return obj;
                }
            });
            // 通过代理者调用方法
            proxy.eat();
            proxy.shout();
        }
    }
    interface Animal{
        void eat();
        void shout();
    }
    // 被代理者
    class Dog implements Animal{
        @Override
        public void eat() {
            System.out.println("狗狗在吃东西");
        }
        @Override
        public void shout() {
            System.out.println("狗狗在叫....");
        }
    }
```

解答过程：

（1）新建 Spring-day03-practice03 项目，右击 src 文件夹，在弹出的快捷菜单中选择 New → Package 命令，在打开的对话框中创建 com.daojie.proxydemo 包。在该包中创建 Demo01 类，然后创建接口和对应的类，相关代码如下：

```
interface Animal{
    void eat();
    void shout();
}
// 被代理者
class Dog implements Animal{
    @Override
    public void eat() {
        System.out.println("狗狗在吃东西");
    }
    @Override
    public void shout() {
        System.out.println("狗狗在叫....");
    }
}
```

第 1~4 行代码定义 Animal 接口，并包含 eat() 和 shout() 两个方法；第 6~15 行代码创建被代理者类（Dog）并实现接口中的方法以及添加被代理者执行的动作。

（2）在 main() 方法中动态生成代理，具体代码如下：

```
1  package com.daojie.proxydemo;
2  import java.lang.reflect.InvocationHandler;
3  import java.lang.reflect.Method;
4  import java.lang.reflect.Proxy;
5  public class Demo01 {
6      public static void main(String[] args) {
7          final Dog dog = new Dog();
8          // 动态生成代理
9          Animal proxy = (Animal) Proxy.newProxyInstance(Dog.class.getClassLoader(),
Dog.class.getInterfaces(), new InvocationHandler() {
10             @Override
11             public Object invoke(Object proxy, Method method, Object[] args)
12                     throws Throwable {
13                 System.out.println("检查权限");
14                 System.out.println("记录日志");
15                 Object obj =  method.invoke(dog, args);
16                 return obj;
17             }
18         });
19         // 通过代理者调用方法
20         proxy.eat();
21         proxy.shout();
22     }
23 }
```

第 6 行代码创建被代理者对象；第 9 行代码通过 Proxy 类中的 newProxyInstance() 方法动态生成代理，该方法中包含 3 个参数，各参数的含义如下：

- classLoader：需要传入代理者的类加载器。因为本案例代理者的类加载器是无法传入的，而且和被代理者的类加载器一样，所以通常传入被代理者的类加载器。本案例中该参数的写法为“Dog.class.getClassLoader()”。
- interfaces：表示生成的代理者实现的接口，该接口是数组。通常就是实现和被代理者相同的接口，保证具有和被代理者相同的方法。本案例中该参数的写法为“Dog.class.getInterfaces()”。
- invocationHandler：用来设置回调函数的回调接口，使用者需要写一个类实现此接口，从而实现其中的 invoke 方法。本案例中使用匿名内部类的方法生成，该参数写法为“new Invocation Handler()”，然后按 Enter 键。

第 15 行代码中 invoke() 方法是第 9 行代码的 newProxyInstance 方法的第 3 个参数生成的。该参数包含 3 个参数，具体含义如下：

- proxy：代理者。
- method：方法。
- args：方法的参数。

第 20、21 行代码是通过代理者调用 eat() 和 shout() 方法。

（3）输入第 9 行代码时，newProxyInstance 方法返回内容为 Object 类型，该方法是生成代理的，而且代理实现了同一个接口。所以还需要强制转换类型，在相应类上右击，在列表中选择 Add cast to 'Animal' 选项，如图 3-11 所示。

（4）运行代码，输出结果如图 3–12 所示。

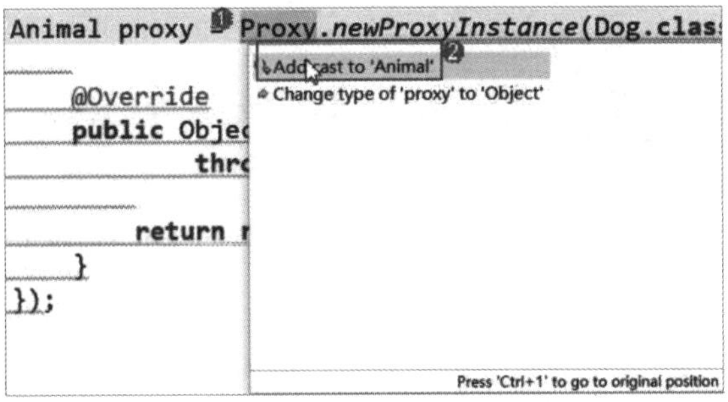

图 3–11 强转数据类型

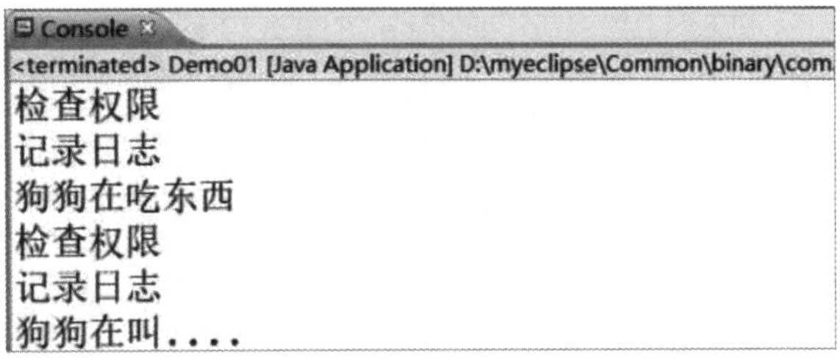

图 3–12 输出结果

当代理者调用 eat() 或者 shout() 任意方法时，会回调 invoke() 方法相关的代码，首先执行第 13、14 行代码，然后执行被代理者的方法。因此，每次执行被代理者的方法之前都要“检查权限”和“记录日志”。

练一练

视 频

动态代理模式案例2

动态代理模式案例 2。

需求描述：定义一个才艺接口，包含唱歌、跳舞两种方法，明星实现才艺接口，再通过 JDK 内置动态代理生成代理者，通过代理者调用方法，进行方法的增强。

使用技能：接口的定义和使用、动态代理模式。

完整代码：

```
package com.daojie.proxydemo;
import java.lang.reflect.InvocationHandler;
import java.lang.reflect.Method;
import java.lang.reflect.Proxy;
public class Demo02 {
    public static void main(String[] args) {
        final MX mx = new MX();
        // 动态生成代理
        SJSkill proxy  = (SJSkill) Proxy.newProxyInstance(MX.class.getClassLoader(),
MX.class.getInterfaces(), new InvocationHandler() {
            @Override
            public Object invoke(Object proxy, Method method, Object[] args)
                    throws Throwable {
                if ("sing".equals(method.getName())){
                    System.out.println(" 给多少钱也不想唱了 ");
                    return null;
                }else{
                    System.out.println(" 检查权限 ");
                    return method.invoke(mx, args);
                }
            }
        });
        // 通过代理者调用方法
        proxy.sing();
        proxy.dance();
    }
}
```

```
interface SJSkill{
    void sing();
    void dance();
}
class MX implements SJSkill{
    @Override
    public void sing() {
        System.out.println(" 明星在唱歌 ");
    }
    @Override
    public void dance() {
        System.out.println(" 明星在跳舞 ");
    }
}
```

解答过程：

（1）在 com.daojie.proxydemo 包中创建 Demo02 类。首先创建 SJSkill 接口以及 sing() 和 dance() 两个方法，然后创建 MX 类（被代理者）实现该接口和两个方法，并添加明星动作代码。相关代码如下：

```
1  interface SJSkill{
2      void sing();
3      void dance();
4  }
5  class MX implements SJSkill{
6      @Override
7      public void sing() {
8          System.out.println(" 明星在唱歌 ");
9      }
10     @Override
11     public void dance() {
12         System.out.println(" 明星在跳舞 ");
13     }
14 }
```

第 1~4 行代码表示定义才艺接口，并创建 sing() 和 dance() 两个方法；第 5~14 行代码创建明星类实现才艺接口，并实现两个方法。

（2）在 main() 方法中动态地生成代理者，具体代码如下。

```
package com.daojie.proxydemo;
import java.lang.reflect.InvocationHandler;
import java.lang.reflect.Method;
import java.lang.reflect.Proxy;
public class Demo02 {
    public static void main(String[] args) {
        final MX mx = new MX();
        // 动态生成代理
        SJSkill proxy  = (SJSkill) Proxy.newProxyInstance(MX.class.getClassLoader(),
MX.class.getInterfaces(), new InvocationHandler() {
            @Override
            public Object invoke(Object proxy, Method method, Object[] args)
                    throws Throwable {
                if ("sing".equals(method.getName())){
                    System.out.println(" 给多少钱也不想唱了 ");
                    return null;
                }else{
                    System.out.println(" 检查权限 ");
                    return method.invoke(mx, args);
```

```
19                  }
20              }
21          });
22          // 通过代理者调用方法
23          proxy.sing();
24          proxy.dance();
25      }
26  }
```

第 9 行代码动态生成代理，可以参考动态代理模式案例 1 中对应的代码；第 23、24 行代码是通过代理者调用 sing() 和 dance() 方法。

（3）运行代码，输出结果如图 3-13 所示。

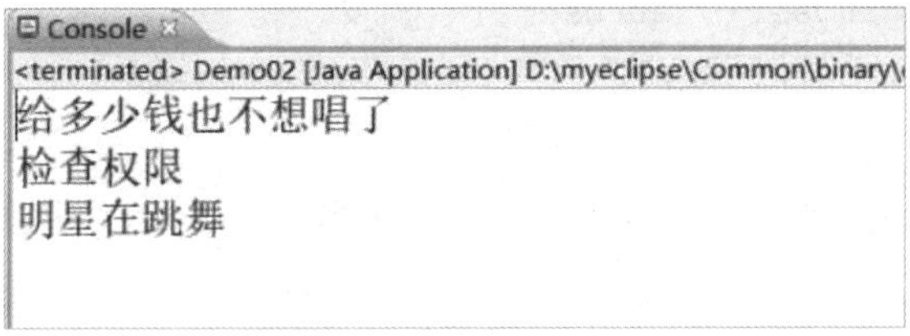

图 3-13　输出结果

动态代理模式案例 2 的执行顺序是首先获取到 proxy 代理，代理调用第 23 行的 sing() 方法，在 invoke() 方法的 if 中判断“给多少钱也不想唱了”；然后再调用第 24 行的 dance() 方法，同样在 invoke() 方法中执行相应的“检查权限”，再执行被代理者中的 dance() 方法。

练一练

使用 JDK 内置的动态代理模式对“Java 经典三层架构练习”案例进行优化。

解答过程：

视 频

课程练习——使用JDK内置动态代理优化案例

（1）复制 Spring-day02-practice02 项目并重命名为 Spring-day03-practice04。打开 service 层中的 UserService.java 接口，相关代码如下：

```
1  package com.daojie.service;
2  import com.daojie.domain.User;
3  public interface UserService {
4      public void registUser(User user);
5      public void loginUser(User users);
6  }
```

第 4、5 行代码是 UserService 接口实现的 registUser() 和 loginUser() 两个方法，其中第 5 行是新添加的登录方法。

（2）在接口中添加新方法后，还需要在实现类中添加实现方法的代码，打开 service 层中的 UserServiceImpl.java 文件，实现接口中的方法。此处只添加主要业务代码，功能性的代码将在动态代理者中实现，相关代码如下：

```
package com.daojie.service;
import org.springframework.beans.factory.annotation.Autowired;
import org.springframework.stereotype.Service;
import com.daojie.dao.OracleUserDao;
import com.daojie.dao.SqliteUserDao;
import com.daojie.dao.UserDao;
import com.daojie.domain.User;
```

```
8  @Service
9  public class UserServiceImpl implements UserService{
10     // 创建 DAO 层对应的对象
11     @Autowired
12     private UserDao userDao;
13     public void registUser(User user){
14         if (userDao.findUserByUserName(user.getUsername()) != null){
15         throw new RuntimeException("用户名已存在");
16         }else{
17         userDao.addUser(user);
18         }
19     }
20     @Override
21     public void loginUser(User users) {
22         System.out.println("登录成功");
23     }
24 }
```

第 8 行代码 @Service 注解将 UserServiceImpl 实现类交由 Spring 容器管理；第 13~19 行代码是判断用户是否存在，如果存在抛出异常显示“用户名已存在”，如果不存在则添加用户；第 21~23 行代码实现接口中新添加的登录方法。

（3）在 service 层中还需要创建动态代理者类，右击 com.daojie.service 包，在弹出的快捷菜单中选择 New → Class 命令。打开 New Java Class 对话框，在 Name 文本框中输入类名，此处设置类名为 User ServiceImplProxy，单击 Finish 按钮，如图 3-14 所示。

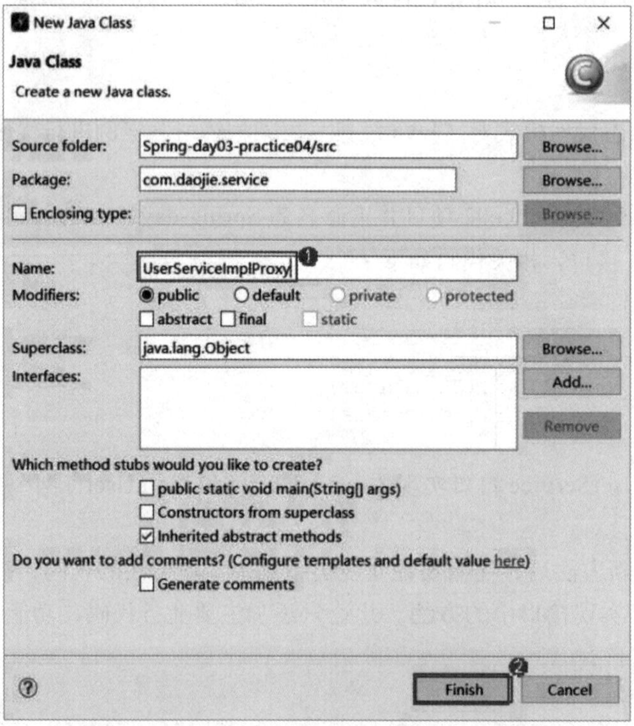

图 3-14　创建动态代理者类

（4）UserServiceImplProxy 动态代理者类的相关代码如下：

```
package com.daojie.service;
```

```
2  import java.lang.reflect.InvocationHandler;
3  import java.lang.reflect.Method;
4  import java.lang.reflect.Proxy;
5  import org.springframework.beans.factory.annotation.Autowired;
6  import org.springframework.stereotype.Service;
7  // 用于生成代理者
8  @Service
9  public class UserServiceImplProxy {
10     @Autowired
11     private UserService userService;
12     public UserService getInstance(){
13        // 动态生成代理者
14       UserService proxy = (UserService) Proxy.newProxyInstance(userService.getClass().
getClassLoader(), userService.getClass().getInterfaces(), new InvocationHandler() {
15             @Override
16             public Object invoke(Object proxy, Method method, Object[] args)
17                   throws Throwable {
18                try {
19                   System.out.println(" 检查权限 ");
20                   System.out.println(" 记录日志 ");
21                   System.out.println(" 开启事务 ");
22                   Object obj = method.invoke(userService, args);
23                   System.out.println(" 提交事务 ");
24                   return obj;
25                } catch (Exception e) {
26                   // TODO Auto-generated catch block
27                   e.printStackTrace();
28                   throw e;
29                }
30             }
31        });
32        // 返回代理者
33        return proxy;
34     }
35 }
```

在代码中生成动态代理的方法请参考之前相关的“练一练”。第 22 行代码是执行被代理者的事务。在第 18~29 行代码中使用 try/catch 语句，具体操作如下：

① 输入第 19~22 行代码后并选中，然后右击，在弹出的快捷菜单中选择 Surround With → Try/catch Block 命令，如图 3-15 所示。

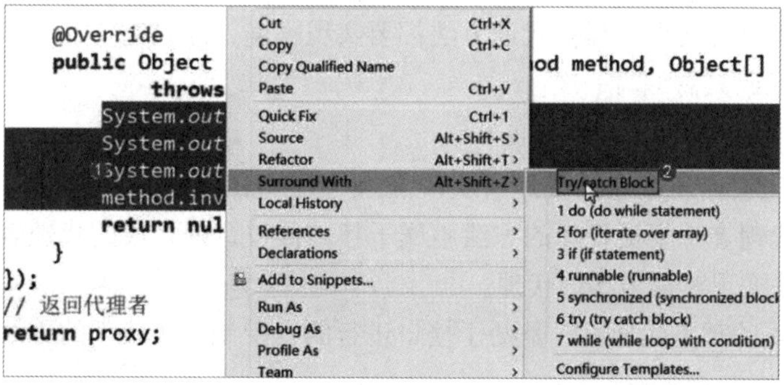

图 3-15　快速生成 try/catch 语句

② 创建 try/catch 语句后添加“提交事务”语句和抛出异常语句，在 try 语句中表示成功情况，在

catch 语句中表示出现异常情况（参照第 18~29 行代码）。

（5）因为在 web 层中 UserController 类调用方法时先获取动态代理者类中的对象，所以还需要修改代码。UserController 类中相关代码如下：

```
1  package com.daojie.web;
2  import org.springframework.beans.factory.annotation.Autowired;
3  import org.springframework.stereotype.Controller;
4  import com.daojie.domain.User;
5  import com.daojie.service.UserServiceImplProxy;
6  @Controller
7  public class UserController {
8      @Autowired
9      private UserServiceImplProxy proxyClass;
10     public void registUser(User user){
11         proxyClass.getInstance().registUser(user);
12     }
13 }
```

在第 9 行代码中需要修改为 UserServiceImplProxy 动态代理者类的名称；第 11 行代码通过 getInstance 方法生成代理者并调用 registUser() 方法。

（6）其他层中相关代码不变，执行 TestDemo.java 测试代码中的 test01 方法，输出结果如图 3–16 所示。

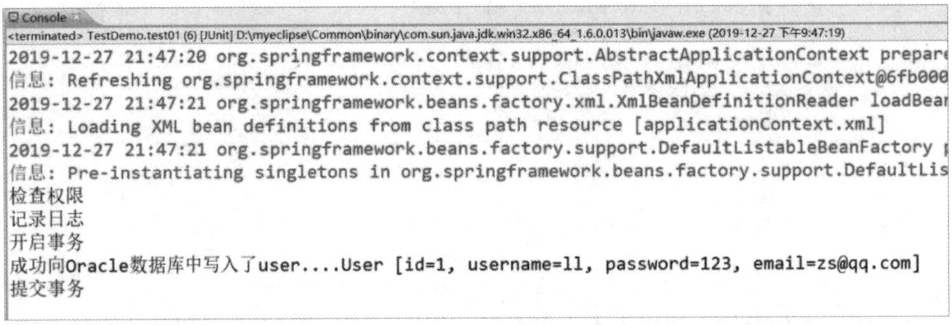

图 3–16　输出结果

视 频

JDK内置的动态代理特点

3.2.2　JDK 内置动态代理的优缺点

1. JDK 内置动态代理的优点

不需要像静态代理一样被代理方法都要实现一遍，而只需要在回调函数中进行处理就可以了，重复代码只需编写一次。

2. JDK 内置动态代理的缺点

Java 的动态代理是通过代理者实现和被代理者相同的接口来保证两者具有相同的方法的，如果被代理者想要被代理的方法不属于任何接口，则生成的代理者自然无法具有这个方法，也就无法实现对该方法的代理。

所以 Java 的动态代理机制是基于接口进行的，受制于要代理的方法是否有接口的支持。

视 频

cglib动态代理案例1

3.2.3　cglib 实现的动态代理

静态代理中代码需要自己实现，并且会有重复代码。JDK 内置的动态代理是基于接口实现的，如果方法不属于接口，则不能使用内置的动态代理。

而 cglib 提供的动态代理通过继承父类来实现动态代理，它是第三方提供的动态代理的实现工具，不管有没有接口都可以实现动态代理。cglib 实现动态代理的原理是生成的动态代理是被代理者的子类，所以代理者具有和父类即被代理者相同的方法，从而实现代理。

练一练

cglib 的动态代理案例 1。

需求描述：定义一个狗类，提供吃、叫方法，再通过 cglib 的动态代理生成代理者，通过代理者调用方法，进行方法的增强。

使用技能：cglib 动态代理模式。

完整代码：

```
package com.daojie.proxydemo;
import java.lang.reflect.Method;
import org.springframework.cglib.proxy.Enhancer;
import org.springframework.cglib.proxy.MethodInterceptor;
import org.springframework.cglib.proxy.MethodProxy;
public class CglibDemo01 {
    public static void main(String[] args) {
        final Dog1 dog = new Dog1();
        // 使用 cglib 包动态生成代理
        // 创建增强器
        Enhancer en = new Enhancer();
        // 设置接口
//      en.setInterfaces(dog.getClass().getInterfaces());
        // 设置父类
        en.setSuperclass(dog.getClass());
        // 设定回调函数
        en.setCallback(new MethodInterceptor() {
            @Override
            public Object intercept(Object proxy, Method method, Object[] args,
                    MethodProxy methodProxy) throws Throwable {
                System.out.println("检查权限");
                System.out.println("记录日志");
                return method.invoke(dog, args);
            }
        });
        // 生成代理对象
        Dog1 proxyDog =  (Dog1) en.create();
        proxyDog.eat();
        proxyDog.shout();
    }
}
class Dog1{
    public void eat(){
        System.out.println("狗狗在吃东西");
    }
    public void shout(){
        System.out.println("狗狗在叫...");
    }
}
```

解答过程：

（1）在 Spring-day03-practice03 项目中右击 com.daojie.proxydemo 包，在弹出的快捷菜单中选择

New → Class 命令。创建 CglibDemo01.java 文件，首先定义 Dog1 类，并提供 eat() 和 shout() 两个方法，具体代码如下：

```
class Dog1{
    public void eat(){
        System.out.println("狗狗在吃东西");
    }
    public void shout(){
        System.out.println("狗狗在叫...");
    }
}
```

（2）在 main() 方法中使用 cglib 动态生成代理，相关代码如下：

```
1  package com.daojie.proxydemo;
2  import java.lang.reflect.Method;
3  import org.springframework.cglib.proxy.Enhancer;
4  import org.springframework.cglib.proxy.MethodInterceptor;
5  import org.springframework.cglib.proxy.MethodProxy;
6  public class CglibDemo01 {
7      public static void main(String[] args) {
8          final Dog1 dog = new Dog1();
9          // 使用 cglib 包动态生成代理
10         // 创建增强器
11         Enhancer en = new Enhancer();
12         // 设置接口
13 //      en.setInterfaces(dog.getClass().getInterfaces());
14         // 设置父类
15         en.setSuperclass(dog.getClass());
16         // 设定回调函数
17         en.setCallback(new MethodInterceptor() {
18             @Override
19             public Object intercept(Object proxy, Method method, Object[] args,
20                     MethodProxy methodProxy) throws Throwable {
21                 System.out.println("检查权限");
22                 System.out.println("记录日志");
23                 return method.invoke(dog, args);
24             }
25         });
26         // 生成代理对象
27         Dog1 proxyDog =  (Dog1) en.create();
28         proxyDog.eat();
29         proxyDog.shout();
30     }
31 }
```

第 11 行代码使用 Enhancer 创建增强器。生成的动态代理额外实现指定的接口，但是 cglib 是通过继承父类来实现动态代理，所以可以设置接口也可以不设置。如果要设置接口，根据第 8 行和第 13 行代码设置即可。第 15 行代码是使用 setSuperclass 设置父类，这是必须要设置的。

第 17 行代码使用 setCallback 设置回调函数，其中括号内使用匿名内部类的形式，按【Enter】键即可生成回调函数。第 21、22 行添加功能性代码从而增强被代理者的功能，第 23 行代码执行被代理者事务。

第 27 行代码表示生成代理对象，此处需要注意使用父类接收对象；第 28、29 行代码是通过代理狗调用 eat() 和 shout() 方法。

注意：

在之前使用动态代理者时不需要导包，但是 cglib 为第三方提供的动态代理实现工具，所以使用前需要导包。因为 cglib 被 spring-core 包含，所以只需导入 spring-core 包即可。

（3）运行代码，可见被代理者的功能增强了，如图 3–17 所示。

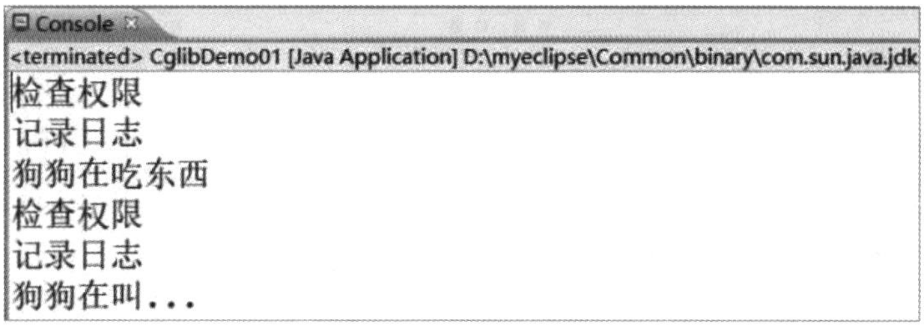

图 3–17 输出结果

练一练

视 频

cglib动态代理案例2

cglib 的动态代理案例 2。

需求描述：定义一个明星类，提供唱歌、跳舞方法，再通过 cglib 的动态代理生成代理者，通过代理者调用方法，进行方法的增强。

使用技能：cglib 动态代理模式。

完整代码：

```
package com.daojie.proxydemo;
import java.lang.reflect.Method;
import org.springframework.cglib.proxy.Enhancer;
import org.springframework.cglib.proxy.MethodInterceptor;
import org.springframework.cglib.proxy.MethodProxy;
public class CglibDemo02 {
    public static void main(String[] args) {
        final ZJL zjl = new ZJL();
        // 使用 cglib 生成代理
        // 创建增强器
        Enhancer en = new Enhancer();
        // 设置父类
        en.setSuperclass(ZJL.class);
        // 设置回调函数
        en.setCallback(new MethodInterceptor() {
            @Override
            public Object intercept(Object arg0, Method method, Object[] args,
                    MethodProxy arg3) throws Throwable {
                System.out.println(" 检查权限 ");
                System.out.println(" 记录日志 ");
                return method.invoke(zjl, args);
            }
        });
        // 创建代理对象
        ZJL proxy = (ZJL) en.create();
        proxy.sing();
        proxy.dance();
    }
```

```
    }
    class ZJL{
        public void sing(){
            System.out.println("周杰伦在唱歌");
        }
        public void dance(){
            System.out.println("周杰伦在跳舞");
        }
    }
```

解答过程：

（1）在 Spring-day03-practice03 项目中右击 com.daojie.proxydemo 包，在弹出的快捷菜单中选择 New → Class 命令。创建 CglibDemo02.java 文件，首先定义 ZJL 类，并提供 sing() 和 dance() 两个方法，具体代码如下：

```
class ZJL{
    public void sing(){
        System.out.println("周杰伦在唱歌");
    }
    public void dance(){
        System.out.println("周杰伦在跳舞");
    }
}
```

（2）在 main() 方法中使用 cglib 动态生成代理，相关代码如下：

```
package com.daojie.proxydemo;
import java.lang.reflect.Method;
import org.springframework.cglib.proxy.Enhancer;
import org.springframework.cglib.proxy.MethodInterceptor;
import org.springframework.cglib.proxy.MethodProxy;
public class CglibDemo02 {
    public static void main(String[] args) {
        final ZJL zjl = new ZJL();
        // 使用 cglib 生成代理
        // 创建增强器
        Enhancer en = new Enhancer();
        // 设置父类
        en.setSuperclass(ZJL.class);
        // 设置回调函数
        en.setCallback(new MethodInterceptor() {
            @Override
            public Object intercept(Object arg0, Method method, Object[] args,
                    MethodProxy arg3) throws Throwable {
                System.out.println("检查权限");
                System.out.println("记录日志");
                return method.invoke(zjl, args);
            }
        });
        // 创建代理对象
        ZJL proxy = (ZJL) en.create();
        proxy.sing();
        proxy.dance();
    }
}
```

以上代码和 cglib 的动态代理案例 1 中相关代码类似，用户可以参考上一案例。

（3）执行代码，输出结果如图 3–18 所示。

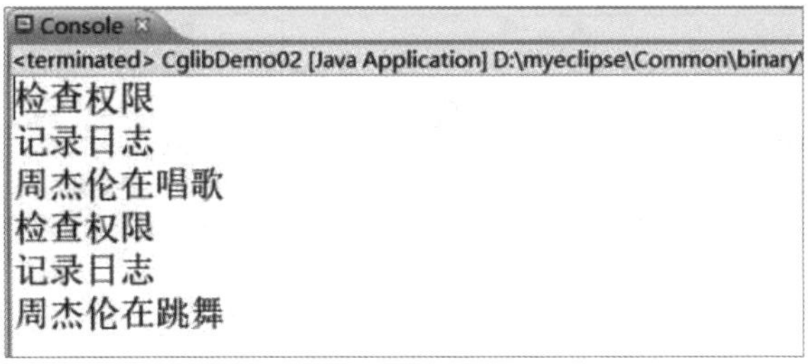

图 3-18　输出结果

练一练

使用 cglib 动态代理模式对“Java 经典三层架构练习”案例进行优化。

解答过程：

（1）复制 Spring-day03-practice04 项目并重命名为 Spring-day03-practice05。展开 service 层，选中 UserServiceImplProxy.java 文件并右击，在弹出的快捷菜单中选择 Delete 命令，删除该文件，如图 3-19 所示。

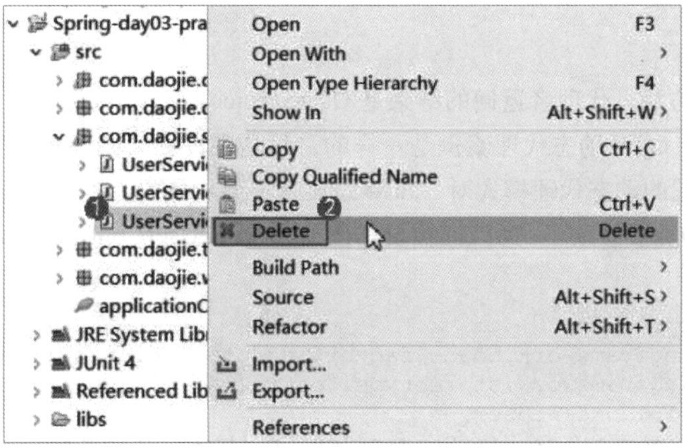

图 3-19　删除文件

视频

课程练习——使用cglib动态代理优化案例

（2）在 service 层中创建 UserServiceImplCglibProxy 动态代理类，相关代码如下：

```
package com.daojie.service;
import java.lang.reflect.Method;
import org.springframework.beans.factory.annotation.Autowired;
import org.springframework.cglib.proxy.Enhancer;
import org.springframework.cglib.proxy.MethodInterceptor;
import org.springframework.cglib.proxy.MethodProxy;
import org.springframework.stereotype.Service;
// 用于动态的生成代理者
@Service
public class UserServiceImplCglibProxy {
    @Autowired
    private UserService userService;
    // 提供方法，返回代理者
    public UserService getInstance(){
        // 创建增强器
        Enhancer enhancer = new Enhancer();
```

```
17          // 设置父类
18          enhancer.setSuperclass(UserService.class);
19          // 设置回调函数
20          enhancer.setCallback(new MethodInterceptor() {
21              @Override
22              public Object intercept(Object proxy, Method method, Object[] args,
23                      MethodProxy methodProxy) throws Throwable {
24                  try {
25                      System.out.println(" 检查权限 ");
26                      System.out.println(" 记录日志 ");
27                      System.out.println(" 开启事务 ");
28                      Object obj = method.invoke(userService, args);
29                      System.out.println(" 提交事务 ");
30                      return obj;
31                  } catch (Exception e) {
32                      System.out.println(" 回滚事务 ");
33                      throw e;
34                  }
35              }
36          });
37          // 动态的获取代理
38          UserService proxy = (UserService)enhancer.create();
39          return proxy;
40      }
41  }
```

第 14 行代码提供方法，代理者返回的结果是 UserService 接口。在代码中创建增强器、设置父类和回调函数与之前两个 cglib 动态代理案例是一样的，只是在设置回调函数时使用 try/catch 语句（参考本章的使用 JDK 内置的动态代理模式对“Java 经典三层架构练习”案例进行优化的相关内容）。

（3）动态代理者的类被修改了，所以还需要修改 web 层的 UserController.java 文件中的相关代码。具体代码如下：

```
1  package com.daojie.web;
2  import org.springframework.beans.factory.annotation.Autowired;
3  import org.springframework.stereotype.Controller;
4  import com.daojie.domain.User;
5  import com.daojie.service.UserServiceImplCglibProxy;
6  @Controller
7  public class UserController {
8      // 创建 service 层对应的对象
9      @Autowired
10     private UserServiceImplCglibProxy proxyClass;
11     public void registUser(User user){
12         proxyClass.getInstance().registUser(user);
13     }
14 }
```

在 UserController.java 文件中主要修改第 10 行代码中的代理者类的名称，其次删除关于 UserServiceImplProxy 的包。如果不删除相关的包，会导致编译不通过，当执行 test01 方法后会弹出提示对话框，单击 Cancel 按钮，如图 3–20 所示。

（4）其他层中代码不变，执行 TestDemo 测试类中的 test01 方法，因为数据库中没有该用户信息，所以成功向数据库中写入用户数据，如图 3–21 所示。

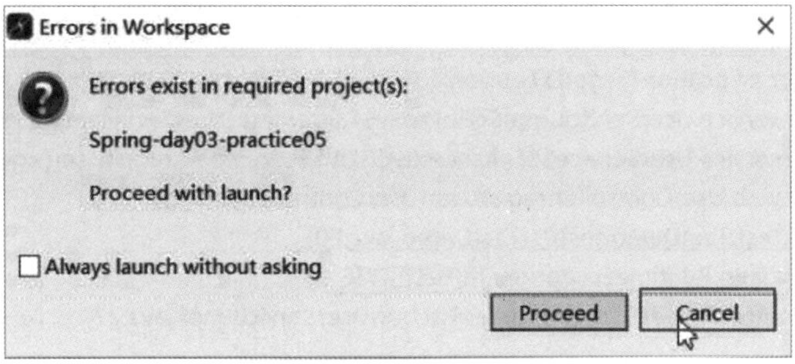

图 3-20　编译不通过时提示对话框

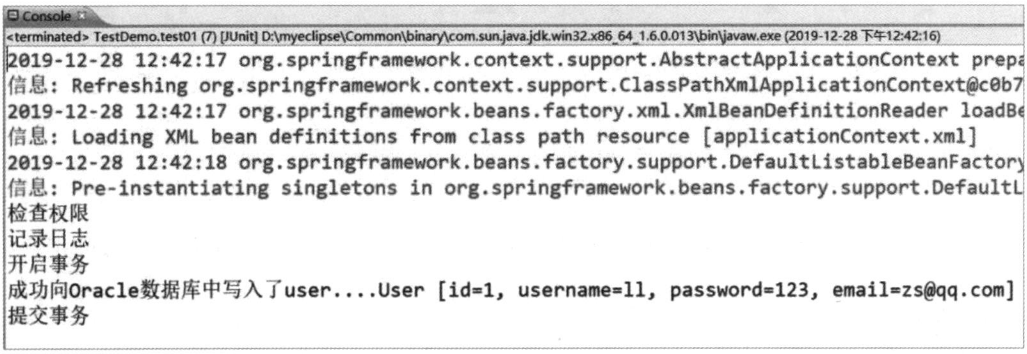

图 3-21　成功向数据库中写入用户数据

如果数据库中包含注册的用户信息，在 Console 面板中只输出功能性事务，不输出被代理者事务，说明出现异常，如图 3–22 所示。

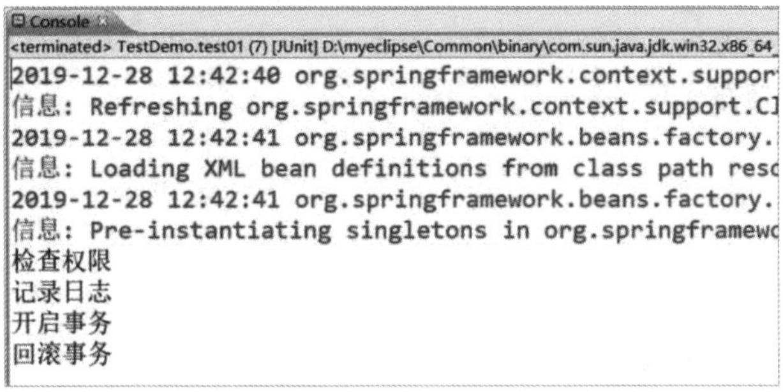

图 3-22　用户名已存在的结果

同时在 JUnit 面板中显示出现 1 处错误，在下方显示出现异常的原因为“用户名已存在”，如图 3–23 所示。

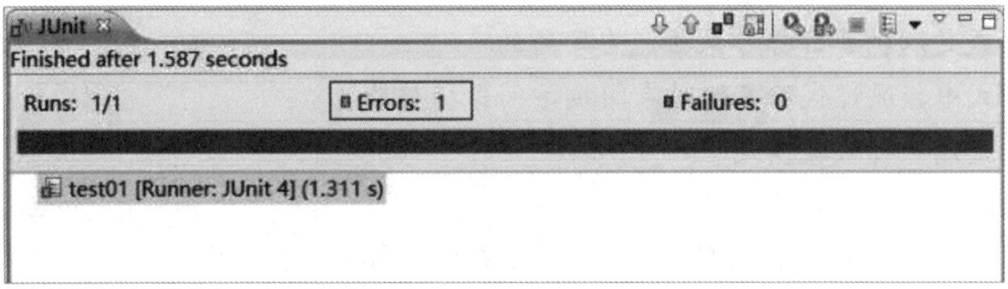

图 3-23　用户名已存在异常

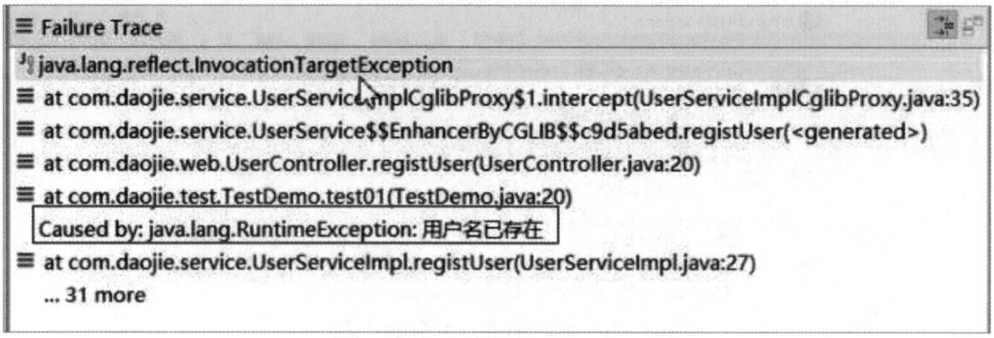

图 3-23　用户名已存在异常（续）

视频

cglib动态代理的特点

3.2.4　cglib 动态代理的优缺点

1．cglib 动态代理的优点

无论是否有接口都可以实现动态代理，使用场景基本不受限制。

2．cglib 动态代理的缺点

第三方提供的动态代理机制，不是原生的，需要导入第三方开发包才可以使用。

小　结

视频

课程总结

通过本章的代理设计模式内容的学习，可以让大家理解代理设计模式分为静态代理和动态代理两种。静态代理的代码需要自己实现，并且会有重复代码。动态代理又分为 JDK 内置的动态代理和 cglib 的动态代理。JDK 内置的动态代理是基于接口实现的，如果方法不属于接口，则不能使用内置的动态代理；cglib 是第三方提供的动态代理实现工具，不管有没有接口都可以实现动态代理。

习　题

一、单选题

1. 动态代理中，代理实例的调用程序实现的接口是（　　）。

A. Proxy　　B. InvocationHandler　　C. ClassLoader　　D. 以上都不是

2. 动态代理中，提供创建动态代理类和实例静态方法的是（　　）。

A. Proxy　　B. InvocationHandler　　C. ClassLoader　　D. 以上都不是

3. 关于代理模式说法错误的是（　　）。

A. 代理模式是以扩展目标对象功能为目的的

B. 代理模式中，通过代理类的对象间接访问目标对象

C. 单例模式是一种代理模式

D. 代理模式是一种设计模式

4. 动态代理中，实现 InvocationHandler 接口后需要重写（　　）方法。

A. Object invoke(Object obj, Object... args)

B. Object invoke(Object obj)

C. Object invoke(Object proxy, Method method, Object[] args)

D. Object invoke()

5. 关于静态代理以下描述正确的是（　　）。

A. 静态代理是基于接口实现的　　B. 静态代理用到了反射相关的技术

C. 静态代理不需要编写具体的代理类　　D. 静态代理使用 cglib 实现

二、多选题

1. 与动态代理实现有关的类或接口有（　　）。

A. InvocationHandler 接口　　B. Proxy 类　　C. Field 类　　D. Method 类

2. 下列关于静态代理相关的说法正确的是（　　）。

A. 静态代理不需要编写实现类

B. 静态代理需要编写实现类

C. 静态代理需要继承要代理的接口

D. 静态代理不需要继承要代理的接口，动态代理才需要

3. 代理模式的优点有（　　）。

A. 能够让类做到职责清晰，非本职工作，交由代理对象完成

B. 复用性，重复代码不需要重复编写，代理方法中编写一份即可

C. 可扩展性，为某一个类增强功能，不需要改动目标类，通过代理模式增强

D. 代理模式能够保障某一个类在全局中只有一个实例

4. 下列关于 Cglib 代理的说法正确的是（　　）。

A. 使用时需要导入第三方类库　　B. 基于接口实现

C. cglib 底层通过 ASM 字节处理框架实现　　D. 以上说法都是错误的

5. 下列关于 JDK 自带的动态代理说法正确的是（　　）。

A. 基于接口实现

B. 需要导入第三方 jar 包

C. JDK 默认支持基于接口代理

D. 实现动态代理相关的类有：Proxy、InvocationHandler

三、判断题

1. 静态代理是由自己编写代理类、创建代理对象的代理模式。（　　）

2. Proxy 类中的 newProxyInstance 用于创建一个静态代理对象。（　　）

3. 动态代理一定比静态代理好。（　　）

4. JDK 默认支持 cglib 代理。（　　）

5. 动态代理是实现 AOP 的基础。（　　）

四、填空题

1. 基于接口实现的代理模式是________代理模式。

2. 基于字节码实现的代理模式方式用到了________技术。

3. 调用了 JDK 默认支持的代理对象方法，最终都调用了________方法。

4. 代理模式是以扩展目标对象功能为目的、通过代理对象来间接操控目标对象的________。

5. 动态代理是通过________机制在内存中动态构建代理对象的代理模式。

五、简答题

1. 静态和动态代理有何差异？

2. 简述 cglib 代理的实现原理。

六、编程题

使用 JDK 默认支持的动态代理模式，完成对 EmployeeService 接口的动态代理实现。步骤如下：

1. EmployeeService 支持的方法如下：

```
public boolean insert(String name,int age);
public boolean update(String name,int age);
public boolean delete(String name);
public List<String> select();
```

2. 编写 EmployeeService 的实现类 EmployeeServiceImpl，对抽象方法进行简单的实现即可。

3. 编写动态代理相关代码，要求在外界调用 EmployeeService 类型对象的方法时，在控制台输入调用每一个方法的日志信息。

效果图如图 3–24 所示。

```
日志信息：调用insert前执行
日志信息：调用insert后执行，返回值为：true
日志信息：调用update前执行
日志信息：调用update后执行，返回值为：true
日志信息：调用delete前执行
日志信息：调用delete后执行，返回值为：true
日志信息：调用select前执行
日志信息：调用select后执行，返回值为：[张三, 李四]
```

图 3–24　效果图

第4章 面向切面编程

学习目标

- 理解面向切面编程的含义。
- 理解 Spring 中 AOP 的基本概念。
- 理解 AOP 中的 5 种通知类型。
- 熟练使用面向切面编程。

视频 课程介绍

本章主要学习面向切面的相关内容，其中只有 AOP 一项内容，它也是比较重要的技术。本章主要内容包含 Spring AOP 的基本概念、切入点表达式、五大通知的类型、通知执行的顺序、注解方式使用 AOP 和 ThreadLocal 类。在学习过程中，将结合 AOP 的相关案例介绍理论知识，其中的部分案例有一定难度，希望大家认真学习。通过本章的学习，大家可以深入理解面向切面，为以后的学习打下坚实的基础。

4.1 AOP 的基础知识

视频 AOP概述

在第 3 章的案例中，我们需要不停地写代理，而且代理的格式固定，所以当类很多时，依然会有大量的重复劳动。

AOP 即面向切面编程，可以在层与层之间增加一个可编程的切面，用来将功能型代码提取到切面中统一处理，有助于实现高内聚的特性。

4.1.1 Spring AOP 中的基本概念

视频 AOP中的基本概念

下面介绍 Spring AOP 中的基本概念：

- 连接点（Joinpoint）：在程序执行过程中某个特定的点，比如调用某方法或者处理异常的时候。在 Spring AOP 中，一个连接点总是表示一个方法的执行。
- 切入点（Pointcut）：匹配连接点的断言。通知和一个切入点表达式关联，并在满足这个切入点的连接点上运行。
- 切面（Aspect）：一个关注点的模块化，这个关注点可能会横切多个对象。
- 通知（Advice）：在切面的某个特定连接点上执行的动作。
- 目标对象（Target Object）：被一个或者多个切面所通知的对象，又称被通知（Advised）对象。

练一练

Spring 的 AOP 入门案例。

需求描述：定义切面、通知、连接点和切入点实现方法的拦截。

使用技能：Spring AOP 基本概念的应用、Spring 中的 IoC 和 DI。

解答过程：

（1）打开 MyEclipse，在 Package Explorer 空白处右击，在弹出的快捷菜单中选择 New → Java Project 命令，在打开对话框的 Project name 文本框中输入 Spring-day04-practice01 项目名称，单击 Finish 按钮，如图 4–1 所示。

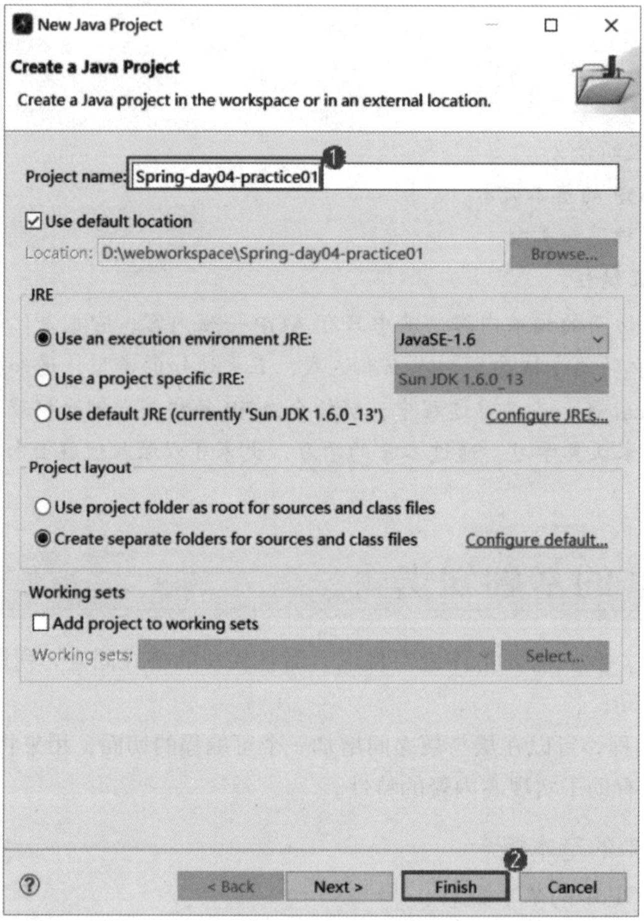

图 4–1 新建项目

视频

AOP入门案例1

视频

AOP入门案例2

（2）因为本案例需要使用 Spring 中的 IoC 和 DI 以及 Spring AOP，所以首先需要导入包，复制 Spring-day03-practice05 项目中的 libs 文件夹到创建的新项目中，该文件夹中包含 Spring 中的 IoC 和 DI 包，如图 4–2 所示。

（3）打开 Spring AOP 包所在的文件夹（在本书提供的实例文件夹中），本案例打开 opensource 文件夹，选择需要导入的包并按【Ctrl+C】组合键复制并粘贴到创建项目的 libs 文件夹中，如图 4–3 所示。

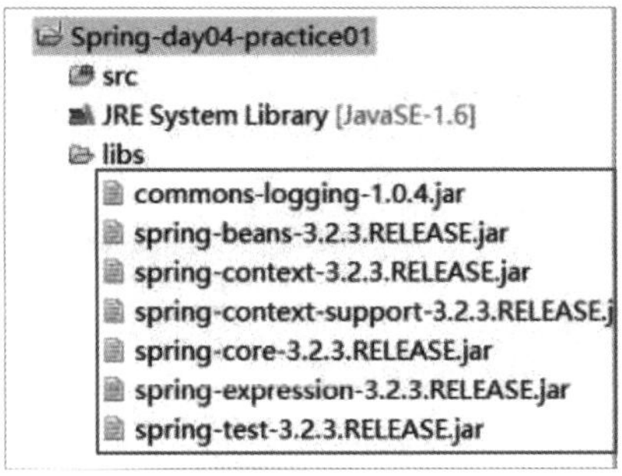

图 4-2　导入 Spring 中的 IoC 和 DI 包

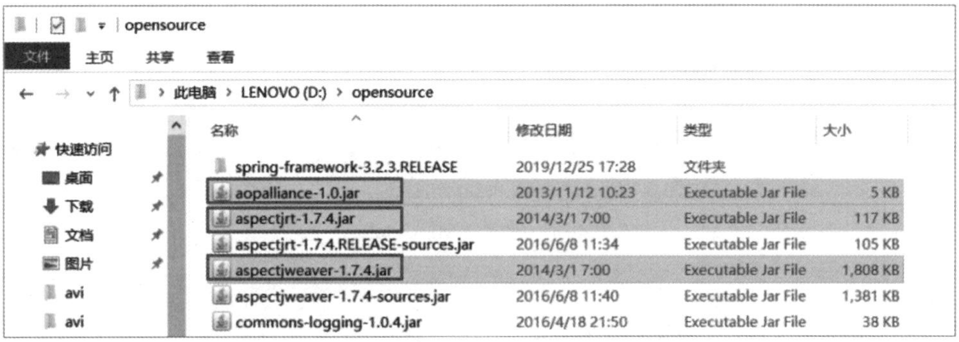

图 4-3　导入 Spring AOP 的 .jar 文件

（4）打开 opensource 文件夹的 spring-framework-3.2.3.RELEASE 文件夹中的 libs 文件夹，选择需要导入的两个包并复制到新建项目的 libs 文件夹中，如图 4–4 所示。然后全选项目中 libs 文件夹中的文件并右击，在弹出的快捷菜单中选择 Build Path → Add to Build Path 命令即可完成导入包。

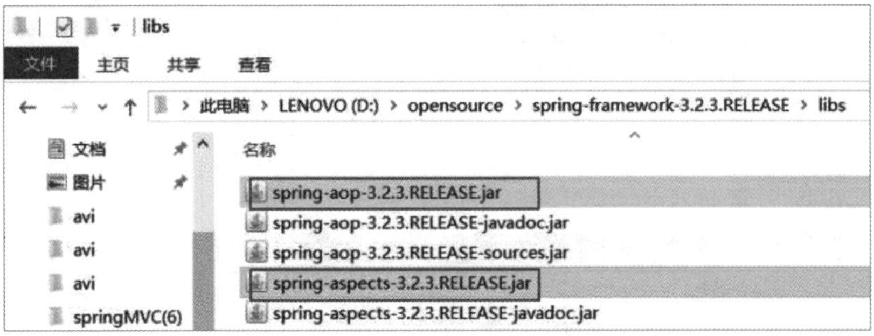

图 4-4　导入 Spring AOP 的 .jar 文件

（5）在新建项目的 src 文件夹中创建 applicationContext.xml 文件，然后添加相关的约束。首先添加 Spring 约束文件，在文件中输入 spring，按【Alt+/】组合键，在列表中选择 spring_context 选项，即可自动生成约束文件。接着还需要添加 Spring AOP 约束文件，在菜单栏中选择 Window → Preferences 命令，打开 Preferences 对话框，在左上角文本框中输入 xml 并进行搜索，在搜索结果列表中选择 XML Catalog，然后单击 Add 按钮，如图 4–5 所示。

（6）保持弹出对话框为默认状态，单击 File System 按钮。打开“打开”对话框，选择 Spring 目录下 schema 目录中需要导入的 .xsd 文件，单击“打开”按钮，如图 4–6 所示。

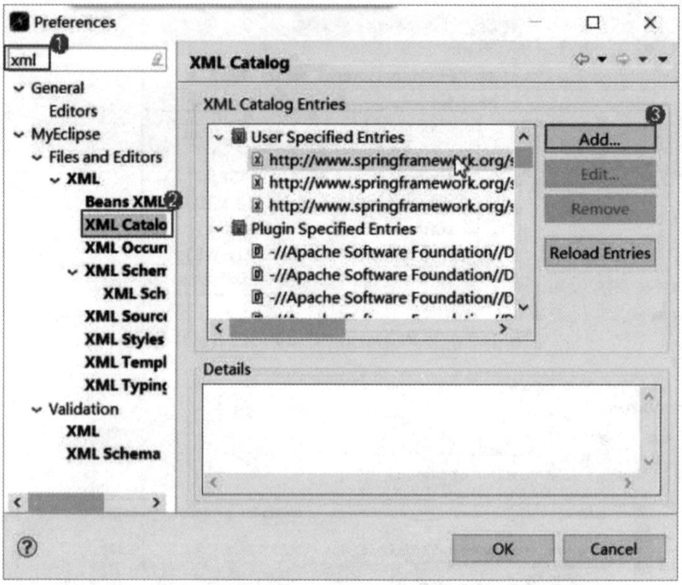

图 4-5　配置 XML Catalog

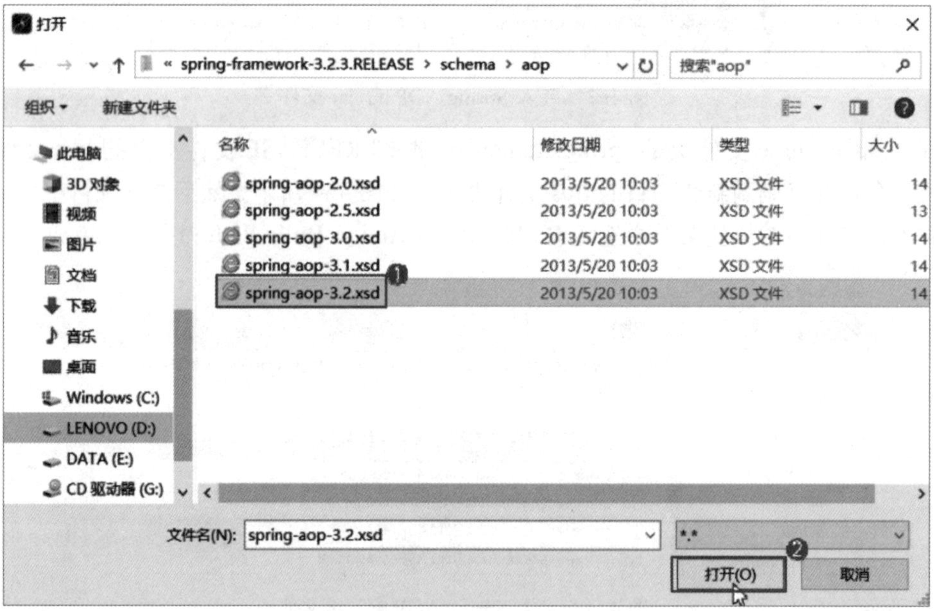

图 4-6　选择需要导入的 .xsd 文件

(7) 返回 Add XML Catalog Element 对话框，复制 Location 文本框中导入的文件名和扩展名，在 Key 文本框最右侧添加“/”符号并粘贴复制的内容。最后依次单击 OK 按钮，如图 4-7 所示。

(8) 在 applicationContext.xml 文件中引用添加的 Spring AOP 约束文件，按【Ctrl+S】组合键保存。相关代码如下：

```
<?xml version="1.0" encoding="UTF-8"?>
<beans xmlns="http://www.springframework.org/schema/beans"
    xmlns:context="http://www.springframework.org/schema/context"
    xmlns:aop="http://www.springframework.org/schema/aop"
```

```
5       xmlns:xsi="http://www.w3.org/2001/XMLSchema-instance"
6       xsi:schemaLocation="http://www.springframework.org/schema/beans
7       http://www.springframework.org/schema/beans/spring-beans-3.2.xsd
8       http://www.springframework.org/schema/context
9       http://www.springframework.org/schema/context/spring-context-3.2.xsd
10      http://www.springframework.org/schema/aop
11      http://www.springframework.org/schema/aop/spring-aop-3.2.xsd
12      ">
13  </beans>
```

第 4、10、11 行代码为引用 Spring AOP，其他代码为生成 spring context 约束文件的代码。

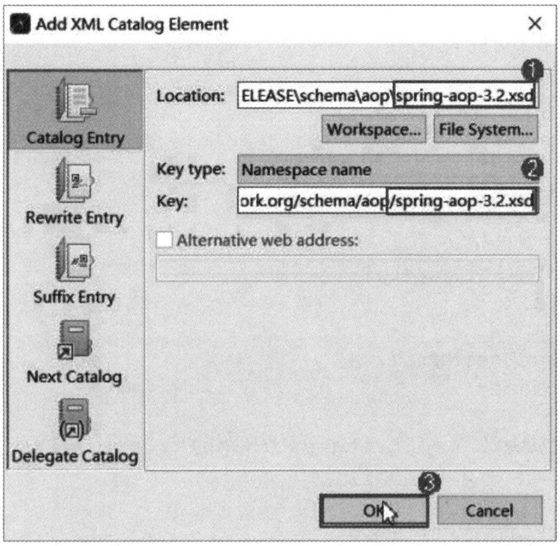

图 4-7　设定名称空间

（9）因为 Spring AOP 约束文件会经常使用，也可以将生成的代码保存为模板方便以后使用。复制 applicationContext.xml 文件中所有代码，在菜单栏中选择 Window → Preferences 命令，在打开的对话框中选择 XML Templates，单击 New 按钮。在打开的 New Template 对话框中设置 Name 为 spring_aop，在 Pattern 文本框中粘贴代码，最后依次单击 OK 按钮，即可完成模板的创建，如图 4-8 所示。

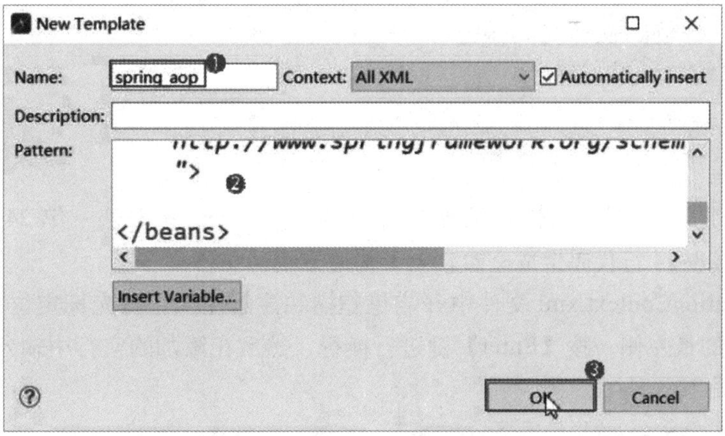

图 4-8　创建 spring_aop 模板

创建 spring_aop 模板后，在 xml 文件中使用该模板只需要输入 spring 文本，按【Alt+/】组合键，然后在列表中选择 spring_aop 选项即可自动生成约束文件。

（10）根据案例需要创建 com.daojie.dao、com.daojie.service、com.daojie.web 和 com.daojie.domain 包，如图 4–9 所示。

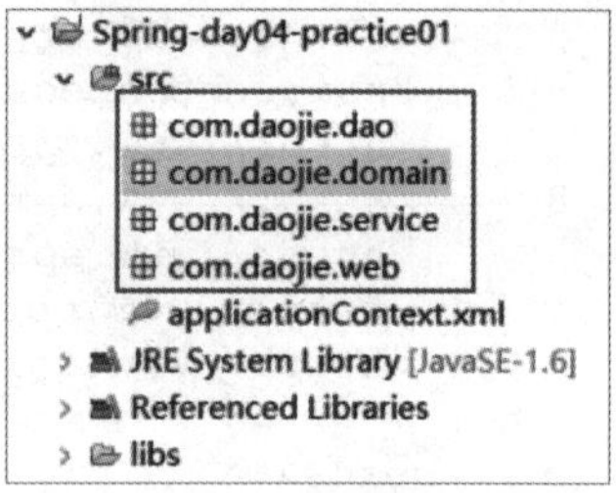

图 4–9　创建包

（11）在 com.daojie.domain 包中创建 User 类，并定义 id、userName 和 email 这 3 个属性，生成 get/set 方法、toString 方法以及全参和无参构造方法。相关代码如下：

```
1  package com.daojie.domain;
2  public class User {
3      private String id;
4      private String userName;
5      private String email;
6      public String getId() {
7          return id;
8      }
9      public void setId(String id) {
10         this.id = id;
11     }
12     public String getUserName() {
13         return userName;
14     }
15     public void setUserName(String userName) {
16         this.userName = userName;
17     }
18     public String getEmail() {
19         return email;
20     }
21     public void setEmail(String email) {
22         this.email = email;
23     }
24     @Override
25     public String toString() {
26        return "User [id=" + id + ", userName=" + userName + ", email=" + email+ "]";
27     }
28     public User(String id, String userName, String email) {
29         this.id = id;
30         this.userName = userName;
31         this.email = email;
32     }
33     public User() {
34     }
35 }
```

第 3~5 行代码定义了 3 个属性；第 6~23 行代码生成 get/set 方法；第 24~27 行代码是生成 toString() 方法；第 28~34 行代码生成全参和无参构造方法。

（12）在 applicationContext.xml 文件中开启包扫描和注解注入。将光标定位在步骤（8）中最后一行 </beans> 标签的最左侧，按【Enter】键进行换行，然后在添加的空行中输入包扫描和注解注入的代码。相关代码如下：

```
<!-- 开启包扫描  -->
<context:component-scan base-package="com.daojie.web"></context:component-scan>
```

```
<context:component-scan base-package="com.daojie.service"></context:component-scan>
<context:component-scan base-package="com.daojie.dao"></context:component-scan>
<context:component-scan base-
<!-- 开启注解注入 -->
<context:annotation-config></context:annotation-config>
```

（13）在 com.daojie.service 包中创建 UserService 接口，相关代码如下：

```
package com.daojie.service;
import com.daojie.domain.User;
public interface UserService {
    public void addUser(User user);
    public void updateUser(User user);
    public void deleteUser(User user);
    public void registUser(User user);
}
```

在接口中提供了 4 个方法，分别为 addUser、updateUser、deleteUser 和 registUser。

（14）在 service 包中创建 UserServiceImpl 实现类，实现 UserService 接口以及接口中的 4 个方法，并且将实现类交由 Spring 容器管理。相关代码如下：

```
package com.daojie.service;
import org.springframework.stereotype.Service;
import com.daojie.domain.User;
@Service
public class UserServiceImpl implements UserService{
    @Override
    public void addUser(User user) {
        // TODO Auto-generated method stub
        System.out.println("添加用户 " + user);
    }
    @Override
    public void updateUser(User user) {
        // TODO Auto-generated method stub
        System.out.println("更新用户 " + user);
    }
    @Override
    public void deleteUser(User user) {
        // TODO Auto-generated method stub
        System.out.println("删除用户 " + user);
    }
    @Override
    public void registUser(User user) {
        // TODO Auto-generated method stub
        System.out.println("注册用户 " + user);
    }
}
```

（15）在 com.daojie.web 包中创建 UserController 类并交由 Spring 容器管理。相关代码如下：

```
package com.daojie.web;
import org.springframework.beans.factory.annotation.Autowired;
import org.springframework.stereotype.Controller;
import com.daojie.domain.User;
import com.daojie.service.UserService;
@Controller
public class UserController {
    @Autowired
    private UserService userService;
```

```
    public void addUser(User user){
        userService.addUser(user);
    }
    public void updateUser(User user){
        userService.updateUser(user);
    }
    public void deleteUser(User user){
        userService.deleteUser(user);
    }
    public void registUser(User user){
        userService.registUser(user);
    }
}
```

（16）在 com.daojie.test 包中创建 TestDemo 类。相关代码如下：

```
1  package com.daojie.test;
2  import org.junit.Test;
3  import org.springframework.context.ApplicationContext;
4  import org.springframework.context.support.ClassPathXmlApplicationContext;
5  import com.daojie.domain.User;
6  import com.daojie.web.UserController;
7  public class TestDemo {
8      @Test
9      public void test01(){
10         // 加载 Spring 容器
11         ApplicationContext context = new ClassPathXmlApplicationContext("applicationContext.xml");
12         UserController controller = context.getBean(UserController.class);
13         User user = new User("1","孙悟空","sun@qq.com");
14         controller.addUser(user);
15         controller.updateUser(user);
16         controller.deleteUser(user);
17         controller.registUser(user);
18     }
19 }
```

第 8 行代码使用 @Test 注解时需要引入包，选中注解名称按【Ctrl+1】组合键，在列表中选择 Add JUnit 4 library to the build path 选项即可，如图 4–10 所示。

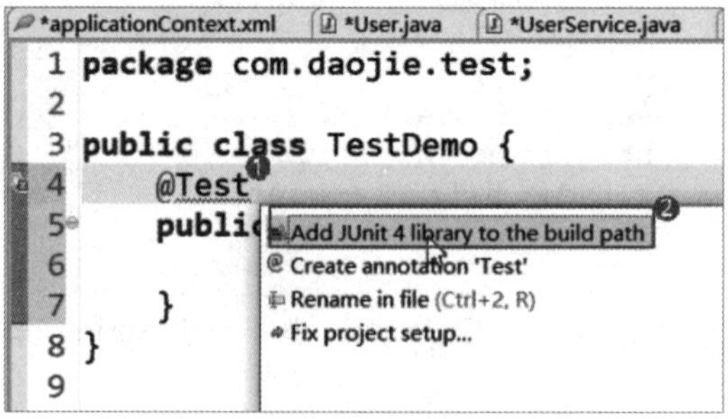

图 4–10　引入包

第 11 行代码加载 Spring 容器；第 12 行代码直接获取控制器中的方法；第 13 行代码创建新用户；第 14~17 行代码实现接口中的 4 个方法。

（17）执行 TestDemo 类中的 test01 方法，输出结果如图 4–11 所示。

图 4-11　输出结果

从输出结果来看 4 个方法都成功运行了，在以上操作中使用 Spring 中的 IoC 和 DI。在本案例中没有对 service 层中实现类的方法进行增强，在之前介绍的内容中均是使用静态代理和动态代理实现的，下面介绍使用 Spring AOP 实现增强功能。

（1）在 src 文件夹中创建 com.daojie.aspect 包，在包内创建 FirstAscept 类，相关代码如下：

```
1  package com.daojie.aspect;
2  import org.springframework.stereotype.Component;
3  // 切面类
4  @Component
5  public class FirstAscept {
6      public void before(){
7          System.out.println("记录日志");
8      }
9  }
```

第 4 行代码将该类交由 Spring 容器管理；第 6 行代码创建通知方法，目前该方法为普通的方法，在本案例中需要将其变为通知。首先在 applicationContext.xml 文件中开启该包的扫描，然后再配置切面即可。

（2）在 applicationContext.xml 文件中配置 AOP，要配置 AOP 就需要配置切入点、切面和通知。在开启注解注入代码下并在 </beans> 标签内输入，相关代码如下：

```
 1 <!-- 配置 AOP  -->
 2 <aop:config>
 3     <!--  配置切入点 expression: 切入点规则表达式  id: 别名 -->
 4     <aop:pointcut expression="within(com.daojie.service.UserServiceImpl)" id=
"pc01"/>
 5     <!-- 配置切面 -->
 6     <aop:aspect ref="firstAscept">
 7         <!-- 配置通知 -->
 8         <aop:before method="before" pointcut-ref="pc01"/>
 9     </aop:aspect>
10 </aop:config>
```

第 4 行代码配置切入点，表示将 com.daojie.service 包中的 UserServiceImpl 实现类的连接点变为切入点；第 6 行代码配置切面，引号内为切面类的名称，目前 FirstAscept 类已经变为切面；第 8 行代码配置通知，引号内的是切面类中的方法名。

（3）执行 test01 方法，输出结果如图 4–12 所示。

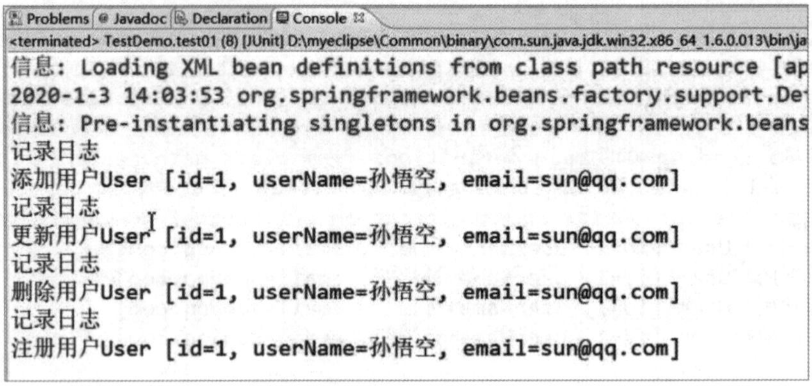

图 4-12　输出结果

4.1.2　切入点表达式——within 表达式

视频

切入点表达式——within表达式

within 表达式是通过类名进行匹配的，也是粗粒度的切入点表达式。

格式：

```
within(包名.类名)
```

within 表达式对应的类中的所有连接点都会被表达式识别，成为切入点。在 within 表达式中可以使用“*”匹配符，匹配指定包下所有的类，可以使用“.*.*”匹配符，匹配指定包下子孙包中的所有类，也可以使用“..*”匹配符，匹配指定包及其子孙包下的所有类。

注意：

在 within 表达式中，使用“*”匹配符只匹配当前包，不匹配当前包的子孙包。

下面举例说明，在 com.daojie.service 包中创建 ProdService 接口，并提供 addProd 抽象的方法，相关代码如下：

```
package com.daojie.service;
public interface ProdService {
    public void addProd();
}
```

然后创建 ProdServiceImpl 实现类，相关代码如下：

```
package com.daojie.service;
import org.springframework.stereotype.Service;
@Service
public class ProdServiceImpl implements ProdService{
    public void addProd(){
        System.out.println("添加商品成功");
    }
}
```

在 com.daojie.web 包中创建 ProdController 类，相关代码如下：

```
package com.daojie.web;
import org.springframework.beans.factory.annotation.Autowired;
import org.springframework.stereotype.Controller;
import com.daojie.service.ProdService;
@Controller
public class ProdController {
```

```
        @Autowired
        private ProdService prodService;
        public void addProd(){
            prodService.addProd();
        }
    }
```

在 TestDemo 类中创建 test02 方法，相关代码如下：

```
    @Test
    public void test02(){
        // 加载 Spring 容器
        ApplicationContext context = new ClassPathXmlApplicationContext("application
Context.xml");
        ProdController controller = context.getBean(ProdController.class);
        controller.addProd();
    }
```

执行 test02 方法，输出结果如图 4–13 所示。

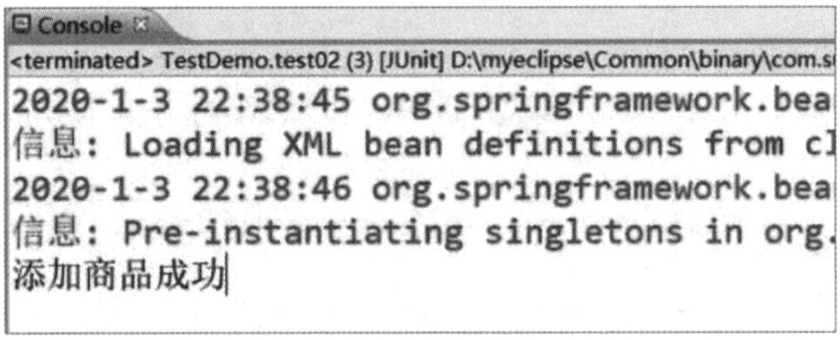

图 4–13　输出结果

图 4–13 的输出结果中没有“记录日志”，说明 ProdServiceImpl 中的连接点没有变成切入点，也表明在 applicationContext.xml 文件中的切入点规则没有针对它。只需要在 within 表达式中将 UserServiceImpl 类名修改为 ProdServiceImpl 即可，但是 UserServiceImpl 中的连接点又没有变成切入点了。此时可以使用匹配符将 service 中的连接点都变为切入点。

4.1.3　切入点表达式——execution 表达式

视 频

切入点表达式——execution表达式

execution 表达式是细粒度的切入点表达式，可以以方法为单位定义切入点规则。

格式：

```
execution(返回值类型 包名.类名.方法名(参数类型,参数类型…))
```

下面举例说明 execution 表达式的应用，在 UserServiceImpl 中只需要将 addUser 方法变为切入点，其他 3 个方法不受影响。在 applicationContext.xml 文件中将 within 表达式修改为 execution 表达式，相关代码如下：

```
    <!-- 配置切入点 expression:切入点规则表达式 id:别名 -->
    <aop:pointcut expression="execution(void com.daojie.service.UserServiceImpl.
addUser(com.daojie.domain.User))" id="pc01"/>
```

执行 test01 方法，输出结果如图 4–14 所示。

在 test01 方法中调用 UserServiceImpl 中的 4 个方法，但从输出结果显示只有 addUser 添加“记录日志”，说明也只有该方法变为了切入点，也说明 execution 表达式可以精确到方法。

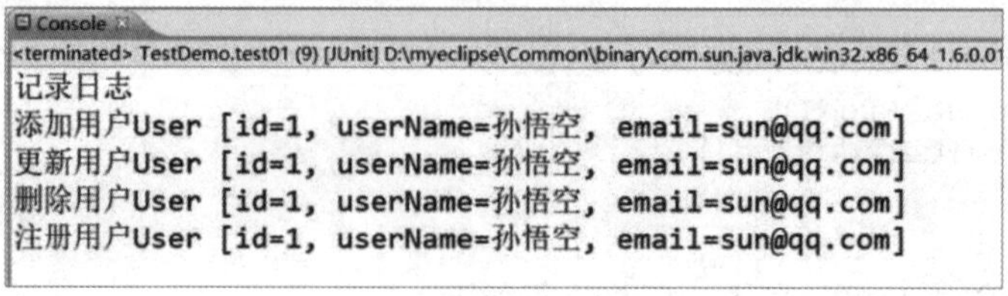

图 4-14　execution 表达式输出的结果

下面介绍 execution 表达式的其他写法，相关内容如下：

写法 1：

```
    <aop:pointcut expression=
    "execution(void com.daojie.service.UserServiceImpl.addUser(java.lang.String))"
id="pc1"/>
```

该切入点规则表示，切出指定包的指定类下的指定名称指定参数指定返回值的方法。

写法 2：

```
    <aop:pointcut expression="execution(* com.daojie.service.*.query())" id="pc1"/>
```

该切入点规则表示，切出指定包下所有类中的 query() 方法，要求无参，但返回值类型不限。

写法 3：

```
    <aop:pointcut expression="execution(* com.daojie.service..*.query())"
id="pc1"/>
```

该切入点规则表示，切出指定包及其子孙包下所有类中的 query() 方法，要求无参，但返回值类型不限。

写法 4：

```
    <aop:pointcut expression="execution(* com.daojie.service..*.query(int,java.
lang.String))" id="pc1"/>
```

该切入点规则表示，切出指定包及其子孙包下所有类中的 query() 方法，要求参数为 int java.lang.String 类型，但返回值类型不限。

写法 5：

```
    <aop:pointcut expression="execution(* com.daojie.service..*.query(..))"
id="pc1"/>
```

该切入点规则表示，切出指定包及其子孙包下所有类中的 query() 方法，参数数量及类型不限，返回值类型不限。

写法 6：

```
    <aop:pointcut expression="execution(* com.daojie.service..*.*(..))" id="pc1"/>
```

该切入点规则表示，切出指定包及其子孙包下所有类中的任意方法，参数数量及类型不限，返回值类型不限。这种写法等价于 within 表达式的功能。

视 频

前置通知

4.1.4　五大通知类型之前置通知

前置通知是在目标方法执行之前执行的通知。

前置通知方法，可以没有参数，也可以额外接收一个 JoinPoint，Spring 会自动将该对象传入，代表当前的连接点，通过该对象可以获取目标对象和目标方法的相关信息。

注意：

如果接收 JoinPoint，则必须保证其为方法的第一个参数，否则报错。

在 Spring 的 AOP 入门案例中，就是使用前置通知，而且方法都是没有参数的，下面举例说明接收 JoinPoint 的方法。复制 Spring-dao04-practice02 项目，在 com.daojie.aspect 包中修改 FirstAscept.java 中的代码，相关代码如下：

```
package com.daojie.aspect;
import org.aspectj.lang.JoinPoint;
import org.aspectj.lang.ProceedingJoinPoint;
import org.aspectj.lang.reflect.MethodSignature;
import org.springframework.stereotype.Component;
// 切面类
@Component
public class FirstAscept {
    public void before(JoinPoint jp) {
        // 获取目标对象
        Object obj = jp.getTarget();
        // 获取方法签名
        MethodSignature ms = (MethodSignature) jp.getSignature();
        // 获取方法名
        String name = ms.getName();
        // 获取返回值类型
        Class clz1 = ms.getReturnType();
        // 获取异常类型
        ms.getExceptionTypes();
        // 获取方法
        ms.getMethod();
        // 获取方法的参数类型
        ms.getParameterTypes();
        // 获取方法的参数名称
        ms.getParameterNames();
        System.out.println("first 前置通知 " + obj + "\t" + name);
    }
}
```

执行 test01 方法，输出结果如图 4-15 所示。

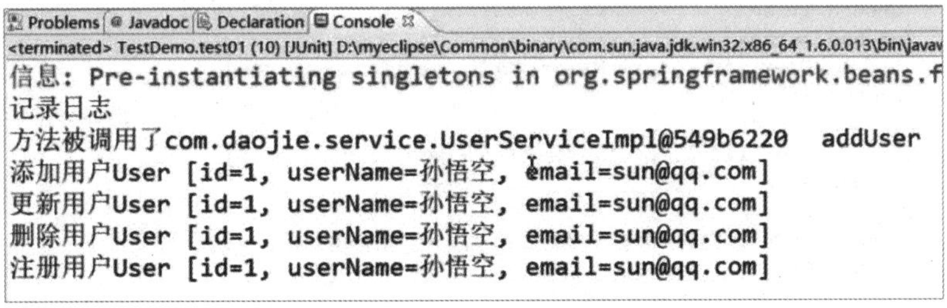

图 4-15 设置前置通知输出的结果

从输出结果可见前置通知中代码是在执行目标方法之前执行的，并且通过接收一个 JoinPoint 获取连接点的相关信息，如本例中目标对象的地址和方法名。

视 频

环绕通知

4.1.5 五大通知类型之环绕通知

环绕通知是在目标方法执行之前和之后都可以执行额外代码的通知。

在环绕通知中必须显式地调用目标方法，否则目标方法不会执行。这个显式调用是通过

ProceedingJoinPoint 实现的，可以在环绕通知中接收一个此类型的形参，Spring 容器会自动将该对象传入，这个参数必须处在环绕通知的第一个形参位置。

环绕通知需要返回返回值，否则真正调用者将拿不到返回值，只能得到一个 null。

环绕通知有控制目标方法是否执行、目标方法执行之前或之后执行额外代码及有控制是否有返回值甚至改变返回值的能力。环绕通知虽然有这样的能力，但一定要慎用，要注意不要破坏了软件分层的“高内聚、低耦合”的目标。

下面接着前置通知的例子介绍环绕通知，首先在 applicationContext.xml 文件中配置环绕通知，相关代码如下：

```
<!-- 配置环绕通知 -->
<aop:around method="around" pointcut-ref="pc01"/>
```

然后修改切入点表达式，使包中所有类都变为切入点，相关代码如下：

```
<!--  配置切入点 expression：切入点规则表达式  id：别名 -->
<aop:pointcut expression="execution(* com.daojie.service.*.*(..))" id="pc01"/>
```

在 com.daojie.aspect 包的 FirstAscept.java 中输入环绕通知的相关代码，代码如下：

```
1  // 环绕通知
2  public Object around(ProceedingJoinPoint jp) throws Throwable {
3      System.out.println("around before");
4      // 显式地调用目标方法
5      Object obj = jp.proceed();
6      System.out.println("around after");
7      return obj;
8  }
```

执行 test01 方法后，查看输出结果，如图 4–16 所示。

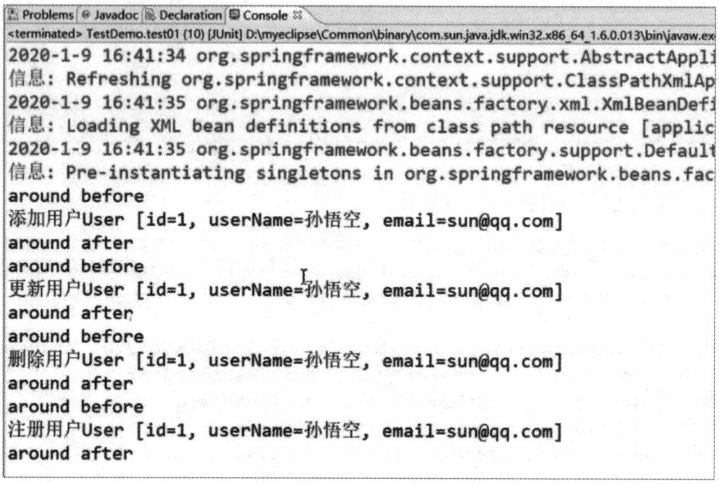

图 4–16　环绕通知的输出结果

视频

后置通知

从输出结果可见，执行目标方法之前和之后都执行额外的代码。如果注释第 5 行代码，则输出结果不会执行目标方法，所以环绕通知要显式地调用目标方法。

4.1.6　五大通知类型之后置通知

后置通知是在目标方法执行之后执行的通知。

在后置通知中也可以选择性地接收一个 JoinPoint 来获取连接点的额外信息，但是这个参数必须处在参数列表的第一个。在后置通知中，还可以通过配置获取返回值。

> **注意：**
>
> 一定要保证 JoinPoint 处在参数列表的第一位，否则会抛出异常。

下面接着上一例子对后置通知进行说明，首先在 applicationContext.xml 文件中配置后置通知，相关代码如下：

```
<!-- 配置后置通知 -->
<aop:after-returning method="afterReturn" pointcut-ref="pc01" returning="msg"/>
```

在代码中，returning="msg" 通过配置获取返回值，同时还需要在 FirstAscept.java 的后置通知的参数中输入 Object msg，其中，msg 就是返回值。

然后在 FirstAscept.java 中输入后置通知的相关代码，代码如下：

```
1  // 后置通知
2  public void afterReturn(JoinPoint jp, Object msg) {
3      // 获取目标对象
4      Object obj = jp.getTarget();
5      // 获取方法签名
6      MethodSignature ms = (MethodSignature) jp.getSignature();
7      // 获取方法名
8      String name = ms.getName();
9      // 获取返回值类型
10     Class clz1 = ms.getReturnType();
11     // 获取异常类型
12     ms.getExceptionTypes();
13     // 获取方法
14     ms.getMethod();
15     // 获取方法的参数类型
16     ms.getParameterTypes();
17     // 获取方法的参数名称
18     ms.getParameterNames();
19     System.out.println("后置通知" + obj + "\t" + name);
20 }
```

从代码中可见，后置通知获取连接点的信息和前置通知类似。第 2 行代码小括号中参数分别是 JoinPoint 和返回值，其中 JoinPoint 参数一定要在第一位，否则虽然编译通过但运行会出现异常。

执行测试代码中 test01 方法，输出结果如图 4-17 所示。

```
添加用户User [id=1, userName=孙悟空, email=sun@qq.com]
后置通知com.daojie.service.UserServiceImpl@6f03de90      addUser
更新用户User [id=1, userName=孙悟空, email=sun@qq.com]
后置通知com.daojie.service.UserServiceImpl@6f03de90      updateUser
删除用户User [id=1, userName=孙悟空, email=sun@qq.com]
后置通知com.daojie.service.UserServiceImpl@6f03de90      deleteUser
注册用户User [id=1, userName=孙悟空, email=sun@qq.com]
后置通知com.daojie.service.UserServiceImpl@6f03de90      registUser
```

图 4-17　后置通知输出的结果

从输出结果可见，后置通知是在目标方法之后执行的，而且通过 JoinPoint 获取目标对象的地址和方法名。

4.1.7 五大通知类型之异常通知

视 频

异常通知

异常通知是在目标方法抛出异常时执行的通知。

异常通知可以配置传入 JoinPoint 获取目标对象和目标方法的相关信息，但必须处在参数列表第一位。可以配置参数，让异常通知可以接收到目标方法抛出的异常对象。

下面举例说明在 applicationContext.xml 文件中如何配置异常通知，相关代码如下：

```
<!-- 配置异常通知  -->
<aop:after-throwing method="afterThrow" pointcut-ref="pc01"
throwing="e"/>
```

代码中 throwing="e" 可以获取异常对象，和后置通知一样，还需要在 FirstAscept.java 的异常通知参数中输入 Throwable e。

在 FirstAscept.java 中输入异常通知的相关代码，代码如下：

```
// 异常通知
public void afterThrow(JoinPoint jp, Throwable e) {
    System.out.println(e.getMessage());
    System.out.println(" 出现异常的通知 ");
}
```

如果运行的代码中没有异常，则正常输出结果。在 UserServiceImpl.java 中输入“int I =1 / 0;”，执行 test01 方法，输出结果如图 4–18 所示。

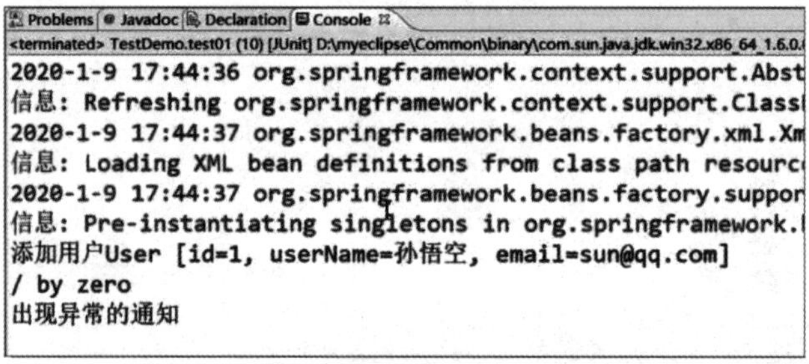

图 4–18　异常通知输出的结果

结果中 /by zero 为异常信息，表示除法中除数为 0。出现异常输出的语句只有在代码中有异常时才输出。

4.1.8 五大通知类型之最终通知

视 频

最终通知

最终通知是在目标方法执行之后执行的通知。和后置通知不同之处在于，后置通知是在方法正常返回后执行的通知，如果方法没有正常返回（如抛出异常），则后置通知不会执行。而最终通知无论如何都会在目标方法调用后执行，即使目标方法没有正常执行完成。另外，后置通知可以通过配置得到返回值，而最终通知无法得到。

最终通知也可以额外接收一个 JoinPoint 参数，来获取目标对象和目标方法的相关信息，但一定要保证必须是第一个参数。

下面举例说明，在 applicationContext.xml 文件中配置最终通知，相关代码如下：

```
<!-- 配置最终通知 -->
<aop:after method="after" pointcut-ref="pc01"/>
```

在 FirstAscept.java 中输入最终通知的相关代码，代码如下：

```
// 最终通知
public void after(JoinPoint jp) {
    // 获取目标对象
    Object obj = jp.getTarget();
    // 获取方法签名
    MethodSignature ms = (MethodSignature) jp.getSignature();
    // 获取方法名
    String name = ms.getName();
    // 获取返回值类型
    Class clz1 = ms.getReturnType();
    // 获取异常类型
    ms.getExceptionTypes();
    // 获取方法
    ms.getMethod();
    // 获取方法的参数类型
    ms.getParameterTypes();
    // 获取方法的参数名称
    ms.getParameterNames();
    // 获取方法签名
    System.out.println("最终通知" + obj +"\t" + name);
}
```

执行 test01 方法，输出结果如图 4–19 所示。

图 4–19 最终通知输出的结果

代码中没有出现异常，则在执行目标方法后执行最终通知，并通过 JoinPoint 参数获取目标对象的相关信息。如果有异常，则只显示异常方法输出的内容和最终通知返回的内容。

4.1.9 五大通知执行顺序

视频

五大通知执行顺序

在只配置一个切面时，执行通知的顺序取决于配置通知的顺序以及是否抛出异常；如果存在多个切面，则采用责任链设计模式。

下面举例说明，在 applicationContext.xml 中按照之前介绍通知的顺序配置，在 UserServiceImpl.java 中存在“int I =1/0;”代码。在 test01 方法中注释除 addUser() 方法之外的 3 个方法，输出结果如图 4–20 所示。

```
Problems  @ Javadoc  Declaration  Console ⊠
<terminated> TestDemo.test01 (10) [JUnit] D:\myeclipse\Common\binary\com.sun.java.jdk.win32.x86_64_1.6.0.013\bin\javaw.exe (2020-1-9 T
2020-1-9 19:09:06 org.springframework.context.support.AbstractApplication
信息: Refreshing org.springframework.context.support.ClassPathXmlApplicati
2020-1-9 19:09:06 org.springframework.beans.factory.xml.XmlBeanDefinition
信息: Loading XML bean definitions from class path resource [applicationCo
2020-1-9 19:09:07 org.springframework.beans.factory.support.DefaultListab
信息: Pre-instantiating singletons in org.springframework.beans.factory.su
前置通知com.daojie.service.UserServiceImpl@63779885        addUser
环绕通知 before
添加用户User [id=1, userName=孙悟空, email=sun@qq.com]
异常通知
最终通知com.daojie.service.UserServiceImpl@63779885        addUser
```

图 4-20　输出结果

从输出结果可见，通知执行的顺序与 applicationContext.xml 中配置通知的顺序一样，因为存在异常所以没有显示后置通知。如果运行代码中没有异常，则输出通知的顺序和 applicationContext.xml 中一样，只是没有异常通知。

以上介绍的是只有一个切面时通知的顺序，下面介绍有多个切面时通知的顺序。首先在 com.daojie.aspect 包中创建 SecondAscept.java，将 FirstAscept.java 中通知代码复制到创建的文件中。然后在 FirstAscept.java 的输出语句中添加 first，在 SecondAscept.java 的输出语句中添加 second，以区分两个文件的输出内容。

接着在 applicationContext.xml 文件中复制配置切面和配置通知的相关代码，并修改相关内容。最后执行 test01 方法，输出结果如图 4-21 所示。

```
Problems  @ Javadoc  Declaration  Console ⊠
<terminated> TestDemo.test01 (10) [JUnit] D:\myeclipse\Common\binary\com.sun.java.jdk.win32.x86_64_1.6.0.013\bin\javaw.exe (2020-1-9 下午7:12:55)
2020-1-9 19:12:56 org.springframework.beans.factory.xml.XmlBeanDefinitionReader
信息: Loading XML bean definitions from class path resource [applicationContext.
2020-1-9 19:12:56 org.springframework.beans.factory.support.DefaultListableBeanF
信息: Pre-instantiating singletons in org.springframework.beans.factory.support.
first前置通知com.daojie.service.UserServiceImpl@49a5af9f addUser
first环绕通知 before
second前置通知com.daojie.service.UserServiceImpl@49a5af9f        addUser
second环绕通知 before
添加用户User [id=1, userName=孙悟空, email=sun@qq.com]
second环绕通知 after
second后置通知com.daojie.service.UserServiceImpl@49a5af9f        addUser
second最终通知com.daojie.service.UserServiceImpl@49a5af9f        addUser
first环绕通知 after
first后置通知com.daojie.service.UserServiceImpl@49a5af9f addUser
first最终通知com.daojie.service.UserServiceImpl@49a5af9f addUser
```

图 4-21　多切面时通知的执行顺序

首先执行 first 的前置通知和环绕通知，在执行目标方法之前执行 second 的前置通知和环绕通知。然后执行目标方法和第二个切面中的相关通知。执行完第二个切面中的通知后，再执行第一个切面中的相关通知。

视频

Spring AOP 原理

4.1.10　Spring AOP 的原理

Spring 会在用户获取对象时，生成目标对象的代理对象，之后根据切入点规则匹配用户连接点并得到切入点。当切入点被调用时，不会直接去找目标对象，而是通过代理对象拦截之后交由切面类中指定的通知执行来进行增强。

Spring 自动为目标对象生成代理对象，默认情况下，如果目标对象实现过接口，则采用 Java 的动态代理机制；如果目标对象没有实现过接口，则采用 cglib 动态代理。

开发者可以在 Spring 中进行配置，要求无论目标对象是否实现过接口，都强制使用 cglib 动态代理。只需要在 applicationContext.xml 文件中 aop:config 右侧输入 proxy-target-class="true"，即可完成配置。

4.2 注解方式使用 AOP

Spring 也支持注解方式实现 AOP，相对于配置文件方式，注解配置更加轻量级，配置和修改更加方便，是目前最流行的方式。

视频

注解方式使用 AOP

下面对注解方式进行介绍：

- @Aspect：将指定的类标志为一个切面。
- @Before：前置通知。
- @Around：环绕通知。
- @AfterReturning：后置通知。
- @AfterThrowing：异常通知。
- @After：最终通知。

下面举例说明如何通过注解方式使用 AOP。在 com.daojie.domain 包中 User 类的相关代码如下：

```
package com.daojie.domain;
public class User {
    private int id;
    private String username;
    private String password;
    private String email;
    }
    public void setId(int id) {
        this.id = id;
    }
    public String getUsername() {
        return username;
    }
    public void setUsername(String username) {
        this.username = username;
    }
    public String getPassword() {
        return password;
    }
    public void setPassword(String password) {
        this.password = password;
    }
    public String getEmail() {
        return email;
    }
    public void setEmail(String email) {
        this.email = email;
    }
    @Override
    public String toString() {
        return "User [id=" + id + ", username=" + username + ", password="
                + password + ", email=" + email + "]";
```

```
33     }
34     public User(int id, String username, String password, String email) {
35         this.id = id;
36         this.username = username;
37         this.password = password;
38         this.email = email;
39     }
40     public User() {
41     }
42 }
```

第 3~6 行代码在 User 类中创建成员变量；第 8 行到第 28 行代码提供 get() 和 set() 方法；第 29~33 行代码使用 toString() 方法；第 34~41 行代码提供构造方法。

在 com.daojie.service 包中创建 UserService 接口，相关代码如下：

```
package com.daojie.service;
import com.daojie.domain.User;
public interface UserService {
    public void registUser(User user);
    public void updateUser(User user);
    public void deleteUser(User user);
    public void queryUser(User user);
}
```

在 com.daojie.service 包中创建 UserServiceImpl 实现类，相关代码如下：

```
package com.daojie.service;
import org.springframework.stereotype.Service;
import com.daojie.domain.User;
@Service
public class UserServiceImpl implements UserService{
    @Override
    public void registUser(User user) {
        // TODO Auto-generated method stub
        System.out.println("注册成功" + user);
    }
    @Override
    public void updateUser(User user) {
        // TODO Auto-generated method stub
        System.out.println("更新成功" + user);
    }
    @Override
    public void deleteUser(User user) {
        // TODO Auto-generated method stub
        System.out.println("删除成功" + user);
    }
    @Override
    public void queryUser(User user) {
        // TODO Auto-generated method stub
        System.out.println("查询成功" + user);
    }
}
```

在 com.daojie.web 包中创建 UserController 类，相关代码如下：

```
package com.daojie.web;
import org.springframework.beans.factory.annotation.Autowired;
import org.springframework.stereotype.Controller;
import com.daojie.domain.User;
```

```
import com.daojie.service.UserService;
@Controller
public class UserController {
    @Autowired
    private UserService userService;
    public void registUser(User user){
        userService.registUser(user);
    }
    public void updateUser(User user){
        userService.updateUser(user);
    }
    public void deleteUser(User user){
        userService.deleteUser(user);
    }
    public void queryUser(User user){
        userService.queryUser(user);
    }
}
```

在 com.daojie.test 包中创建 TestDemo 类，相关代码如下：

```
package com.daojie.test;
import org.junit.Test;
import org.springframework.context.ApplicationContext;
import org.springframework.context.support.ClassPathXmlApplicationContext;
import com.daojie.domain.User;
import com.daojie.web.UserController;
public class TestDemo {
    @Test
    public void test01(){
        ApplicationContext context = new ClassPathXmlApplicationContext("application
Context.xml");
        UserController controller = context.getBean(UserController.class);
        controller.registUser(new User(1,"123","567","123@qq.com"));
    }
}
```

在 applicationContext.xml 文件中开启包扫描、注解注入和 AOP 注解配置方式，相关代码如下：

```
<!-- 开启包扫描 -->
<context:component-scan base-package="com.daojie"></context:component-scan>
<!-- 开启注解注入 -->
<context:annotation-config></context:annotation-config>
<!-- 开启 AOP 注解配置方式  -->
<aop:aspectj-autoproxy></aop:aspectj-autoproxy>
```

com.daojie.aspect 包中 FirstAspect 类的相关代码如下：

```
package com.daojie.aspect;
import org.aspectj.lang.JoinPoint;
import org.aspectj.lang.ProceedingJoinPoint;
import org.aspectj.lang.annotation.AfterReturning;
import org.aspectj.lang.annotation.AfterThrowing;
import org.aspectj.lang.annotation.Around;
import org.aspectj.lang.annotation.Aspect;
import org.aspectj.lang.annotation.Before;
import org.aspectj.lang.annotation.Pointcut;
import org.springframework.stereotype.Component;
@Component
@Aspect
```

```
13 public class FirstAspect {
14     @Pointcut("execution(* com.daojie.service.*.*(..))")
15     public void mx(){
16     }
17     @Before("mx()")
18     public void before(JoinPoint jp){
19         System.out.println("before");
20     }
21     @Around("mx()")
22     public Object around(ProceedingJoinPoint jp) throws Throwable{
23         System.out.println("环绕前");
24         Object obj = jp.proceed();
25         System.out.println("环绕后");
26         return obj;
27     }
28     @AfterReturning(value="mx()",returning="msg")
29     public void afterReturn(String msg){
30     }
31     @AfterThrowing(value="mx()",throwing="e")
32     public void afterThrow(Throwable e){
33     }
34 }
```

通过注解方式使用 AOP 时，需要在注解右侧小括号内输出切入点表达式，可以通过第 13~16 行代码进行复用。创建 mx 方法，添加 @Pointcut 注解，在右侧小括号内输入切入点表达式。通过注解方式使用 AOP 时，只需在注解的小括号内输入该方法名即可。

第 12 行代码使用 @Aspect 注解将 FirstAspect 类标志为一个切面；第 17 行代码使用 @Before 注解配置前置通知，和第 4.1.4 节在 applicationContext.xml 文件中配置前置通知功能一样；第 21 行代码使用 @Around 注解配置环绕通知；第 28 行代码使用 @AfterReturning 注解配置异常通知，returning 表示用 msg 参数接收目标方法执行后的返回值；第 31 行代码使用 @AfterThrowing 注解配置异常通知，throwing 表示用 e 参数接收目标方法抛出的异常对象。使用注解方式实现 AOP，要比通过配置文件方式实现 AOP 更方便、代码更简洁。

执行 test01 方法，输出结果如图 4–22 所示。

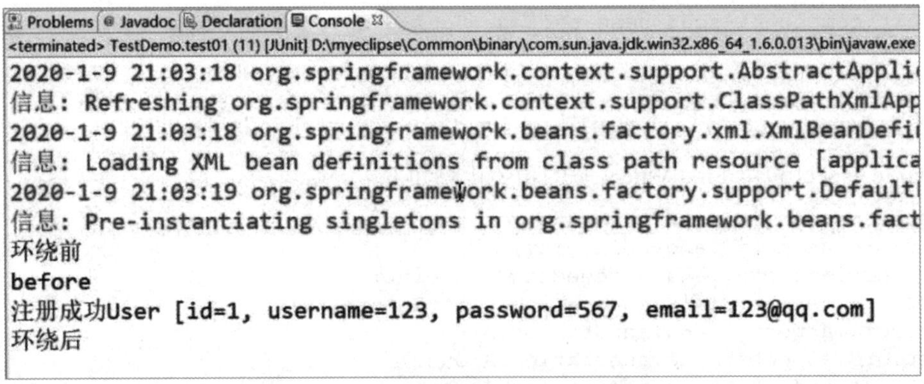

图 4–22　注解方式使用 AOP 输出的结果

练一练

异常信息收集：在业务方法执行时，如果有异常抛出，则根据异常信息记录日志。

视频

课程练习1——异常信息收集

解答过程：

（1）打开 MyEclipse，在 Package Explorer 面板的空白处右击，在弹出的快捷菜单中选择 New → Java Project 命令，在打开的对话框中设置项目名称为 Spring-day04-practice05，单击 Finish 按钮，如图 4–23 所示。

（2）将 Spring-day04-practice05 项目中的 libs 文件夹复制到当前项目中，然后展开该文件夹，选择所有文件并右击，在弹出的快捷菜单中选择 Build Path → Add to Build Path 命令，完成导包，如图 4–24 所示。

（3）在 src 文件夹中创建包和 xml 文件，如 com.daojie.dao、com.daojie.service、com.daojie.web、com.daojie.aspect、com.daojie.domain 和 applicationContext.xml，如图 4–25 所示。

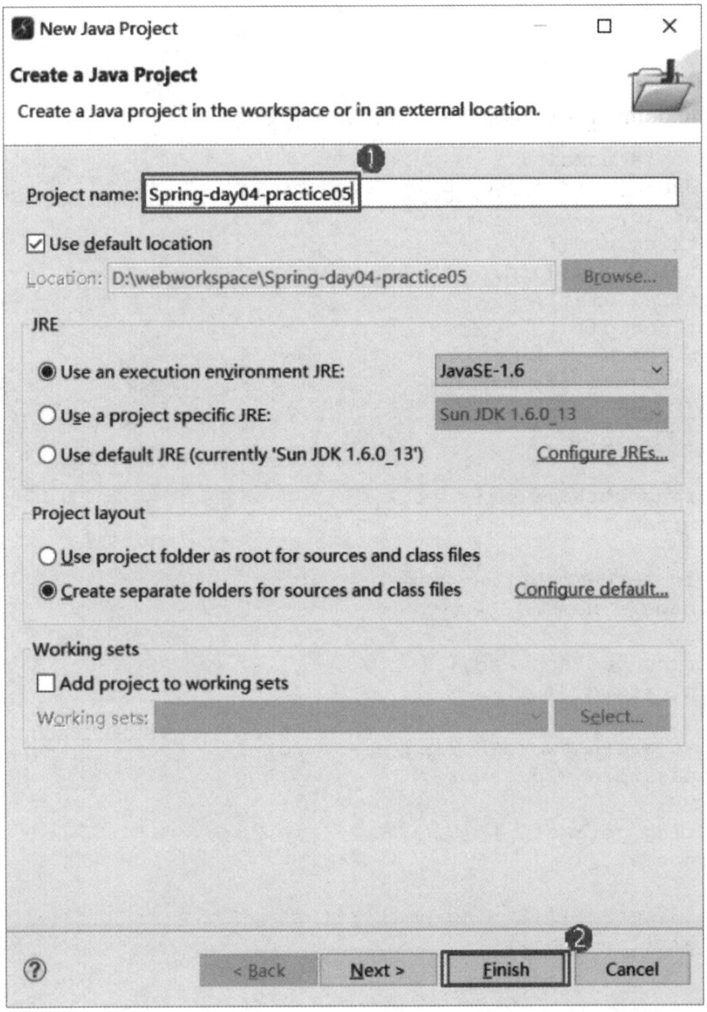

图 4–23 创建项目

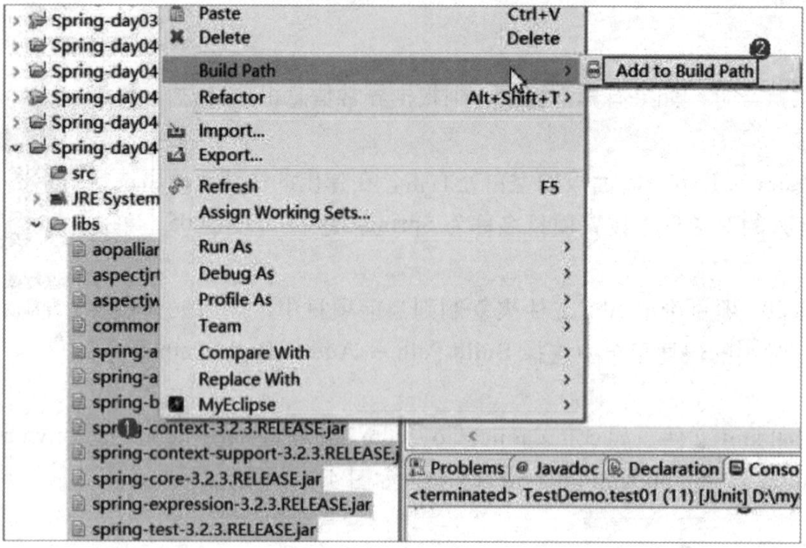

图 4-24　完成导包

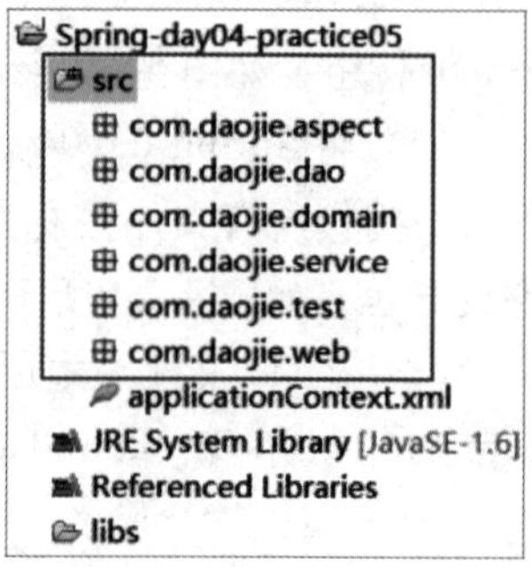

图 4-25　创建包和 xml 文件

（4）在 com.daojie.domain 包中创建 User 类，相关代码如下：

```
package com.daojie.domain;
public class User {
    private int id;
    private String name;
    private String password;
    private String email;
    public int getId() {
        return id;
    }
    public void setId(int id) {
        this.id = id;
    }
    public String getName() {
        return name;
    }
    public void setName(String name) {
        this.name = name;
    }
    public String getPassword() {
        return password;
    }
    public void setPassword(String password) {
        this.password = password;
    }
    public String getEmail() {
        return email;
    }
    public void setEmail(String email) {
        this.email = email;
    }
    @Override
    public String toString() {
        return "User [id=" + id + ", name=" + name + ", password=" + password
                + ", email=" + email + "]";
```

```
35     }
36     public User(int id, String name, String password, String email) {
37         this.id = id;
38         this.name = name;
39         this.password = password;
40         this.email = email;
41     }
42     public User() {
43     }
44 }
```

第 3~6 行代码定义了 id、name、password 和 email 这 4 个属性；第 7~30 行代码生成 set/get 方法；第 31~35 行代码生成 toString 方法；第 36~43 行代码创建全参和无参的构造方法。用户可以参考第 2 章中 Java 经典三层架构练习案例的创建方法。

（5）在 com.daojie.dao 包中创建 UserDao 接口，在接口中提供注册用户方法，相关代码如下：

```
package com.daojie.dao;
import com.daojie.domain.User;
public interface UserDao {
    public void registUser(User user);
}
```

（6）在 dao 层中创建 UserDaoImpl 实现类，实现接口中的方法，相关代码如下：

```
1  package com.daojie.dao;
2  import org.springframework.stereotype.Repository;
3  import com.daojie.domain.User;
4  @Repository
5  public class UserDaoImpl implements UserDao{
6      public void registUser(User user){
7          System.out.println("注册用户成功" + user);
8      }
9  }
```

第 4 行代码是将该实现类交由 Spring 容器管理；第 5 行代码将实现类实现接口；第 6 行代码实现接口中的 registUser() 方法。

（7）在 service 层中创建 UserService 接口，提供注册用户方法，相关代码如下：

```
package com.daojie.service;
import com.daojie.domain.User;
public interface UserService {
    public void registUser(User user);
}
```

（8）在 service 层中创建 UserServiceImpl 实现类，相关代码如下：

```
package com.daojie.service;
import org.springframework.beans.factory.annotation.Autowired;
import org.springframework.stereotype.Service;
import com.daojie.dao.UserDao;
import com.daojie.domain.User;
@Service
public class UserServiceImpl implements UserService{
    @Autowired
    private UserDao userDao;
    @Override
    public void registUser(User user) {
        // TODO Auto-generated method stub
        userDao.registUser(user);
```

```
14         }
15  }
```

第 6 行代码使用 @Service 注解将实现类交由 Spring 容器管理；第 9 行代码创建 dao 层中对应的对象；第 13 行代码直接调用注册用户方法。

（9）在 web 层中创建 UserController 类，相关代码如下：

```
package com.daojie.web;
import org.springframework.beans.factory.annotation.Autowired;
import org.springframework.stereotype.Controller;
import com.daojie.domain.User;
import com.daojie.service.UserService;
@Controller
public class UserController {
    @Autowired
    private UserService userService;
    public void registUser(User user){
        userService.registUser(user);
    }
}
```

（10）打开 applicationContext.xml 文件进行配置约束文件、开启包扫描、属性注入和 AOP 注解注入等操作，相关代码如下：

```
1  <?xml version="1.0" encoding="UTF-8"?>
2  <beans xmlns="http://www.springframework.org/schema/beans"
3      xmlns:context="http://www.springframework.org/schema/context"
4      xmlns:aop="http://www.springframework.org/schema/aop"
5      xmlns:xsi="http://www.w3.org/2001/XMLSchema-instance"
6      xsi:schemaLocation="http://www.springframework.org/schema/beans
7      http://www.springframework.org/schema/beans/spring-beans-3.2.xsd
8      http://www.springframework.org/schema/context
9      http://www.springframework.org/schema/context/spring-context-3.2.xsd
10     http://www.springframework.org/schema/aop
11     http://www.springframework.org/schema/aop/spring-aop-3.2.xsd
12     ">
13     <!-- 开启包扫描  -->
14     <context:component-scan base-package="com.daojie"></context:component-scan>
15     <!-- 开启属性注入 -->
16     <context:annotation-config></context:annotation-config>
17     <!-- 开启 aop 注解注入 -->
18     <aop:aspectj-autoproxy></aop:aspectj-autoproxy>
19     </beans>
```

首先引入 context 名称空间，在打开的 xml 文件中输入 spring，然后按【Alt+/】组合键，在列表中选择 spring_context 选项，即可在输入 spring 的位置处自动添加代码生成约束文件（第 1~12 行代码）。

（11）在 com.daojie.test 包中创建 TestDemo 类，相关代码如下：

```
package com.daojie.test;
import org.junit.Test;
import org.springframework.context.ApplicationContext;
import org.springframework.context.support.ClassPathXmlApplicationContext;
import com.daojie.domain.User;
import com.daojie.web.UserController;
public class TestDemo {
    @Test
```

```
    public void test01(){
        ApplicationContext context = new ClassPathXmlApplicationContext("applicationContext.xml");
        UserController controller = context.getBean(UserController.class);
        controller.registUser(new User(1,"123","456","123@qq.com"));
    }
}
```

（12）此时执行 test01 方法，可以成功注册用户，如图 4-26 所示。

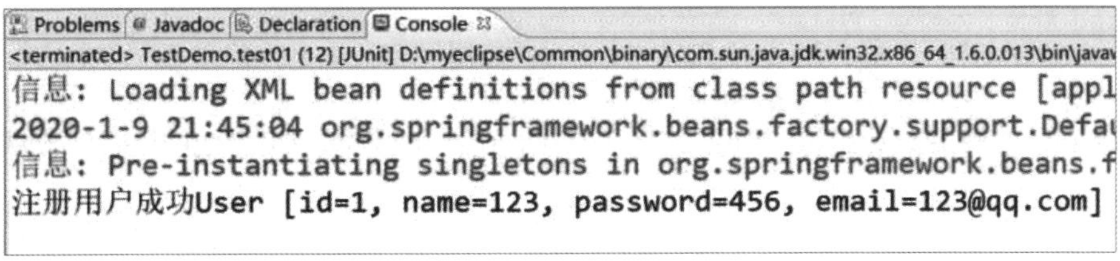

图 4-26　测试结果

本案例要求是出现异常时需要记录日志。所以在 UserServiceImpl.java 文件的第 13 行代码下方添加出现异常的代码，例如添加“int i = 1 / 0;”代码。在此之前是使用 try/catch 实现抛出异常的，但是会导致功能性代码和业务逻辑代码混合在一起，本案例介绍使用切面和通知实现抛出异常并输出异常信息。

（13）在 com.daojie.aspect 包中创建 FirstAspect 切面类，相关代码如下：

```
1  package com.daojie.aspect;
2  import org.aspectj.lang.JoinPoint;
3  import org.aspectj.lang.annotation.AfterThrowing;
4  import org.aspectj.lang.annotation.Aspect;
5  import org.springframework.stereotype.Component;
6  @Component
7  @Aspect
8  public class FirstAspect {
9      @AfterThrowing(value="execution(* com.daojie.service.*.*(..))",throwing="e")
10     public void afterThrow(JoinPoint jp,Throwable e){
11         // 获取目标对象的类
12         Class clz = jp.getTarget().getClass();
13         // 获取出现异常的方法名
14         String methodName = jp.getSignature().getName();
15         System.err.println("####发现异常" + clz + "\t" + methodName + "\t异常信息" + e.getMessage());
16     }
17 }
```

第 6 行代码使用 @Component 注解使该类被 Spring 容器管理；第 7 行代码使用 @Aspect 注解使该类成为切面类。第 9 行代码中 @AfterThrowing 是异常通知并且获取异常信息；第 10 行代码是创建异常通知，括号内可以接收到异常信息。第 12 行代码为获取异常目标对象的类（可以知道哪个类出现了异常）；第 14 行代码获取出现异常的方法名。

（14）执行 TestDemo 类中的 test01 方法，输出结果如图 4-27 所示。

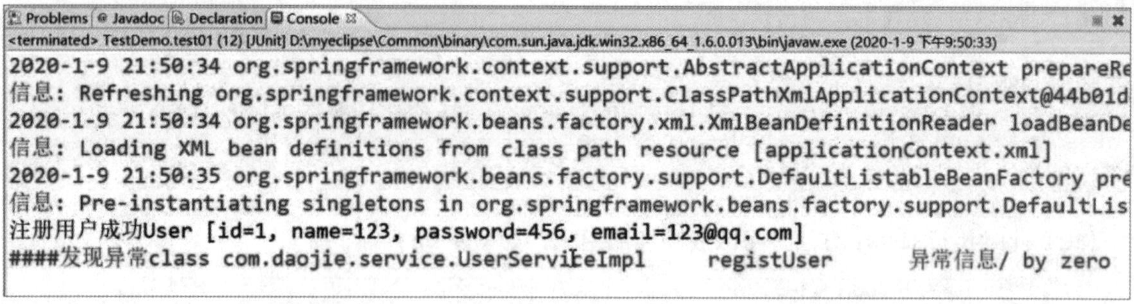

```
Problems | Javadoc | Declaration | Console
<terminated> TestDemo.test01 (12) [JUnit] D:\myeclipse\Common\binary\com.sun.java.jdk.win32.x86_64_1.6.0.013\bin\javaw.exe (2020-1-9 下午9:50:33)
2020-1-9 21:50:34 org.springframework.context.support.AbstractApplicationContext prepareRe
信息: Refreshing org.springframework.context.support.ClassPathXmlApplicationContext@44b01d
2020-1-9 21:50:34 org.springframework.beans.factory.xml.XmlBeanDefinitionReader loadBeanDe
信息: Loading XML bean definitions from class path resource [applicationContext.xml]
2020-1-9 21:50:35 org.springframework.beans.factory.support.DefaultListableBeanFactory pre
信息: Pre-instantiating singletons in org.springframework.beans.factory.support.DefaultLis
注册用户成功User [id=1, name=123, password=456, email=123@qq.com]
####发现异常class com.daojie.service.UserServiceImpl     registUser     异常信息/ by zero
```

图 4-27　输出结果

从输出结果可见最后一行出现了异常，显示在 UserServiceImpl 类的 registUser() 方法中出现除数为 0 的异常。

视 频

课程练习2——统计业务方法执行的时间

练一练

统计所有业务方法执行时的时间。

解答过程：

（1）复制上一个“练一练”的项目并重命名为 Spring-day04-practice06，清除 service 层 UserServiceImpl.java 中的异常代码（int i = 1 / 0;）。重新创建 com.daojie.aspect 包，并创建 FirstAspect 类，相关代码如下：

```
1  package com.daojie.aspect;
2  import org.aspectj.lang.ProceedingJoinPoint;
3  import org.aspectj.lang.annotation.Around;
4  import org.aspectj.lang.annotation.Aspect;
5  import org.springframework.stereotype.Component;
6  @Component
7  @Aspect
8  public class FirstAspect {
9      @Around("execution(* com.daojie.service.*.*(..))")
10     public Object around(ProceedingJoinPoint jp) throws Throwable{
11         long startTime = System.currentTimeMillis();
12         // 调用目标方法
13         Object obj = jp.proceed();
14         long endTime = System.currentTimeMillis();
15         System.out.println("执行时间是 " +(endTime - startTime));
16         return obj;
17     }
18 }
```

第 9 行代码是使用环绕通知的注解，括号内为设置的规则；第 10 行代码使用环绕通知记录方法执行前和执行后的时间；第 11 行代码记录开始的时间（系统的当前时间）；第 13 行代码调用 sevice 层中的方法；第 14 行代码为获取结束时间（系统的当前时间）；第 15 行代码输出执行时间。

（2）其他层的代码不变，执行 TestDemo.java 中的 test01 方法。因为执行代码比较少，所以执行时间是 0，如图 4–28 所示。

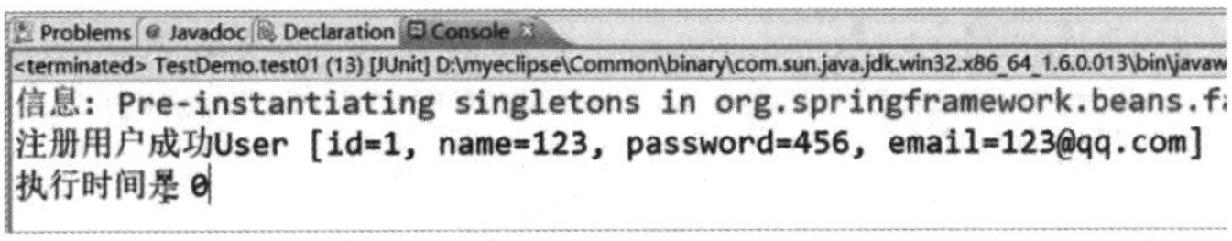

图 4-28 输出结果

视 频

权限控制练习
传统方式实现

视 频

权限控制练习
Spring AOP实现

练一练

通过 AOP 来实现权限控制，通过自定义注解声明业务方法是否需要权限控制，通过权限注解上的属性声明需要什么样的权限。

举例：定义权限为游客、用户和管理员，规定游客只可以注册用户，用户可以查询和修改用户和注册，管理员额外可以删除用户。

解答过程：

（1）复制上一个“练一练”项目并重命名为 Spring-day04-practice07，然后删除切面类。在 service 层的 UserService 接口中添加方法，相关代码如下：

```
package com.daojie.service;
import com.daojie.domain.User;
public interface UserService {
    // 注册用户
    public void registUser(User user);
    // 更新用户
    public void updateUser(User user);
    // 删除用户
    public void deleteUser(int id);
    // 查询用户
    public User queryUser(int id);
}
```

根据案例需要在 UserService 接口中定义注册用户、更新用户、删除用户和查询用户 4 个方法。

（2）在 service 层的 UserServiceImpl 实现类中实现接口中的方法，相关代码如下：

```
package com.daojie.service;
import org.springframework.beans.factory.annotation.Autowired;
import org.springframework.stereotype.Service;
import com.daojie.dao.UserDao;
import com.daojie.domain.User;
import com.daojie.enumdemo.PrivEnum;
import com.daojie.privanno.Privanno;
import com.daojie.test.TestDemo;
@Service
public class UserServiceImpl implements UserService{
    @Autowired
    private UserDao userDao;
    @Override
    public void registUser(User user) {
        // TODO Auto-generated method stub
        userDao.registUser(user);
    }
    @Privanno({PrivEnum.USER,PrivEnum.ADMIN})
    @Override
    public void updateUser(User user) {
        userDao.updateUser(user);
    }
```

```
23      @Privanno(PrivEnum.ADMIN)
24      @Override
25      public void deleteUser(int id) {
26          userDao.deleteUser(id);
27      }
28      @Privanno({PrivEnum.USER,PrivEnum.ADMIN})
29      @Override
30      public User queryUser(int id) {
31          return userDao.queryUser(id);
32      }
33  }
```

生成 4 个方法后直接使用，此时需要注意因为在 UserDao.java 文件中还没有对应的方法，所以第 21、26、31 行代码会报错，在接下来的步骤中会处理。

（3）接着需要在 UserDao.java 中生成对应的方法，处理上一步骤中的报错代码。将光标定位在 UserServiceImpl 实现类中未生成的方法上，例如第 21 行的 updateUser() 方法中，按【Ctrl+1】组合键在列表中选择 Greate method 'updateUser(User)' in type 'UserDao' 选项，如图 4–29 所示。

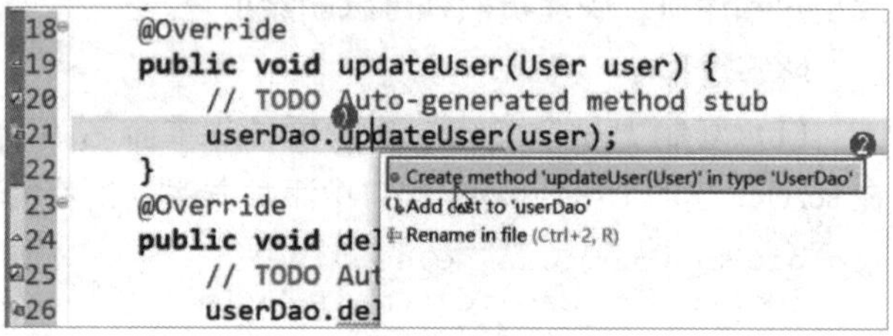

图 4–29　自动生成方法

（4）自动打开 UserDao.java 文件并生成对应的方法，根据相同的方法生成其他 2 个方法。UserDao 接口中相关代码如下：

```
package com.daojie.dao;
import com.daojie.domain.User;
public interface UserDao {
    public void registUser(User user);
    public void updateUser(User user);
    public void deleteUser(int id);
    public User queryUser(int id);
}
```

（5）在 dao 层中打开 UserDaoImpl 实现类，需要实现 UserDao 接口中添加的方法。相关代码如下：

```
package com.daojie.dao;
import org.springframework.stereotype.Repository;
import com.daojie.domain.User;
@Repository
public class UserDaoImpl implements UserDao{
    public void registUser(User user){
        System.out.println(" 注册用户成功 " + user);
    }
    @Override
    public void updateUser(User user) {
        // TODO Auto-generated method stub
        System.out.println(" 更新用户成功 " + user);
    }
    @Override
    public void deleteUser(int id) {
        // TODO Auto-generated method stub
        System.out.println(" 删除用户成功 " + id);
    }
    @Override
```

```
    public User queryUser(int id) {
        // TODO Auto-generated method stub
        if (id == 111){
            return new User(111,"孙悟空","123","swk@qq.com");
        }else{
            return null;
        }
    }
}
```

(6) 在 web 层的 UserController 类中添加方法，相关代码如下：

```
package com.daojie.web;
import org.springframework.beans.factory.annotation.Autowired;
import org.springframework.stereotype.Controller;
import com.daojie.domain.User;
import com.daojie.service.UserService;
@Controller
public class UserController {
    @Autowired
    private UserService userService;
    public void registUser(User user){
        userService.registUser(user);
    }
    public void updateUser(User user){
        userService.updateUser(user);
    }
    public void deleteUser(int id){
        userService.deleteUser(id);
    }
    public User queryUser(int id){
        return userService.queryUser(id);
    }
}
```

此时在 TestDemo 类中添加测试代码，可见 4 个方法均能运行成功。但是本案例是为不同用户设置不同的权限，下面介绍通过 AOP 来实现权限控制的方法。

(7) 首先创建枚举，在 src 文件夹中创建 com.daojie.enumdemot 包并右击，在弹出的快捷菜单中选择 New → Enum 命令，如图 4-30 所示。

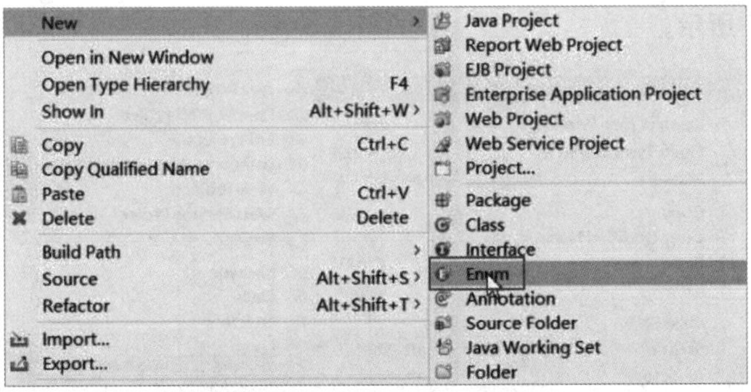

图 4-30 选择 Enum 命令

(8) 打开 New Enum Type 对话框，在 Name 文本框中输入 PrivEnum 枚举文件名称，单击 Finish 按钮，如图 4-31 所示。

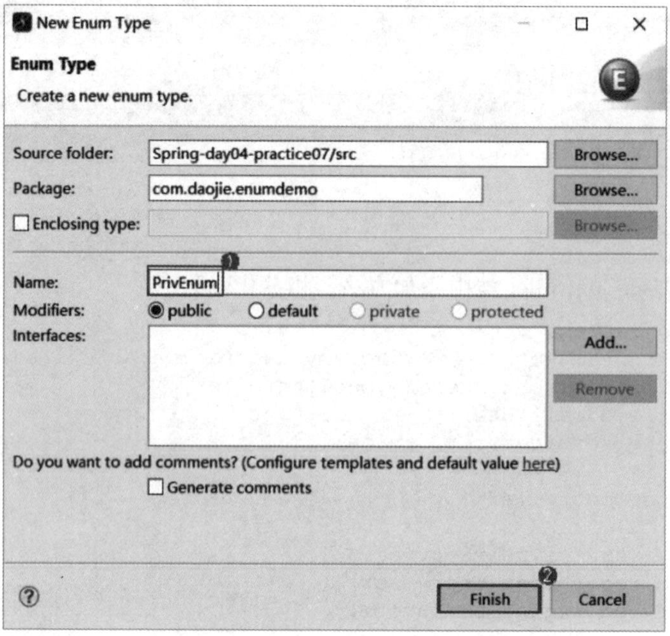

图 4-31　创建枚举

（9）在 PrivEnum.java 文件中定义权限用户名，相关代码如下：

```
1  package com.daojie.enumdemo;
2  public enum PrivEnum {
3      CUST,USER,ADMIN
4  }
```

第 3 行中使用用户的大写并且之间使用逗号隔开来创建枚举。创建枚举是为了接下来自定义注解时使用。

（10）通过反射注解获取方法上的注解，然后查看该方法有没有对应的权限。首先在 src 文件夹中自定义注解，创建 com.daojie.privanno 包并右击，在弹出的快捷菜单中选择 New → Annotation 命令，创建注解文件，如图 4–32 所示。

（11）打开 New Annotaion Type 对话框，在 Name 文本框中输入注解的名称为 Privanno，单击 Finish 按钮，如图 4–33 所示。

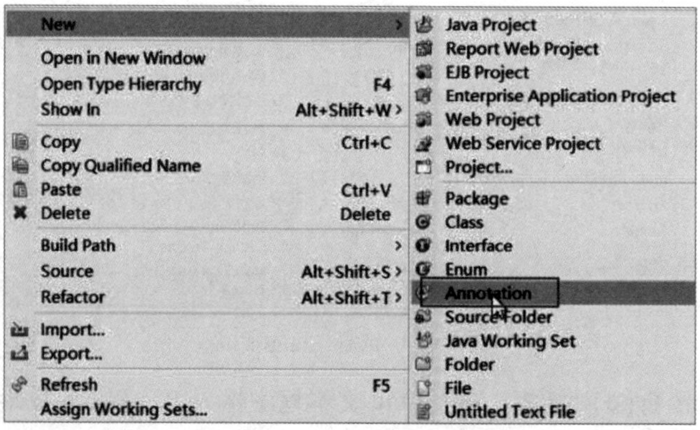

图 4–32　选择 Annotation 命令

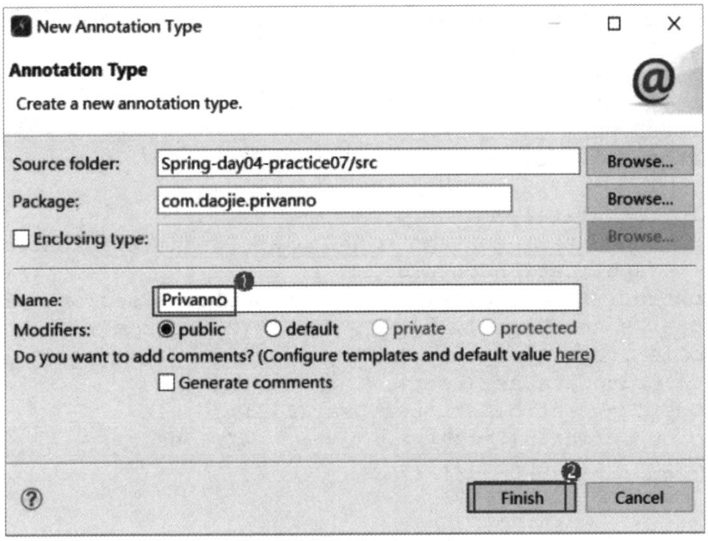

图 4-33　创建注解

（12）打开创建的 Privanno.java 文件，自定义注解，相关代码如下：

```
1  package com.daojie.privanno;
2  import java.lang.annotation.ElementType;
3  import java.lang.annotation.Retention;
4  import java.lang.annotation.RetentionPolicy;
5  import java.lang.annotation.Target;
6  import com.daojie.enumdemo.PrivEnum;
7  @Target(ElementType.METHOD)                    // 注解使用在方法上
8  @Retention(RetentionPolicy.RUNTIME)            //注解保留在运行阶段
9  public @interface Privanno {
10     PrivEnum[] value() default PrivEnum.CUST;
11 }
```

第 7 行代码使用 @Target 注解，该注解在方法上使用；第 8 行代码使用 Retention 注解保留在运行阶段；第 9 行代码是通过枚举确定分权的用户。

（13）在 serveic 层中为方法添加权限，打开 UserServiceImpl.java 实现类文件，更新用户的方法只有 User 和 Admin 有权限，在更新用户的方法上使用 @Privanno 注解，相关代码如下：

```
1  @Privanno({PrivEnum.USER,PrivEnum.ADMIN})
2  @Override
3  public void updateUser(User user) {
4      userDao.updateUser(user);
5  }
```

第 1 行使用 @Privanno 注解，其中小括号内使用枚举设置权限。

然后根据相同的方法在删除用户方法上方添加以下代码：

```
@Privanno(PrivEnum.ADMIN)
```

在查询用户方法上方添加以下代码：

```
@Privanno({PrivEnum.USER,PrivEnum.ADMIN})
```

（14）打开 test 包中 TestDemo.java 文件并修改代码，相关代码如下：

```
package com.daojie.test;
import org.junit.Test;
import org.springframework.context.ApplicationContext;
```

```
import org.springframework.context.support.ClassPathXmlApplicationContext;
import com.daojie.domain.User;
import com.daojie.enumdemo.PrivEnum;
import com.daojie.web.UserController;
public class TestDemo {
    public static PrivEnum role = PrivEnum.CUST;
    @Test
    public void test01() {
        ApplicationContext context = new ClassPathXmlApplicationContext(
                "applicationContext.xml");
        UserController controller = context.getBean(UserController.class);
        User user = new User(1, "123","456","123@qq.com");
        controller.registUser(user);
        controller.updateUser(user);
        User user1 = controller.queryUser(111);
        System.out.println("查询到了用户…..     " + user);
        controller.deleteUser(111);
    }
}
```

（15）在 src 文件夹中创建 com.daojie.aspect 包，在包中创建 PrivAspect 切面类，相关代码如下：

```
package com.daojie.aspect;
import java.lang.reflect.Method;
import java.util.Arrays;
import org.aspectj.lang.ProceedingJoinPoint;
import org.aspectj.lang.annotation.Around;
import org.aspectj.lang.annotation.Aspect;
import org.aspectj.lang.reflect.MethodSignature;
import org.springframework.stereotype.Component;
import com.daojie.enumdemo.PrivEnum;
import com.daojie.privanno.Privanno;
import com.daojie.test.TestDemo;
@Component
@Aspect
public class PrivAspect {
    @Around("execution(* com.daojie.service.*.*(..))")
    public Object privAround(ProceedingJoinPoint jp) throws Throwable{
        // 1.获取当前方法对象
        MethodSignature ms = (MethodSignature) jp.getSignature();
        Method method = ms.getMethod();
        // 获取目标对象
        Object obj = jp.getTarget();
        // 获取目标对象的字节码文件对象
        Class clz = obj.getClass();
        // 获取实际调用的方法
        Method instanceMethod = clz.getMethod(method.getName(), method.getParameterTypes());
        // 2.判断当前方法是否需要权限
        if(instanceMethod.isAnnotationPresent(Privanno.class)){
            // 获取当前用户具有的权限
            PrivEnum role = TestDemo.role;
            // 得到方法需要的权限
            Privanno privAnno = instanceMethod.getAnnotation(Privanno.class);
            PrivEnum[] accRoles = privAnno.value();
            // 检查权限
            if (Arrays.asList(accRoles).contains(role)){
                // 有权限
                return jp.proceed();
```

```
37              }else{
38                  throw new RuntimeException("权限不足");
39              }
40          }else{                              // 不需要权限，直接执行目标方法
41              return jp.proceed();
42          }
43      }
44  }
```

要让该类成为切面类必须使用第 12、13 行中的注解。第 15、16 行代码用于创建环绕通知。第 18 行代码获取当前方法的对象；第 19 行代码为获取当前方法；第 21 行代码为获取目标对象；第 23 行代码为获取目标对象的字节码文件对象；第 25 行代码为获取实际调用的方法。如果没有第 21~27 行代码，那么第 19 行代码将获取到 UserService 接口中的方法，通过切面类判断都是没有权限的，直接执行目标方法，也就是说无论是游客、用户还是管理员都会执行 4 种方法。通过第 21 行到第 27 行代码可以获取到实现类中的方法。

第 31 行代码通过反射注解（@PrivAnno）判断当前方法是否需要权限；如果不需要权限直接执行目标方法(第40行到第42行代码)。如果需要权限首先通过第29行代码获取当前用户具有的权限(通过 TestDemo 类中获取)，接着通过第 30 行到第 32 行代码获取方法所需要的权限，最后再检查权限。第 33 行到第 37 行代码为检查权限，第 34 行括号中的代码表示当前用户的权限符合要求，也就是有权限，否则没有权限不抛出异常信息。

（16）执行 TestDemo 类中的 test01 方法，因为当前用户为 CUST（游客），所以只输出注册用户的方法，如图 4–34 所示。

同时在 JUnit 面板中显示出现异常，并提示“权限不足”，如图 4–35 所示。

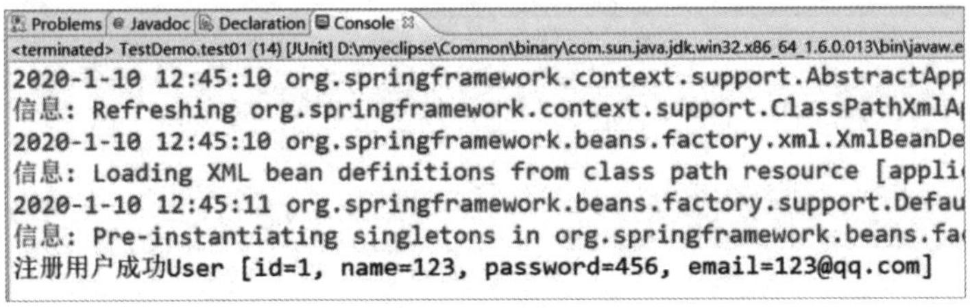

图 4–34　游客的输出结果

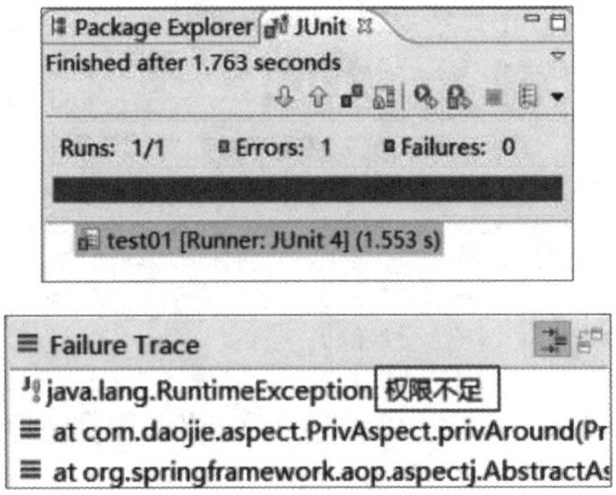

图 4–35　显示权限不足

如果在 TestDemo 类中设置当前为用户时，则显示注册、更新和查询方法，并且显示“权限不足”，如图 4–36 所示。

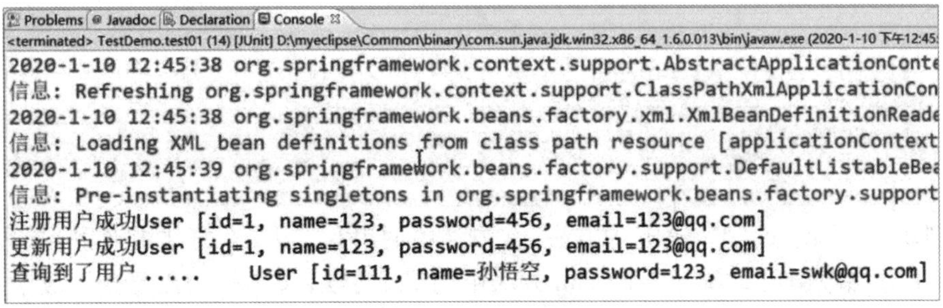

图 4–36　用户的输出结果

如果设置当前为管理员时则执行 4 个方法，不显示异常信息，如图 4–37 所示。

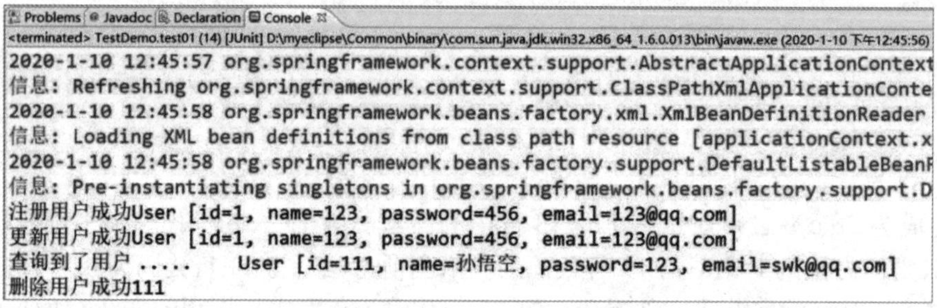

图 4–37　管理员的输出结果

4.3 ThreadLocal 类

视 频

ThreadLocal类

ThreadLocal 类是为解决多线程程序的并发问题而提供的一种新思路。使用该工具类可以很简洁地编写出优美的多线程程序，ThreadLocal 并不是一个 Thread，而是 Thread 的局部变量。

ThreadLocal 类不仅可以从程序上游向下游传递数据，还可以解决并发安全问题。

下面举例说明从程序上游向下游传递数据的作用。创建 Spring-day04-Practice08 项目，再创建 com.daojie.demo 包，并创建 Demo01 类，相关代码如下：

```
package com.daojie.demo;
public class Demo01 {
    private static ThreadLocal<String> tl = new ThreadLocal<String>();
    public static void main(String[] args) {
        String msg = "e 方法，你好吗？";
        tl.set(msg);
        a();
    }
    public static void a() {
        b();
    }
    public static void b() {
        c();
    }
    public static void c() {
        d();
    }
    public static void d() {
        e();
    }
    public static void e() {
        String str = tl.get();
        System.out.println(str);
        tl.remove();
    }
}
```

代码中创建了 a、b、c、d 和 e 五种方法，a 方法中调用 b 方法，b 方法中调用 c 方法，c 方法中调用 d 方法，d 方法中调用 e 方法，在 main 方法中调用 a 方法，e 方法中需要获取数据。从 main 方法中传入数据，然后在 e 方法中获取数据，实现从程序上游向下游传递数据的功能。

第 3 行代码使用 ThreadLocal 定义共享的内容，可以让其他方法调用；第 5 行代码创建 msg 字符串；第 6 行代码使用 set() 方法为 tl 对象赋值。第 22 行代码使用 get() 方法获取 tl 的内容。

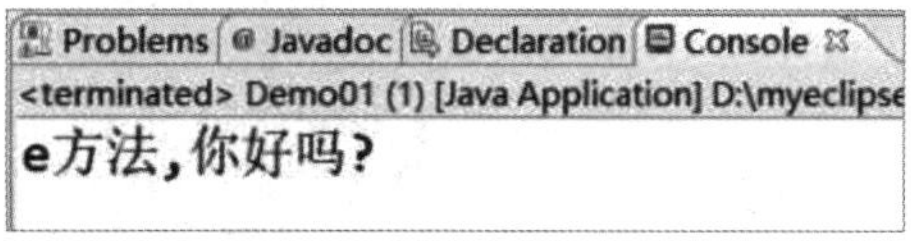

图 4-38　从程序上游向下游传递数据的结果

从 main 方法运行代码，输出结果如图 4-38 所示。

下面举例说明解决并发安全问题的作用，再创建 Demo02 类，相关代码如下：

```
1  package com.daojie.demo;
2  public class Demo02 {
3      public static ThreadLocal<Printer> local = new ThreadLocal<Printer>(){
4          protected Printer initialValue() {
5              return new Printer();
6          };
7      };
8      public static void main(String[] args) {
9          new Thread(new ZJL()).start();
10         new Thread(new LDH()).start();
11     }
12 }
13 // 打印机
14 class Printer{
15     public void print(String str){
16         System.out.println(" 打印机在打印 " + str);
17     }
18 }
19 class ZJL implements Runnable{
20     @Override
21     public void run() {
22         // TODO Auto-generated method stub
23         Printer p = Demo02.local.get();
24         p.print(p+"aaa");
25         p.print(p+"aaa");
26         p.print(p+"aaa");
27     }
28 }
29 class LDH implements Runnable{
30     @Override
31     public void run() {
32         Printer p = Demo02.local.get();
33         p.print(p + "bbb");
34         p.print(p + "bbb");
35         p.print(p + "bbb");
36     }
37 }
```

在代码中，创建了打印机类，然后分别创建两个类代表两个人同时使用打印机，两个人表示两个线程。在 main 方法中分别开启两个线程，此时运行代码，输出结果有可能不是代码中输出的顺序，这是因为存在线程安全隐患。输出结果如图 4-39 所示。

可以设置 get() 方法默认获取打印机，然后在使用打印机的类中使用 get() 方法分别获取不同的打印机进行打印，这样就不会出现线程安全隐患了。第 3 行代码使用 ThreadLocal 将打印机共享；第 4 行代码重写 ininalValue() 方法，写完后如果使用 get() 方法将获取打印机。第 23、32 行代码在两个类中获取打印机。

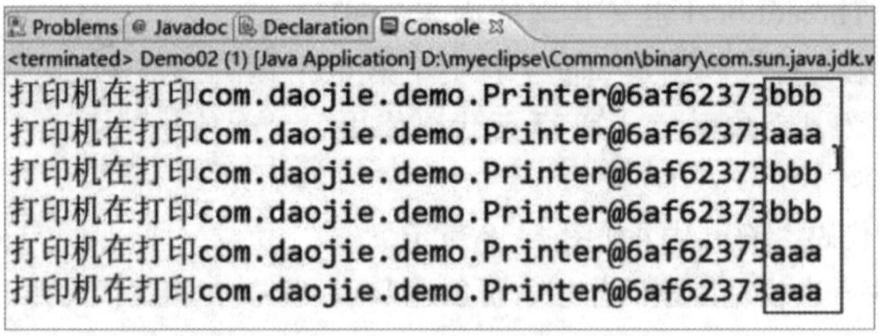

图 4-39　存在线程安全隐患的结果

运行代码，输出结果如图 4-40 所示。

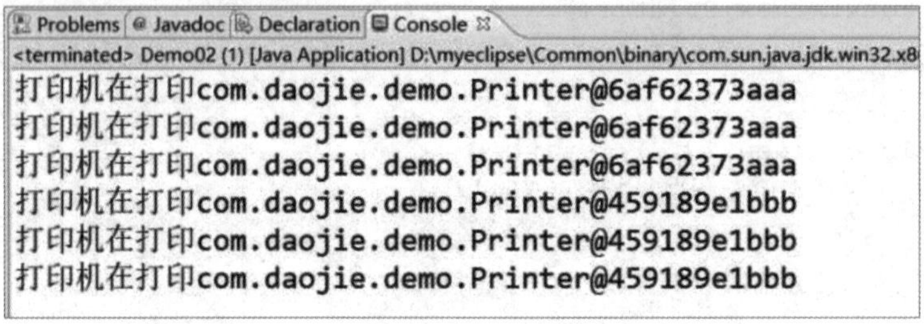

图 4-40　解决并发安全问题的结果

从输出结果可见，两个打印机的地址不同，不同的打印机打印不同的内容，因此不会出现线程安全隐患问题，所以使用 ThreadLocal 可以解决并发安全问题。

在本章的最后一个“练一练”中，给用户权限是通过手动修改的，即修改 TestDemo 类中第 9 行代码的最后一个参数。第 9 行代码如下：

```
public static PrivEnum role = PrivEnum.CUST;
```

最后参数 ADMIN 表示管理者，CUST 表示游客，USER 表示用户。手动修改执行 test01 方法会显示不同的权限。

如果多个用户同时访问网站，其权限肯定也是不一样的，但是通过测试代码已经将权限限制了，那么所有用户只能获取相同的权限了。例如，此时设置为 ADMIN 权限，访问网站的有游客、用户和管理者，他们都可以获取 ADMIN 权限，出现了权限混乱的问题。

多个用户同时访问时，也就是多条线程同时使用共享资源时，会出现线程安全隐患问题。

以上两个问题可以通过 ThreadLocal 解决，将“练一练”的 com.daojie.test 包中的 TestDemo 类的代码进行修改，修改后代码如下：

```
package com.daojie.test;
import org.junit.Test;
import org.springframework.context.ApplicationContext;
import org.springframework.context.support.ClassPathXmlApplicationContext;
import com.daojie.domain.User;
import com.daojie.enumdemo.PrivEnum;
import com.daojie.web.UserController;
public class TestDemo {
    // 创建本地线程变量
    public static ThreadLocal<PrivEnum> tl = new ThreadLocal<PrivEnum>();
```

```
11      @Test
12      public void test01() {
13          ApplicationContext context = new ClassPathXmlApplicationContext(
14                  "applicationContext.xml");
15          final UserController controller = context.getBean(UserController. 1  class);
16          // 模拟第一个用户
17          new Thread(new Runnable() {
18              @Override
19              public void run() {
20                  // TODO Auto-generated method stub
21                  tl.set(PrivEnum.USER);          // 给当前用户设置自己独有的权限
22                  controller.updateUser(new User(1, "dff", "123", "dff@qq.com"));
23              }
24          }).start();
25          // 模拟第二个用户
26          new Thread(new Runnable() {
27              @Override
28              public void run() {
29                  // TODO Auto-generated method stub
30                  tl.set(PrivEnum.ADMIN);      // 给当前用户设置自己独有的权限
31                  controller.deleteUser(222);
32              }
33          }).start();
34      }
35  }
```

第 10 行代码使用 ThreadLocal 创建本地线程变量；接着模拟第一个用户，假设第一个用户为 USER。第 17 行代码开启新的线程并使用匿名内部类形式；第 21 行代码在 run() 方法中设置 USER 独有的权限。

然后根据相同的方法再模拟第二个用户，假设第二个用户为 ADMIN。

最后，还需要在切面类中修改获取当前用户权限的相关代码，将“PrivEnum role = TestDemo.role;”修改为“PrivEnum role = TestDemo.tl.get();”。

执行 test01 方法，输出结果如图 4–41 所示。

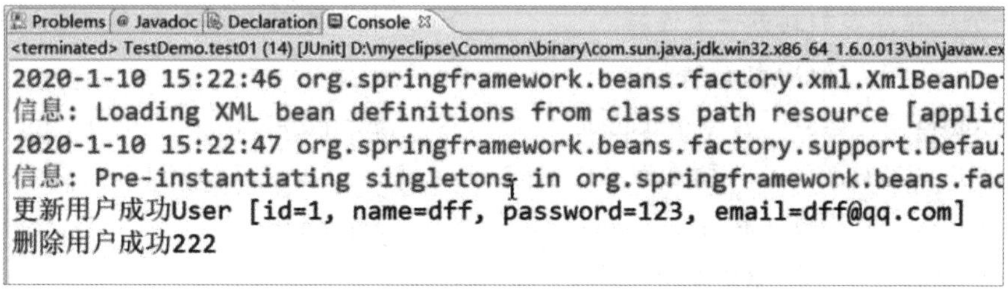

图 4–41　输出结果

可见 USER 执行更新用户、ADMIN 执行删除用户，两个不同的用户执行不同权限。本案例为不同用户开启不同的权限，解决了权限混乱的问题。即可以使用 ThreadLocal 解决多线程安全隐患问题。

小 结

视 频

课程总结

通过本章的内容，大家学习了Spring中应用AOP技术的方法，可以使用XML配置方式使用AOP，也可以选择注解方式使用。面向切面编程是非常重要的思想，一定要深刻理解它的好处。AOP的实现基于代理设计模式，通过练习，可以增强大家对于第3章代理模式以及AOP应用的动手能力。

习 题

一、单选题

1. 将程序中共同的非核心业务逻辑封装成切面是（　　）编程思想。

A. AOP　　B. DI　　C. IOC　　D. OOP

2. 面向切面编程时，通常会将（　　）封装成一个可重用模块。

A. 经常不用的代码　　B. 影响多个类的公共行为代码
C. 影响单个类的公共行为代码　　D. 不可重用的代码

3. 下列关于切面的描述错误的是（　　）。

A. 切面类中包含切点　　B. 切面类中包含通知
C. 切面类中包含了多个类的公共行为代码　　D. 通知中包含了切面

4.（　　）是配置何处执行通知的地址表达式。

A. 切面　　B. 切点　　C. 连接点　　D. 代理

5. 关于切面、切点、通知之间的关系，下列说法正确的是（　　）。

A. 通知包含切点和切面　　B. 切点配置何处执行切面
C. 通知是切面要实现的公共行为　　D. 通知就是切点的代码实现

6. 织入是（　　）的过程。

A. 将通知添加到连接点　　B. 将连接点添加到通知
C. 将一个连接点添加到另一个连接点　　D. 将一个通知添加到另一个通知

7. 使用（　　）配置AOP切面的标签。

A. aop:config　　B. aop:aspect　　C. aop:pointcut　　D. aop:around

8. 下列选项中，通过（　　）配置切点的标签。

A. aop:config　　B. aop:aspect　　C. aop:pointcut　　D. aop:around

9. Spring中，（　　）是AOP的根标签。

A. aop:config　　B. aop:aspect　　C. aop:pointcut　　D. aop:around

10. aop:aspect标签中，通过（　　）属性指定切面类。

A. value　　B. class　　C. id　　D. ref

11. aop:pointcut标签中，通过（　　）属性配置切点信息。

A. id　　B. expression　　C. pointcut　　D. value

12. 切点表达式中，（　　）代表匹配任意个数、任意类型参数的add方法。

A. add()　　B. add(*)　　C. add(**)　　D. add(..)

13. 通过（　　）标签配置前置通知。

A. aop:before　　B. aop:after　　C. aop:after-returning　　D. aop:after-around

14. 通知标签中，（　　）标签配置返回通知。

A. aop:before　　B. aop:after-returning　　C. aop:after　　D. aop:after-around

15. 异常通知在目标对象的方法（　　）执行。

A. 执行前　　B. 执行后　　C. 执行前后都　　D. 抛出异常后

16. 前置通知中，使用（　　）类的 getArgs() 方法获得原方法的参数。

A. Args　　B. Proceeding　　C. JoinPoint　　D. ProceedingJoinPoint

17. 环绕通知通过（　　）类型的参数获得原方法的参数。

A. Args　　B. Proceeding　　C. JoinPoint　　D. ProceedingJoinPoint

18. 通过（　　）开启 AOP 注解方式，使 AOP 注解生效。

A. <aop:config />　　B. <aop:aspectj />

C. <aop:aspectj-autoproxy />　　D. <aop:autoproxy />

19. 使用注解方式实现 AOP 时，使用（　　）注解标记切面类。

A. @Pointcut　　B. @Around　　C. @Aspect　　D. @AspectJ

20. AOP 是面向切面编程，（　　）不是它的实现效果。

A. 减少重复代码　　B. 增加耦合度　　C. 可操作性好　　D. 可维护性好

21. 面向切面编程时，往往将公共代码进行提取封装，形成（　　）。

A. 切点　　B. 切面　　C. 目标对象　　D. 连接点

22.（　　）是地址表达式，通过它指定何处执行通知。

A. 切面　　B. 切点　　C. 连接点　　D. 代理

23. 织入是将（　　）添加到连接点的过程。

A. 通知　　B. 连接点　　C. 切面　　D. 织入

24. 在 Spring 配置文件中配置 AOP 切面时，使用（　　）标签。

A. aop:config　　B. aop:aspect　　C. aop:pointcut　　D. aop:around

25. 环绕通知中，通过（　　）类型的参数获得原方法的信息。

A. Args　　B. Proceeding　　C. JoinPoint　　D. ProceedingJoinPoint

二、多选题

1. 下列选项中，（　　）是 AOP 的效果。

A. 减少重复代码　　B. 降低耦合度　　C. 可操作性好　　D. 可维护性好

2.（　　）是 AOP 涉及的术语。

A. 切面　　B. 切点　　C. 通知　　D. 目标对象

3. 下面标签中，（　　）是通知标签。

A. aop:config　　B. aop:before　　C. aop:around　　D. aop:pointcut

4. 通过配置切点让程序知道何处执行通知，下列选项中，（　　）能匹配到一个 int 类型参数的方法。

A. save()　　B. save(int)　　C. save(*)　　D. save(...)

三、判断题

1. 在切面类中声明切点，切点匹配目标对象中的方法，匹配到的位置就是连接点。（　　）
2. 织入是将连接点添加到通知上的过程。（　　）
3. “execution(* com..imple.*.*())” 表示 com 包下的所有方法？（　　）
4. aop:after-returning 中的 returining 属性值必须与通知方法形参名相同。（　　）
5. 一个通知只能添加到一个连接点。（　　）

四、填空题

1. 切面是指将________封装模块化后的特殊类。
2. 目标对象是需要被________执行通知的对象。
3. 连接点就是被________匹配到的去执行通知的位置。
4. 目标对象被织入后，通过________模式融合原对象与通知内容的代理对象。
5. 能够在方法调用前，执行的通知是________通知。

五、简答题

1. 什么是切面？
2. 什么是切点？

六、编程题

问题描述：

利用 AOP，实现为已有类进行增强的功能。

步骤：

在 IDEA 中创建名称为 spring_demo 的 Java 项目；

在 service 接口与实现类中，编写模拟实现用户管理功能，包含登录、注册等操作的方法；

Service 接口、实现类中简单地编写一些模拟代码即可；

创建切面类，为 service 所有操作增加前置通知和返回通知；

测试，从 spring 容器中获取 service 对象，调用方法，查看是否进行了 AOP 增强。

运行效果：

未增加通知时，运行效果如图 4–42 所示。

增加通知后，运行效果如图 4–43 所示。

```
执行了核心业务代码，增加用户
执行了核心业务代码，删除用户
执行了核心业务代码，修改用户
执行了核心业务代码，查询用户
```

图 4–42　未增加通知时运行效果

```
        日志：切面的before通知生效
执行了核心业务代码，增加用户
        日志：切面的after通知生效
        日志：切面的before通知生效
执行了核心业务代码，删除用户
        日志：切面的after通知生效
        日志：切面的before通知生效
执行了核心业务代码，修改用户
        日志：切面的after通知生效
        日志：切面的before通知生效
执行了核心业务代码，查询用户
        日志：切面的after通知生效
```

图 4–43　增加通知后运行效果

第 5 章

Spring 整合 JDBC

学习目标

- 巩固面向切面编程的知识。
- 熟练使用 Spring 整合 JDBC 方式。

本章首先学习事务控制的 AOP 案例，巩固第 4 章的面向切面编程知识；接着介绍 Spring 整合 JDBC 的内容，包括 JDBC 概述、实现 JDBC 的方法、连接池概述、管理数据源、自动封装 bean 以及事务管理等。

视频
课程介绍

5.1 AOP 案例

在学习 Spring 整合 JDBC 之前，我们将先通过更加全面的 AOP 案例巩固第 4 章学习的面向切面编程技术。本案例将实现事务控制，学习后大家可以更加深入地理解使用自定义注解控制事务的方法。

视频
课堂练习1——案例搭建和问题分析

练一练

通过 AOP 来实现事务控制，通过自定义注解声明业务方法是否需要事务控制。

解答过程：

（1）复制 Spring-day04-practice07 项目并重命名为 Spring-day05-practice01。删除切面类文件、com.daojie.privanno 包和 PrivEnum.java，并删除 UserServiceImpl.java 文件中方法上的 @Privanno 注解和出现错误的代码。再导入数据库驱动，将提供 mysql-connector-java-5.0.8-bin.jar 文件导入项目的 libs 中，该包所在的路径如图 5–1 所示。添加完成后右击该文件，在弹出的快捷菜单中选择 Build Path → Add to Build Path 命令即可。

视频
课堂练习1——使用注解控制事务

（2）创建 com.daojie.util 包并在包内创建 TransactionManager 类，相关代码如下：

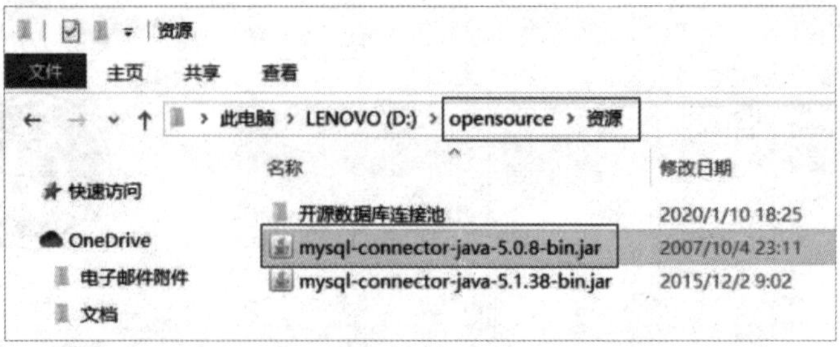

图 5-1　数据包的位置

```
package com.daojie.util;
import java.sql.Connection;
import java.sql.DriverManager;
import java.sql.SQLException;
public class TransactionManager {
    // 定义连接对象
    private static Connection conn;
    static {
        try {
            Class.forName("com.mysql.jdbc.Driver");
            conn = DriverManager.getConnection("jdbc:mysql:///gfs_testdb",
"root","root");
        } catch (Exception e) {
            // TODO Auto-generated catch block
            e.printStackTrace();
        }
    }
    // 开启事务
    public static void startTran(){
        System.out.println("开启事务");
        try {
            conn.setAutoCommit(false);
        } catch (SQLException e) {
            // TODO Auto-generated catch block
            e.printStackTrace();
        }
    }
    // 提交事务
    public static void commitTran(){
        System.out.println("提交事务");
        try {
            conn.commit();
        } catch (SQLException e) {
            // TODO Auto-generated catch block
            e.printStackTrace();
        }
    }
    // 回滚事务
    public static void rollbackTran(){
        System.out.println("回滚事务");
        try {
            conn.rollback();
        } catch (SQLException e) {
            // TODO Auto-generated catch block
            e.printStackTrace();
        }
```

```
46      }
47      // 关闭连接
48      public static void closeConn(){
49          System.out.println(" 关闭连接 ");
50          try {
51              conn.close();
52          } catch (SQLException e) {
53              // TODO Auto-generated catch block
54              e.printStackTrace();
55          }
56      }
57      // 获取连接
58      public static Connection getConnection(){
59          return conn;
60      }
61  }
```

第 7 行代码为定义连接对象；第 8 行代码创建静态代码块，静态代码块在类加载时就执行。输入第 10 行代码后生成 try/catch 语句，第 11 行代码创建对应的连接，但是还没有对应的数据库。

第 17~26 行代码为开启事务，输入第 21 行代码后，需要处理异常，在代码上右击，在弹出的快捷菜单中选择 Surround with try/catch 选项，如图 5–2 所示。自动生成 try/catch 语句。

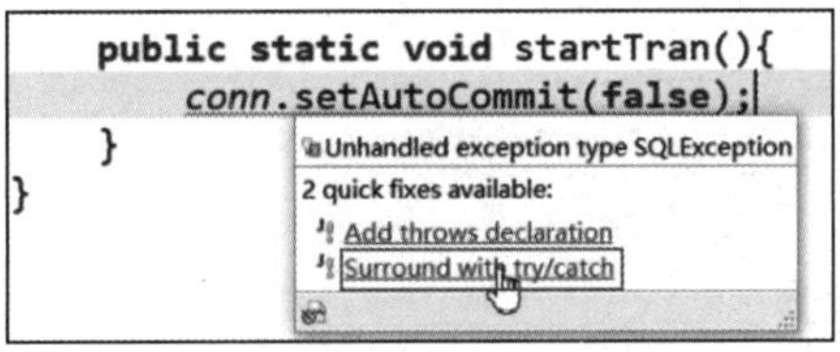

图 5–2　处理异常

第 27~36 行代码为提交事务；第 37~46 行代码为回滚事务；第 47~56 行代码为关闭连接；第 57~60 行代码为获取连接。其中 try/catch 语句都是通过处理异常自动生成的。

（3）创建数据库，同时按菜单键和【R】键，打开“运行”对话框，在“打开”文本框中输入 cmd，单击“确定”按钮，打开 dos 命令窗口。在 dos 命令窗口中创建 gfs_testdb 数据库，如图 5–3 所示。

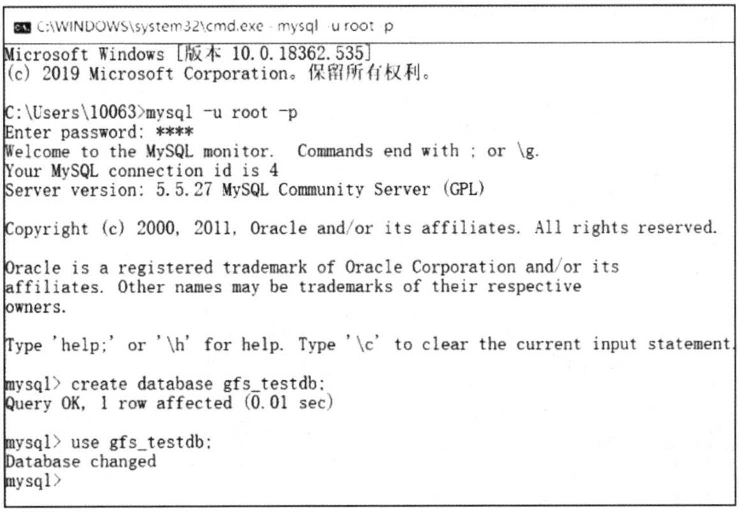

图 5–3　创建 gfs_testdb 数据库

（4）创建 com.daojie.trananno 包并创建 Trans 注解，相关代码如下：

```
1 package com.daojie.trananno;
2 import java.lang.annotation.ElementType;
3 import java.lang.annotation.Retention;
4 import java.lang.annotation.RetentionPolicy;
5 import java.lang.annotation.Target;
6 @Target(ElementType.METHOD)
7 @Retention(RetentionPolicy.RUNTIME)
8 public @interface Trans {
9 }
```

第 6 行代码使用 @Target 注解让创建的注解运行在方法上；第 7 行代码使用 @Retention 注解让其保留在运行阶段。

（5）假设注册用户、删除用户和更新用户需要事务，下面通过 Spring AOP 面向切面实现。首先在 src 文件夹中创建 com.daojie.aspect 包并创建 TransAspect 切面类。相关代码如下：

```
package com.daojie.aspect;
import java.lang.reflect.Method;
import org.aspectj.lang.ProceedingJoinPoint;
import org.aspectj.lang.annotation.Around;
import org.aspectj.lang.annotation.Aspect;
import org.aspectj.lang.reflect.MethodSignature;
import org.springframework.stereotype.Component;
import com.daojie.trananno.Trans;
import com.daojie.util.TransactionManager;
@Component
@Aspect
public class TransAspect {
    @Around("execution(* com.daojie.service.*.*(..))")
    public Object transAdvisor(ProceedingJoinPoint pjp) throws Throwable{
        // 获取方法签名
        MethodSignature ms =  (MethodSignature)pjp.getSignature();
        // 获取接口方法
        Method interfaceMethod = ms.getMethod();
        // 获取目标对象的字节码文件对象
        Class clz = pjp.getTarget().getClass();
        // 获取实际调用的方法
        Method intanceMethod = clz.getMethod(interfaceMethod.getName(),
interfaceMethod.getParameterTypes());
        if (intanceMethod.isAnnotationPresent(Trans.class)){
            try {
                // 开启事务
                TransactionManager.startTran();
                // 执行目标方法
                Object obj = pjp.proceed();
                // 提交事务
                TransactionManager.commitTran();
                return obj;
            } catch (Exception e) {
                // 回滚事务
                TransactionManager.rollbackTran();
                throw e;
            }
        }else{
            return pjp.proceed();
        }
    }
}
```

第 13 行代码使用环绕通知；第 16 行代码为获取方法签名；第 18 行代码为获取接口方法；第 20 行代码为获取目标对象的字节码文件对象，是因为需要根据接口的方法名称和参数列表生成实际的方法；第 22 行代码为获取实际调用的方法。

第 23 行代码是判断获取的实际方法上有没有自定义的注解；如果有则开启事务，第 26、28、30、31 行为开启事务、执行目标方法和提交事务。这些都是正常情况，还需要添加 try/catch 语句，如果没有自定义的注解则执行第 34 行代码回滚事务。

（6）修改 TsetDemo 中的代码，修改后代码如下：

```
1  package com.daojie.test;
2  import org.junit.Test;
3  import org.springframework.context.ApplicationContext;
4  import org.springframework.context.support.ClassPathXmlApplicationContext;
5  import com.daojie.domain.User;
6  import com.daojie.web.UserController;
7  public class TestDemo {
8      @Test
9      public void test01() {
10         ApplicationContext context = new ClassPathXmlApplicationContext(
"applicationContext.xml");
11         UserController controller = context.getBean(UserController.class);
12         User user = new User(1,"123","456","123@qq.com");
13         controller.registUser(user);
14         controller.updateUser(user);
15         controller.deleteUser(111);
16         User user1 = controller.queryUser(111);
17         System.out.println(user1);
18     }
19 }
```

第 10 行代码加载 Spring 容器；第 11 行代码获取对应的 controller。第 12 行代码创建用户；第 13~17 行代码为注册、更新、删除和查询方法。

（7）定义完注解后，在 UserServiceImpl.java 文件中需要处理事务的方法上使用 @Trans 注解，例如注册用户、更新用户、删除用户方法时使用 @Trans 注解，查询用户方法不使用该注解。执行 test01 方法后，输出结果如图 5–4 所示。

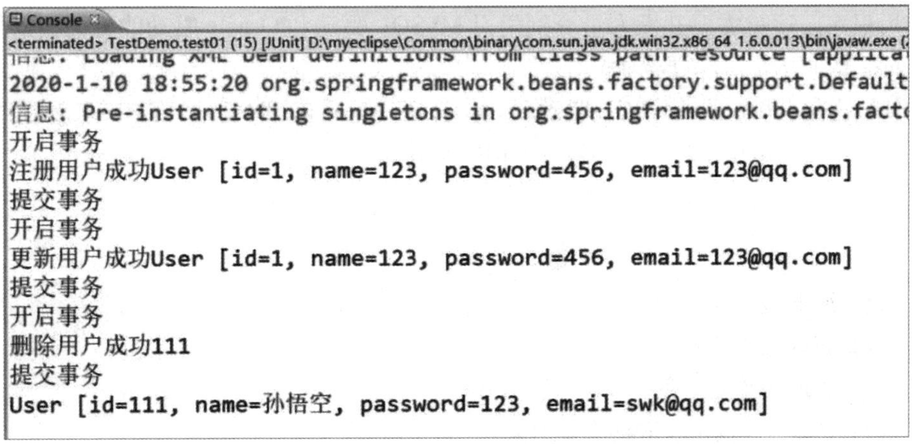

图 5–4　输出结果

5.2 使用 Spring 整合 JDBC 技术的应用

视频

JDBC概述

Spring 为了提供对 JDBC 的支持，在 JDBC API 的基础上封装了一套实现，以此建立一个 JDBC 存取框架。在实际开发中使用 Spring 整合 JDBC 技术的开发人员比较少，但是它是属于 Spring 的成员，所以需要了解 Spring 整合 JDBC 技术。

5.2.1 JDBC 概述

由于各大数据库厂商提供的数据库驱动各不相同，导致了开发人员的学习成本很高。Sun 公司为了简化数据库的操作，提供了一套规范，其本质就是一大堆接口，要求各大数据库厂商在提供驱动时都要实现 JDBC 这套接口。实现之后，开发人员只要学会 JDBC 这套接口，所有数据库驱动就都会使用了。

JDBC 由两个包组成，分别是 java.sql 和 javax.sql，目前已经被集成到 JavaSE 规范中。

需要注意 JDBC 中包含的就是一段接口，真实操作数据库的代码都在具体的数据库驱动中。也就是说，在开发数据库程序时，除了要导入 JDBC 相关的包之外，还需要导入具体的数据库驱动包。

5.2.2 JDBC 图解

下面通过图片形式介绍 JDBC 的作用，如图 5–5 所示。

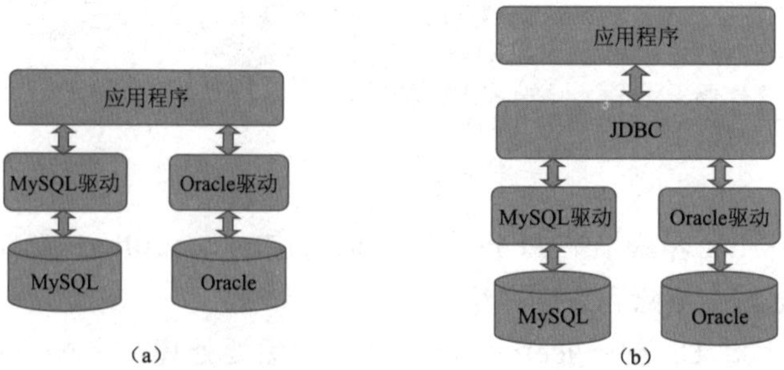

图 5–5　JDBC 图解

图 5–5（a）是没有 JDBC 的，MySQL 需要 MySQL 驱动对应到应用程序；Oracle 需要 Oracle 驱动对应到应用程序。这就需要开发人员分别学习 MySQL 驱动和 Oracle 驱动的相关技术才能开发应用程序，从而提高了开发人员的学习成本。

图 5–5（b）是有 JDBC 的，MySQL 驱动和 Oracle 驱动都对应 JDBC，然后 JDBC 对应到应用程序。这样开发人员在开发应用程序时只需要学习 JDBC 即可。

5.2.3 实现 JDBC 的步骤

视频

实现JDBC步骤

实现 JDBC 需要以下六个步骤：

（1）注册数据库驱动。

（2）获取数据库连接。

（3）获取传输器对象。

（4）传输 sql 执行获取结果集对象。

（5）遍历结果集获取信息。

（6）关闭资源。

下面举例说明如何实现 JDBC。首先创建 lib 文件夹，并导入驱动包，驱动包的路径如图 5–6 所示。

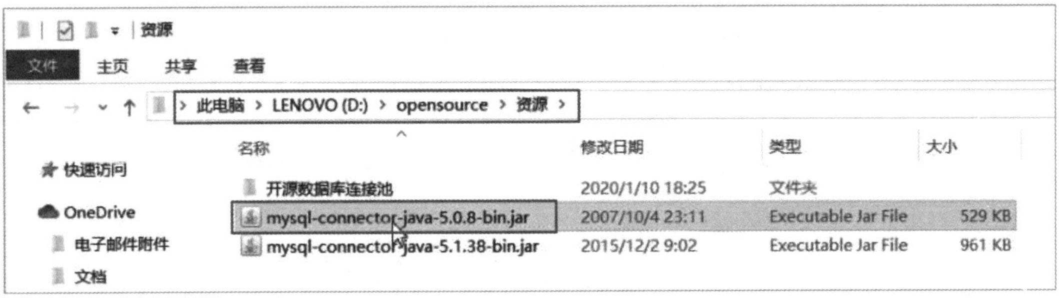

图 5–6　驱动包的路径

在 dos 命令窗口中创建 springdb 数据库，在数据库中创建表格，表格包含 3 列内容，如图 5–7 所示。

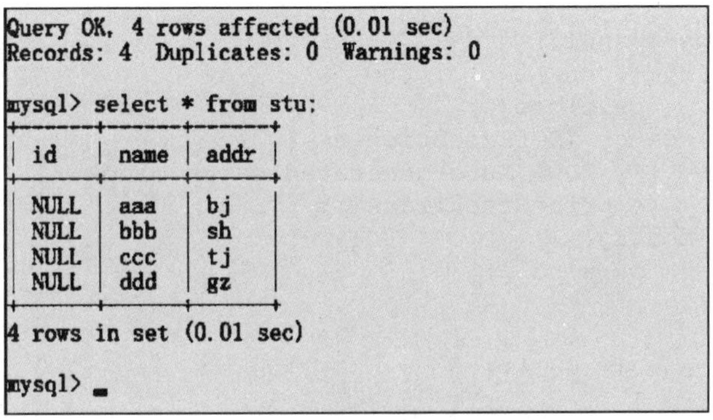

```
Query OK, 4 rows affected (0.01 sec)
Records: 4  Duplicates: 0  Warnings: 0

mysql> select * from stu;
+------+------+------+
| id   | name | addr |
+------+------+------+
| NULL | aaa  | bj   |
| NULL | bbb  | sh   |
| NULL | ccc  | tj   |
| NULL | ddd  | gz   |
+------+------+------+
4 rows in set (0.01 sec)

mysql>
```

图 5–7　数据库中的表格

在 com.daojie.demo01 包中创建 Demo01 测试类，相关代码如下：

```
package com.daojie.demo01;
import java.sql.Connection;
import java.sql.DriverManager;
import java.sql.PreparedStatement;
import java.sql.ResultSet;
import java.sql.SQLException;
public class Demo01 {
    public static void main(String[] args) {
        Connection conn = null;
        PreparedStatement ps = null;
        ResultSet rs = null;
        try {
            // 注册数据库驱动
            Class.forName("com.mysql.jdbc.Driver");
            // 获取数据库连接
           conn = DriverManager.getConnection("jdbc:mysql:///springdb",
"root","root");
            // 获取传输器
            ps = conn.prepareStatement("select * from stu");
            // 执行 sql 获取结果集
            rs = ps.executeQuery();
            // 遍历结果集获取结果
            while(rs.next()){
                String name = rs.getString("name");
```

```
24                  System.out.println(name);
25              }
26          } catch (Exception e) {
27              // TODO Auto-generated catch block
28              e.printStackTrace();
29          }finally{
30              // 关闭资源
31              if (rs != null){
32                  try {
33                      rs.close();
34                  } catch (SQLException e) {
35                      // TODO Auto-generated catch block
36                      e.printStackTrace();
37                  }finally{
38                      rs = null;
39                  }
40              }
41              if (ps != null){
42                  try {
43                      ps.close();
44                  } catch (SQLException e) {
45                      // TODO Auto-generated catch block
46                      e.printStackTrace();
47                  }finally{
48                      ps = null;
49                  }
50              }
51              if (conn != null){
52                  try {
53                      conn.close();
54                  } catch (SQLException e) {
55                      // TODO Auto-generated catch block
56                      e.printStackTrace();
57                  }finally{
58                      conn = null;
59                  }
60              }
61          }
62      }
63  }
```

第 14 行代码注册数据库驱动；第 16 行代码获取数据库连接；第 18 行代码获取传输器；第 20 行代码执行 sql 获取结果集；第 21~25 行代码遍历结果集获取结果；第 30~60 行代码为关闭资源，在关闭资源时，遵循先启用后释放的原则。通过以上六个步骤实现了 JDBC。

运行代码，输出结果如图 5–8 所示。

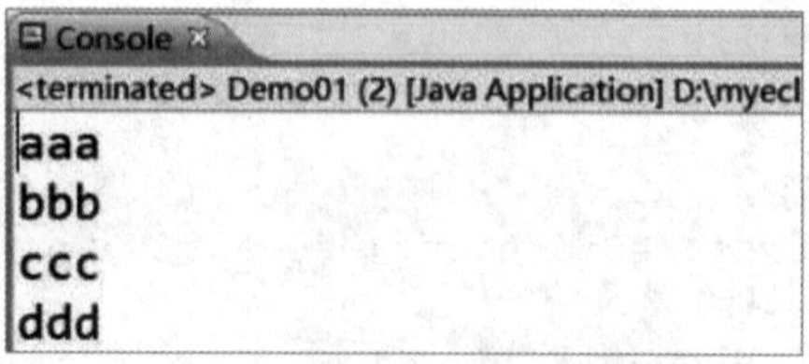

图 5–8　实现 JDBC 的结果

5.2.4 连接池概述及其示意图

视频

连接池概述

用户的每次请求都需要向数据库获得连接，而数据库创建连接通常需要消耗相对较大的资源，创建时间也较长。假设网站一天 10 万访问量，数据库服务器就需要创建 10 万次连接，极大地浪费数据库的资源，并且极易造成数据库服务器内存溢出、宕机。

频繁地开关连接相当耗费资源，因此可以设置一个连接池。在程序启动时就初始化一批连接，在程序中共享，需要连接时从池中获取，用完再还回池中。通过池共享连接，减少开关连接的次数，从而提高程序的效率。

图 5–9 所示为普通连接示意图，有很多用户进入 servlet，再进入 Dao 层，从 Dao 层和数据库 DB 连接。每个用户对应一个连接，用完后直接关闭，这样会消耗大量资源。

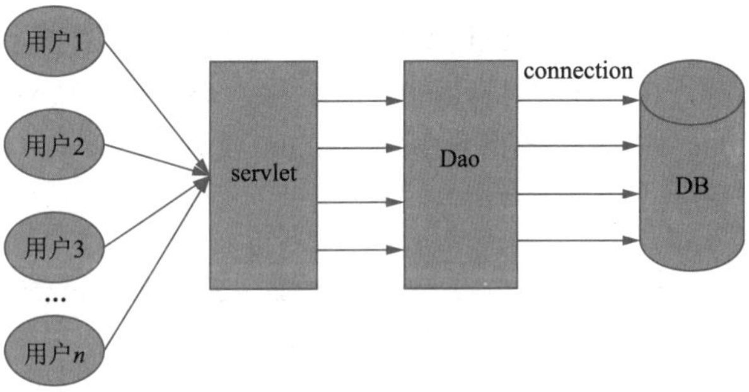

图 5–9　普通连接示意图

图 5–10 所示为连接池示意图，同样有很多用户进入 servlet，再到 Dao 层。Dao 层通过连接池和 DB 连接，连接池中已经有一定数量的连接，需要使用时直接从连接池中获取，用完后放回连接池中。这样就可以循环使用，提高程序的效率。

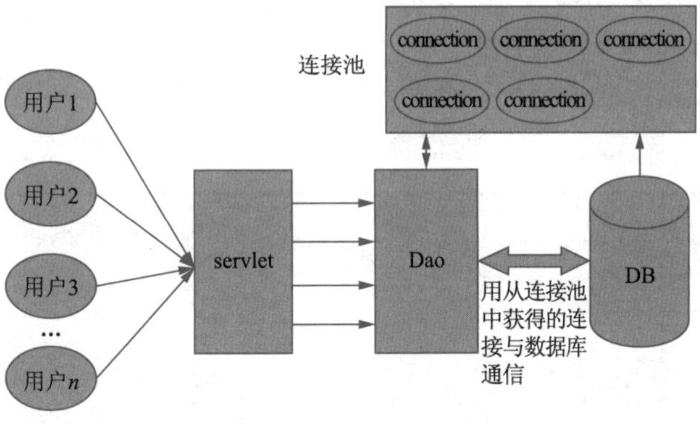

图 5–10　连接池示意图

练一练

视频

课堂案例——C3P0连接池

C3P0 连接池实现 JDBC。

需求描述：使用开源数据库连接池 C3P0 查询数据。

使用技能：导包、数据源设置、查询结果集、异常处理、finally 应用。

解答过程：

（1）要使用 C3P0 连接池，首先需要导入包，打开包存储的文件夹，包的路径如图 5–11 所示。复制 c3p0-0.9.1.2.jar 文件，并粘贴到 Spring-day05-demo02 项目的 lib 文件夹中，选择该文件并右击，在弹出的快捷菜单中选择 Build Path → Add to Build Path 命令即可。

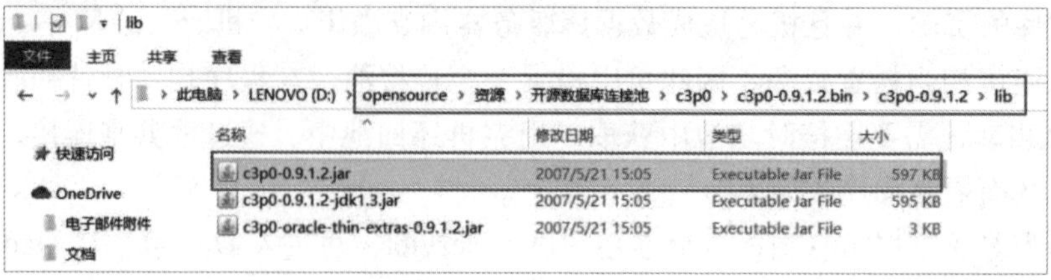

图 5–11　导入包的路径

（2）因为 C3P0 依赖于配置文件，所以还要创建 xml 配置文件。右击 src 文件夹，在弹出的快捷菜单中选择 New → file 命令，在打开的对话框中设置名称为 c3p0-config.xml。然后查找 c3p0 提供的信息，按照以下路径打开 doc 文件夹，然后双击 index.html 文件，如图 5–12 所示。

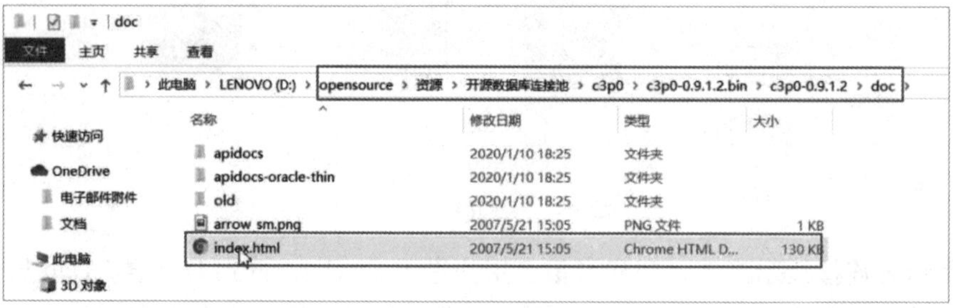

图 5–12　双击 index.html 文件

（3）在打开的文件中查找配置的信息，全选配置信息后按【Ctrl+C】组合键复制，如图 5–13 所示。然后粘贴到创建的 c3p0-config.xml 文件中。

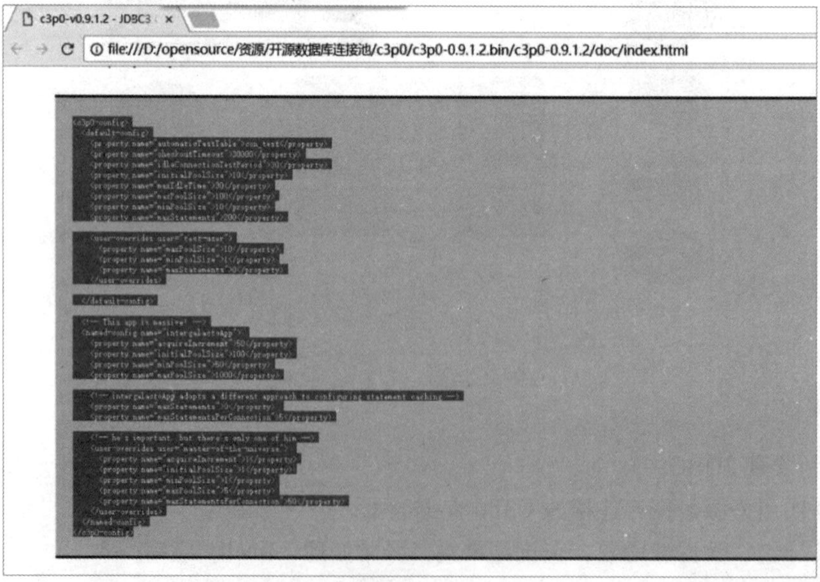

图 5–13　复制 C3P0 的配置信息

（4）在 c3p0-config.xml 文件的最上方添加 xml 的版本号，然后删除 C3P0 配置信息中不需要的代码。接着配置 C3P0 的 4 个配置，相关代码如下：

```
1  <?xml version='1.0'?>
2  <c3p0-config>
3    <default-config>
4      <property name="driverClass">com.mysql.jdbc.Driver</property>
5      <property name="jdbcUrl">jdbc:mysql:///springdb</property>
6      <property name="user">root</property>
7      <property name="password">root</property>
8    </default-config>
9  </c3p0-config>
```

第 1 行代码为 xml 文件的版本号；第 4~7 行代码是配置 C3P0 的 4 个配置，分别为 driver Class、jdbcUrl、user 和 password。

（5）在 src 文件夹中创建 com.daojie.demo02 包，并在包中创建 C3p0Test.java 测试类。因为本案例中测试代码和 demo01.java 文件中的代码差不多，所以直接复制粘贴代码后进行修改即可。相关代码如下：

```
package com.daojie.demo02;
import java.sql.Connection;
import java.sql.PreparedStatement;
import java.sql.ResultSet;
import java.sql.SQLException;
import javax.sql.DataSource;
import com.mchange.v2.c3p0.ComboPooledDataSource;
public class C3p0Test {
    public static void main(String[] args) {
        // 创建数据源
        ComboPooledDataSource source = new ComboPooledDataSource();
        Connection conn = null;
        PreparedStatement ps = null;
        ResultSet rs = null;
        try {
            // 注册数据库驱动
            Class.forName("com.mysql.jdbc.Driver");
            // 获取数据库连接
            conn = source.getConnection();
            // 获取传输器
            ps = conn.prepareStatement("select * from stu");
            // 执行 sql 获取结果集
            rs = ps.executeQuery();
            // 遍历结果集获取结果
            while(rs.next()){
                String name = rs.getString("name");
                System.out.println(name);
            }
        } catch (Exception e) {
            // TODO Auto-generated catch block
            e.printStackTrace();
        }finally{
            // 关闭资源
            if (rs != null){
                try {
                    rs.close();
                } catch (SQLException e) {
                    // TODO Auto-generated catch block
```

```
39                  e.printStackTrace();
40              }finally{
41                  rs = null;
42              }
43          }
44          if (ps != null){
45              try {
46                  ps.close();
47              } catch (SQLException e) {
48                  // TODO Auto-generated catch block
49                  e.printStackTrace();
50              }finally{
51                  ps = null;
52              }
53          }
54          if (conn != null){
55              try {
56                  conn.close();
57              } catch (SQLException e) {
58                  // TODO Auto-generated catch block
59                  e.printStackTrace();
60              }finally{
61                  conn = null;
62              }
63          }
64      }
65  }
66 }
```

第 11 行代码为创建数据源，创建完成后需要导包；第 19 行代码为获取数据库连接，直接从创建的数据源中获取。其他代码不需要修改。

（6）运行代码，输出结果如图 5-14 所示。

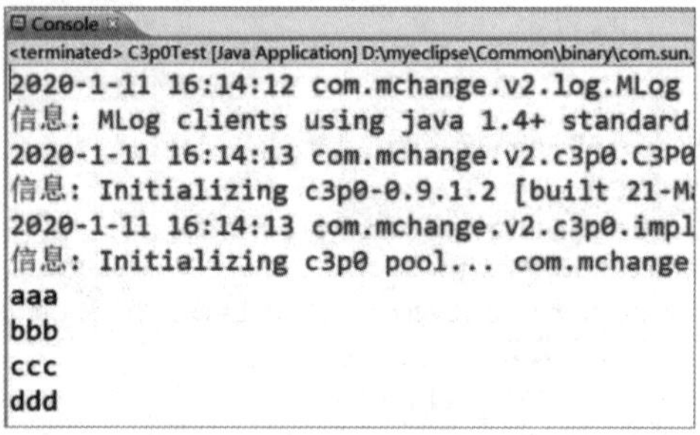

图 5-14 输出结果

视频

Spring整合JDBC——管理数据源

5.2.5 Spring 整合 JDBC——管理数据库

使用 Spring 整合 JDBC 需要以下两个步骤：

（1）导入相关开发包。

（2）Spring 中配置数据源的方式：

- 可以在 applicationContext.xml 文件中配置。
- 导入 c3p0-config.xml 文件。
- 在 properties 文件中配置，并且引入到 applicationContext.xml 文件中。

下面介绍如何导入相关开发包，首先将 AOP 相关的包导入，接着再导入 C3P0 相关的包，以上导入的包在之前都介绍过，此处不再赘述。

然后，还需要导入 Spring 对应的 JDBC 的 jar 包，如图 5-15 所示。

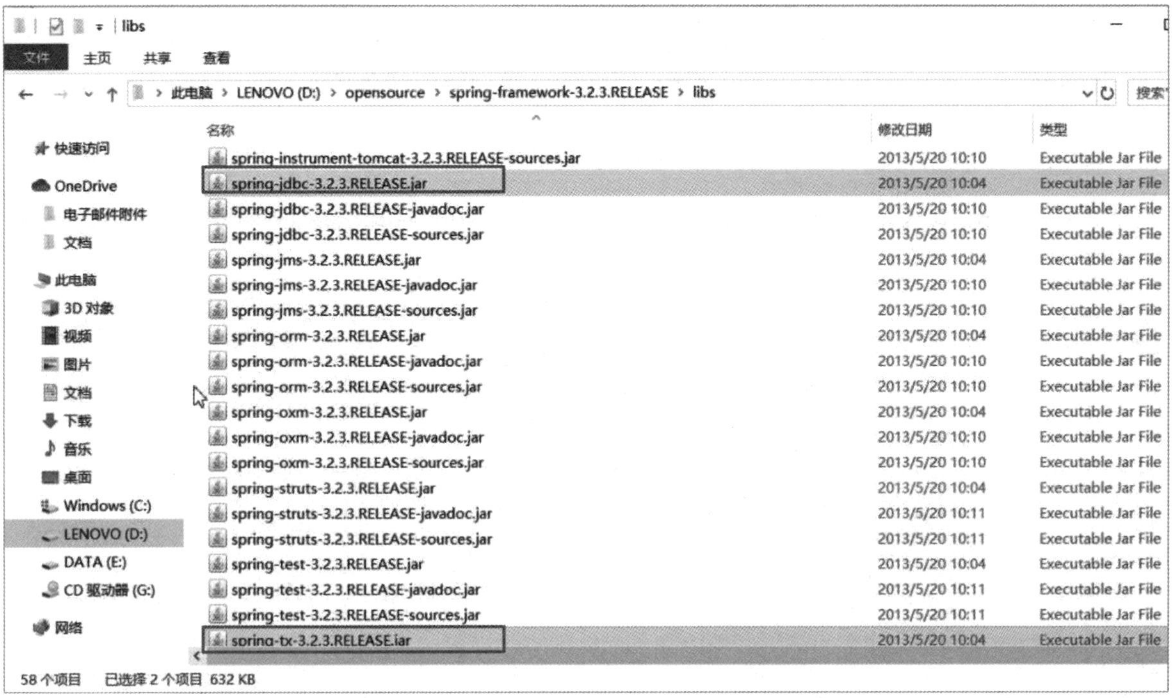

图 5-15 导入 Spring 对应的 JDBC 的 jar 包

包导入后，再介绍如何在 Spring 中配置数据源。先介绍在 applicationContext.xml 文件中配置，首先导入 spring_aop 模板进行约束，接着配置数据源，相关代码如下：

```
1  <?xml version="1.0" encoding="UTF-8"?>
2  <beans xmlns="http://www.springframework.org/schema/beans"
3      xmlns:context="http://www.springframework.org/schema/context"
4      xmlns:aop="http://www.springframework.org/schema/aop"
5      xmlns:xsi="http://www.w3.org/2001/XMLSchema-instance"
6      xsi:schemaLocation="http://www.springframework.org/schema/beans
7      http://www.springframework.org/schema/beans/spring-beans-3.2.xsd
8      http://www.springframework.org/schema/context
9      http://www.springframework.org/schema/context/spring-context-3.2.xsd
10     http://www.springframework.org/schema/aop
11     http://www.springframework.org/schema/aop/spring-aop-3.2.xsd
12     ">
13     <!-- 配置数据源 -->
14     <bean id="dataSource" class="com.mchange.v2.c3p0.ComboPooledDataSource">
15         <property name="driverClass" value="com.mysql.jdbc.Driver"></property>
16         <property name="jdbcUrl" value="jdbc:mysql:///springdb"></property>
17         <property name="user" value="root"></property>
18         <property name="password" value="root"></property>
19     </bean>
20 </beans>
```

第 1~12 行代码是导入 spring_aop，然后通过 Spring 配置的数据源来实现 JDBC。

创建 com.daojie.test 包，并创建 TestDemo 测试类，相关代码如下：

```
1  package com.daojie.test;
2  import java.sql.Connection;
3  import java.sql.PreparedStatement;
4  import java.sql.ResultSet;
5  import javax.sql.DataSource;
6  import org.junit.Test;
7  import org.springframework.context.ApplicationContext;
8  import org.springframework.context.support.ClassPathXmlApplicationContext;
9  public class TestDemo {
10     @Test
11     public void test01() throws Exception{
12         // 初始化容器
13         ApplicationContext context = new ClassPathXmlApplicationContext("applicationContext.xml");
14         // 获取 bean
15         DataSource dataSource = (DataSource) context.getBean("dataSource");
16         // 实现 jdbc
17         Connection conn = dataSource.getConnection();
18         PreparedStatement ps = conn.prepareStatement("select * from stu");
19         ResultSet rs = ps.executeQuery();
20         while (rs.next()){
21             String name = rs.getString("name");
22             System.out.println(name);
23         }
24         rs.close();
25         ps.close();
26         conn.close();
27     }
28 }
```

第 13 行代码是初始化容器；第 15 行代码是获取 bean，此时需要注意 bean 的名称是在 applicationContext.xml 文件中的 id 名称；第 16~26 行代码实现 JDBC。

执行 test01 方法即可输出数据库中 name 列的数据，输出结果与图 5-14 一样。这样通过 Spring 实现了 JDBC，是在 applicationContext.xml 文件中配置的。

下面介绍第二种配置数据源的方式，在 applicationContext.xml 文件中输入相关代码，代码如下：

```
<!-- 配置数据源的第二种方式 -->
<bean id="dataSource" class="com.mchange.v2.c3p0.ComboPooledDataSource"></bean>
```

通过第二种方式配置数据源，必须将之前写好的 c3p0-config.xml 文件复制到 src 中，系统会自动识别该文件。执行 test01 方法，输出的结果也是正确的。

下面介绍第三种配置数据源的方式，该配置数据源方式是通过 properties 文件，引入到 applicationContext.xml 文件中。

首先在 src 文件夹中创建 jdbc.properties 文件，该文件中代码如下：

```
driverClass=com.mysql.jdbc.Driver
jdbcUrl=jdbc:mysql:///springdb
user=root
password=root
```

然后在 applicationContext.xml 文件中引用创建的 jdbc.properties 文件，相关代码如下：

```
<!-- 配置数据源第三种方式 -->
<!-- 引入配置文件 -->
<context:property-placeholder location="classpath:/jdbc.properties"/>
<bean id="dataSource" class="com.mchange.v2.c3p0.ComboPooledDataSource">
    <property name="driverClass" value="${driverClass}"></property>
```

```
6         <property name="jdbcUrl" value="${jdbcUrl}"></property>
7         <property name="user" value="${user}"></property>
8         <property name="password" value="${password}"></property>
9     </bean>
```

第 3 行代码引入配置的 jdbc.properties 文件。执行 test01 方法可见输出 name 列的内容，结果与图 5–14 一样。

5.2.6 Spring 整合 JDBC——JDBC 模板类

视 频

Spring整合JDBC——JDBC模板类

使用模板类能够极大地简化原有 JDBC 的编程过程。要使用 JDBC 的模板类，需要在 Spring 的配置文件中配置 JDBC 模板类，使用 JDBC 模板类可以轻松实现增删改查。

下面举例说明使用 JDBC 模板类实现增删改查的操作，首先复制 Spring-day05-demo03 中所有内容并命名为 Spring-day05-demo04。

然后打开 applicationContext.xml 文件修改代码，清除配置数据源的第一种方式和第三种方式的相关代码，然后再配置 JDBC 模板类，相关代码如下：

```
<!-- 配置数据源第二种方式 -->
<bean id="dataSource" class="com.mchange.v2.c3p0.ComboPooledDataSource"></bean>
<!-- 配置 JDBC 模板类  -->
<bean id="jdbcTemplate" class="org.springframework.jdbc.core.JdbcTemplate">
    <property name="dataSource" ref="dataSource"></property>
</bean>
```

在 Spring 的配置文件中配置 JDBC 模板类之后，再介绍使用 JDBC 模板类实现增删改查。修改 com.daojie.test 包中的 TestDemo 类的代码，修改后代码如下：

```
package com.daojie.test;
import java.util.List;
import java.util.Map;
import org.junit.Test;
import org.springframework.context.ApplicationContext;
import org.springframework.context.support.ClassPathXmlApplicationContext;
import org.springframework.jdbc.core.BeanPropertyRowMapper;
import org.springframework.jdbc.core.JdbcTemplate;
public class TestDemo {
    @Test
    public void test01() throws Exception{
        // 初始化容器
        ApplicationContext context = new ClassPathXmlApplicationContext("application
Context.xml");
        // 获取对应的模板类
        JdbcTemplate jt = (JdbcTemplate) context.getBean("jdbcTemplate");
        // 增加数据
//      jt.update("insert into stu values(?,?,?)",4,"zjl","tw");
        // 修改数据
//      jt.update("update stu set addr = ? where id = ?","wh",4);
        // 删除数据
//      jt.update("delete from stu where id = ?",4);
        // 查询数据
//      List<Map<String,Object>> list = jt.queryForList("select * from stu");
//      System.out.println(list);
//      SqlRowSet rs = jt.queryForRowSet("select * from stu");
//      while(rs.next()){
//          String name = rs.getString("name");
//          System.out.println(name);
```

```
29 //        }
30     }
31 }
```

在代码中增加完数据后，可以通过 dos 命令窗口查看增加的数据，如图 5–16 所示。

修改数据后只需要执行 test01 方法，然后在 dos 命令窗口中输入 select * from stu，即可显示修改后的数据，如图 5–17 所示。

```
mysql> use springdb;
Database changed
mysql> select * from stu;
+------+------+------+
| id   | name | addr |
+------+------+------+
| NULL | aaa  | bj   |
| NULL | bbb  | sh   |
| NULL | ccc  | tj   |
| NULL | ddd  | gz   |
|    4 | zjl  | tw   |
+------+------+------+
5 rows in set (0.00 sec)
```

图 5–16　查看添加的数据

```
mysql> select * from stu;
+------+------+------+
| id   | name | addr |
+------+------+------+
| NULL | aaa  | bj   |
| NULL | bbb  | sh   |
| NULL | ccc  | tj   |
| NULL | ddd  | gz   |
|    4 | zjl  | wh   |
+------+------+------+
5 rows in set (0.00 sec)

mysql> _
```

图 5–17　修改数据的效果

第 23、24 行代码是使用 queryForList 查询数据的，返回结果是 List 集合，里面包含的是映射。此时执行 test01 方法，输出结果如图 5–18 所示。

```
Console
<terminated> TestDemo.test01 (17) [JUnit] D:\myeclipse\Common\binary\com.sun.java.jdk.win32.x86_64_1.6.0.013\bin\javaw.exe (2020-1-11 下午9:05:08)
2020-1-11 21:05:09 org.springframework.context.support.AbstractApplicationContext prepareRefresh
信息: Refreshing org.springframework.context.support.ClassPathXmlApplicationContext@423e5d1: startup date [Sat Jan 11 21:
2020-1-11 21:05:09 org.springframework.beans.factory.xml.XmlBeanDefinitionReader loadBeanDefinitions
信息: Loading XML bean definitions from class path resource [applicationContext.xml]
2020-1-11 21:05:09 org.springframework.beans.factory.support.DefaultListableBeanFactory preInstantiateSingletons
信息: Pre-instantiating singletons in org.springframework.beans.factory.support.DefaultListableBeanFactory@7d5718f2: defi
2020-1-11 21:05:09 com.mchange.v2.log.MLog <clinit>
信息: MLog clients using java 1.4+ standard logging.
2020-1-11 21:05:09 com.mchange.v2.c3p0.C3P0Registry banner
信息: Initializing c3p0-0.9.1.2 [built 21-May-2007 15:04:56; debug? true; trace: 10]
2020-1-11 21:05:10 com.mchange.v2.c3p0.impl.AbstractPoolBackedDataSource getPoolManager
信息: Initializing c3p0 pool... com.mchange.v2.c3p0.ComboPooledDataSource [ acquireIncrement -> 3, acquireRetryAttempts -
[{id=null, name=aaa, addr=bj}, {id=null, name=bbb, addr=sh}, {id=null, name=ccc, addr=tj}, {id=null, name=ddd, addr=gz}]
```

图 5–18　使用 queryForList 查询数据的结果

查询数据的方法很多，例如第 25 行代码使用 queryForRowSet 查询数据，第 26~29 行代码对结果进行遍历，输出结果与图 5–11 一样。

5.2.7　自动封装 bean

视频

自动封装bean

RowMapper 接口定义了对象到列的映射关系，可以帮助用户在查询时封装 bean。

BeanPropertyRowMapper 内部可以使用指定类进行反射（内省）来获知类内部的属性信息，自动映射到表的列。使用它一定要注意，类的属性名必须要和对应表的列名对应得上，否则属性无法自动映射。BeanPropertyRowMapper 底层通过反射（内省）来实现，相对于之前自己写的 RowMapper 效率较低。

```
mysql> select * from user;
+----+------+---------+
| id | name | address |
+----+------+---------+
|  1 | aaa  | bj      |
|  2 | bbb  | sh      |
|  3 | ccc  | tj      |
|  4 | ddd  | gz      |
+----+------+---------+
4 rows in set (0.01 sec)

mysql>
```

图 5–19　创建表格

在 JDBC 模板类例子中，使用 queryForList 查询数据时，返回的是集合，集合中包含映射。可以通过封装使返回的集合中为对象，为了使测试效果更明显，首先在 dos 命令窗口中创建表格，如图 5–19 所示。

接着，在 com.daojie.test 包中创建 User 类，相关代码如下：

```
1  package com.daojie.test;
2  public class User {
3      private int id;
4      private String name;
5      private String address;
6      public int getId() {
7          return id;
8      }
9      public void setId(int id) {
10         this.id = id;
11     }
12     public String getName() {
13         return name;
14     }
15     public void setName(String name) {
16         this.name = name;
17     }
18     public String getAddress() {
19         return address;
20     }
21     public void setAddress(String address) {
22         this.address = address;
23     }
24     @Override
25     public String toString() {
26        return "User [id=" + id + ", name=" + name + ", address=" + address + "]";
27     }
28     public User(int id, String name, String address) {
29         this.id = id;
30         this.name = name;
31         this.address = address;
32     }
33     public User() {
34     }
35 }
```

第 3~5 行代码创建和表格相同的 3 个属性，分别为 id、name 和 address；第 6~23 行代码生成 set 和 get 方法；第 24~27 行代码生成 toString() 方法；第 28~34 行代码生成构造方法。

接着创建 UserRowMapper 类，相关代码如下：

```
package com.daojie.test;
import java.sql.ResultSet;
import java.sql.SQLException;
import org.springframework.jdbc.core.RowMapper;
public class UserRowMapper implements RowMapper<User>{
    @Override
    public User mapRow(ResultSet rs, int rowNum) throws SQLException {
        User user = new User();
        user.setId(rs.getInt(1));
        user.setName(rs.getString(2));
        user.setAddress(rs.getString(3));
        return user;
```

```
13        }
14  }
```

第 5 行代码实现 RowMapper 接口，接口中需要泛型，该接口可以帮助用户封装数据。接着实现接口中的方法，第 7 行代码中 rs 是获取的集；第 9 行代码表示将表格中第一列数据赋值给 id；第 10、11 行代码将表格中第二列和第三列数据分别赋值给 name 和 address。

在 TestDemo 类中获取封装的对象，相关代码如下：

```
1   // 获取封装到的对象
2   //User user = jt.queryForObject("select * from user where id = ?", new
UserRowMapper(),2);
3   //System.out.println(user);
4   List<User> list1 = jt.query("select * from user", new UserRowMapper());
5   System.out.println(list1);
```

第 2 行代码使用 queryForObject 获取对象，该方法一次只能获取一个对象，在创建 UserRow Mapper 名称右侧的数据 2，表示获取 id 的值。

执行 test01 方法，即可输出 id 为 2 对应的数据，此时集合中为对象，如图 5-20 所示。

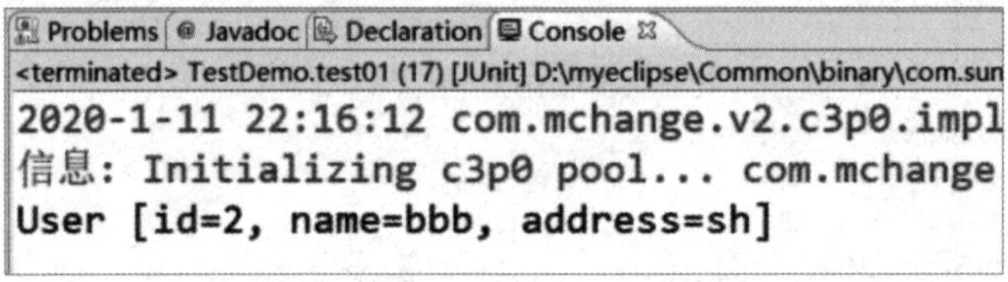

图 5-20　输出 id 为 2 的数据

第 4 行代码使用 query 查询数据，可以查询多条数据。执行 test01 方法，即可将数据封装成对象放在集合中，如图 5-21 所示。

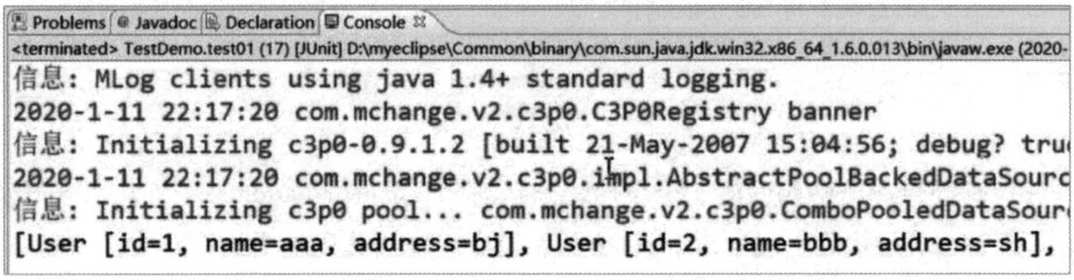

图 5-21　数据封装成对象放在集合中的效果

通过以上方法实现查询数据时返回集合中为对象，但是如果数据库中包含比较多的数据时，在 User.java 和 UserRowMapper.java 中需要输出大量代码。在本例中的 User.java 中的属性名称和数据表格中列名是一致的，当符合此场景时使用自动封装 bean 可以省略 UserRowMapper.java。

在 TestDemo 类中输出自动封装相关代码，代码如下：

```
   // 自动封装
   List<User> list2 = jt.query("select * from user", new BeanPropertyRowMapper
(User.class));
   System.out.println(list2);
```

执行 test01 方法时输出结果与图 5-18 是一样的。使用自动封装时不需要定义一个类，系统自动根据数据表中的列名和属性名进行匹配。

5.2.8 声明式事务处理

视频

声明式事务处理——测试Spring中是否默认有事务

Spring 中提供了内置的事务处理机制，称为声明式事务处理。

配置事务处理的步骤如下：

（1）导入相关约束。

（2）配置事务管理器。

（3）配置事务切面。

（4）配置事务通知。

下面举例说明在 Spring 中默认是否有事务，首先创建 Spring-day05-trans 项目，接着将 Spring-day05-demo03 项目的 libs 文件中所有包都导入到创建的项目中。

视频

声明式事务处理——事务配置

创建 com.daojie.domain 包并创建 Stu 类，相关代码如下：

```
package com.daojie.domain;
public class Stu {
    private int id;
    private String name;
    private String addr;
    public int getId() {
        return id;
    }
    public void setId(int id) {
        this.id = id;
    }
    public String getName() {
        return name;
    }
    public void setName(String name) {
        this.name = name;
    }
    public String getAddr() {
        return addr;
    }
    public void setAddr(String addr) {
        this.addr = addr;
    }
    @Override
    public String toString() {
        return "Stu [id=" + id + ", name=" + name + ", addr=" + addr + "]";
    }
    public Stu(int id, String name, String addr) {
        this.id = id;
        this.name = name;
        this.addr = addr;
    }
    public Stu() {
    }
}
```

在 Stu 类中创建 id、name 和 addr 属性，并创建 set、get 和 toString 方法，添加构造方法。

创建 com.daojie.web 包并创建 StuController 类，相关代码如下：

```
package com.daojie.web;
import org.springframework.beans.factory.annotation.Autowired;
import org.springframework.stereotype.Controller;
```

```
4  import com.daojie.domain.Stu;
5  import com.daojie.service.StuService;
6  @Controller
7  public class StuController {
8      @Autowired
9      private StuService stuService;
10     public void registStu(Stu stu) {
11         stuService.registStu(stu);
12     }
13 }
```

将光标定位在第 10 行代码的 registStu 上，按【Ctrl+1】组合键，即可在 StuService 接口中自动创建抽象方法。

创建 com.daojie.service 包并创建 StuService 接口，相关代码如下：

```
1  package com.daojie.service;
2  import java.io.IOException;
3  import com.daojie.domain.Stu;
4  public interface StuService {
5      public  void registStu(Stu stu)throws IOException;
6  }
```

第 5 行代码中的抽象方法是自动生成的，接着需要在 StuServiceImpl 实现类中实现该抽象方法。

再创建 StuServiceImpl 实现类，相关代码如下：

```
1  package com.daojie.service;
2  import org.springframework.beans.factory.annotation.Autowired;
3  import org.springframework.stereotype.Service;
4  import com.daojie.dao.StuDao;
5  import com.daojie.domain.Stu;
6  @Service
7  public class StuServiceImpl implements StuService{
8      @Autowired
9      private StuDao stuDao;
10     @Override
11     public void registStu(Stu stu) {
12         // TODO Auto-generated method stub
13         stuDao.addStu(stu);
14     }
15 }
```

第 11 行代码是实现 StuService 接口中的抽象方法；第 13 行代码调用 dao 层中的 addStu() 方法。将光标定位在 13 行代码的 addStu() 方法上，按【Ctrl+1】组合键，接着按【Enter】键，即可在 StuDao 接口中自动生成该方法。

创建 com.daojie.dao 包并创建 StuDao 接口，相关代码如下：

```
1  package com.daojie.dao;
2  import com.daojie.domain.Stu;
3  public interface StuDao {
4      public void addStu(Stu stu);
5  }
```

第 4 行代码中自动生成的抽象方法，还需要在 StuDaoImpl 实现类中实现。

再创建 StuDaoImpl 实现类，相关代码如下：

```java
package com.daojie.dao;
import org.springframework.beans.factory.annotation.Autowired;
import org.springframework.stereotype.Repository;
import com.daojie.domain.Stu;
@Repository
public class StuDaoImpl implements StuDao{
    @Autowired
    private JdbcTemplate jdbcTemplate;
    @Override
    public void addStu(Stu stu) {
        // TODO Auto-generated method stub
        // 需要使用到数据访问
        jdbcTemplate.update("insert into user values(?,?,?)",stu.getId(),stu.getName(),stu.getAddr());
    }
}
```

在 src 文件夹中创建 applicationContext.xml 文件，相关代码如下：

```xml
1  <!-- 开启包扫描 -->
2  <context:component-scan base-package="com.daojie"></context:component-scan>
3  <!-- 开启注解注入  -->
4  <context:annotation-config></context:annotation-config>
5  <!-- 配置数据源 -->
6  <bean id="dataSource" class="com.mchange.v2.c3p0.ComboPooledDataSource"></bean>
7  <!-- 配置模板类 -->
8  <bean id="jdbcTemplate" class="org.springframework.jdbc.core.JdbcTemplate">
9      <property name="dataSource" ref="dataSource"></property>
10 </bean>
```

第 6 行代码为配置数据源，此时需要将 c3p0-config.xml 文件导入到 src 中。

创建 com.daojie.test 包并创建 TestDemo 测试类，相关代码如下：

```java
package com.daojie.test;
import org.junit.Test;
import org.springframework.context.ApplicationContext;
import org.springframework.context.support.ClassPathXmlApplicationContext;
import com.daojie.domain.Stu;
import com.daojie.web.StuController;
public class TestDemo {
    @Test
    public void test01(){
        ApplicationContext context = new ClassPathXmlApplicationContext("applicationContext.xml");
        StuController controller = context.getBean(StuController.class);
        controller.registStu(new Stu(5,"zjl","tw"));
    }
}
```

执行 test01 方法后，没有出现异常，然后在 dos 命令窗口中查看添加数据的结果，如图 5–22 所示。

接着在 StuServiceImpl.java 文件中添加异常代码，相关代码如下：

```java
stuDao.addStu(stu);
int i = 1 / 0;
```

通过异常代码检测 Spring 默认是否有事务，如果有事务添加的代码出现异常，而该行代码和上一行代码为一组操作，都需要回滚事务，不能完成添加数据的操作。如果没有事务可以添加数据。执行 test 01 方法，显示出现异常，在 dos 命令窗口中显示添加的数据结果，如图 5–23 所示。

```
mysql> select * from user;
+----+------+---------+
| id | name | address |
+----+------+---------+
|  1 | aaa  | bj      |
|  2 | bbb  | sh      |
|  3 | ccc  | tj      |
|  4 | ddd  | gz      |
|  5 | zjl  | tw      |
+----+------+---------+
5 rows in set (0.00 sec)
```

图 5–22　添加数据

```
mysql> select * from user;
+----+------+---------+
| id | name | address |
+----+------+---------+
|  1 | aaa  | bj      |
|  2 | bbb  | sh      |
|  3 | ccc  | tj      |
|  4 | ddd  | gz      |
|  5 | zjl  | tw      |
|  6 | ldh  | xg      |
+----+------+---------+
6 rows in set (0.00 sec)

mysql>
```

图 5–23　测试是否有事务

在 dos 命令窗口中显示添加数据成功，说明 Spring 中默认是没有提供事务的。需要在 Spring 中进行相关配置才能提供事务。

下面介绍配置事务的方法，在 applicationContext.xml 文件中先导入 tx 相关内容，相关代码如下：

```
1  <?xml version="1.0" encoding="UTF-8"?>
2  <beans xmlns="http://www.springframework.org/schema/beans"
3      xmlns:context="http://www.springframework.org/schema/context"
4      xmlns:aop="http://www.springframework.org/schema/aop"
5      xmlns:tx="http://www.springframework.org/schema/tx"
6      xmlns:xsi="http://www.w3.org/2001/XMLSchema-instance"
7      xsi:schemaLocation="http://www.springframework.org/schema/beans
8      http://www.springframework.org/schema/beans/spring-beans-3.2.xsd
9      http://www.springframework.org/schema/context
10     http://www.springframework.org/schema/context/spring-context-3.2.xsd
11     http://www.springframework.org/schema/aop
12     http://www.springframework.org/schema/aop/spring-aop-3.2.xsd
13     http://www.springframework.org/schema/tx
14     http://www.springframework.org/schema/tx/spring-tx-3.2.xsd
15     ">
```

第 5、13、14 行代码为导入 tx 内容，可以复制第 4、11、12 行代码，将其中的 aop 修改为 tx 即可。

继续在 applicationContext.xml 文件中配置事务，相关代码如下：

```
<!-- 配置事务管理器 -->
<bean id="transactionManager" class="org.springframework.jdbc.datasource.DataSourceTransactionManager">
    <property name="dataSource" ref="dataSource"></property>
</bean>
<!-- 配置事务切面  -->
<aop:config>
    <aop:pointcut expression="execution(* com.daojie.service.*.*(..))" id="pc"/>
    <aop:advisor advice-ref="txAdvice" pointcut-ref="pc"/>
</aop:config>
<!-- 配置事务通知  -->
<tx:advice id="txAdvice" transaction-manager="transactionManager">
    <tx:attributes>
        <tx:method name="regist*" propagation="REQUIRED"/>
    </tx:attributes>
</tx:advice>
```

配置完成后，在 StuServiceImpl.java 中添加相同的异常代码，然后在 TestDemo 类的测试代码中添加第 7 行数据。执行 test01 方法，显示出现异常，在 dos 命令窗口中显示效果与图 5–20 一样。没有成功添加数据，说明配置事务成功。

5.2.9 事务管理策略

视 频

事务管理策略

Spring 内置的事务策略，只在底层抛出运行时异常时才会回滚事务，其他异常不回滚事务，留给用户手动处理。

下面举例说明，在以上例子中“int i = 1 / 0;”为运行时异常，所以回滚事务。将该代码修改为“throw new IOException();”，则编译不通过，然后在相关文件中在所有该方法后面抛出异常。

最后添加第 7 行数据，执行 test01 方法，出现异常，在 dos 命令窗口中添加数据成功，如图 5–24 所示。

id	name	address
1	aaa	bj
2	bbb	sh
3	ccc	tj
4	ddd	gz
5	zjl	tw
6	ldh	xg
7	cl	xg

图 5–24 编译异常时添加数据的结果

说明默认情况下运行异常有事务，但编译异常没有事务，用户在编译阶段自己处理了。因为运行时异常在编写代码时不显示，而编译异常会显示，此时用户已经处理了所以 Spring 就不配置事务了。

也可以在配置中指定在原有规则的基础上，哪些异常额外地回滚或不回滚。需要在配置事务通知时指定异常，例如指定 IOException 异常额外回滚，相关代码如下：

```
1  <tx:method name="regist*" propagation="REQUIRED"
2      rollback-for="java.io.IOException"
3  />
```

在 TestDemo 类的测试代码中添加第 9 行数据，执行 test01 方法后，在 dos 命令窗口中可见没有成功添加第 9 行数据，说明指定的异常回滚事务了。如果不需要回滚事务，在以上代码的第 2 行左侧添加 no 即可，代码如下：

```
no-rollback-for="java.io.IOException"
```

如果希望回滚所有异常，包括运行时异常和编译时异常，将代码修改如下：

```
rollback-for="java.long.Throwable"
```

5.2.10 注解方式实现声明式事务处理

视 频

注解方式实现声明式事务处理

除了可以在配置文件中以配置方式实现事务处理外，Spring 也提供了注解方式实现事务处理的方式。声明方法需要事务管理，在方法上加上 @Transactional 注解即可。

下面举例说明使用注解方式实现声明式事务处理，首先复制 Spring-day05-trans 项目中的所有内容，并命名为 Spring-day05-transAnno。

打开 applicationContext.xml 文件，删除配置事务切面和配置事务通知的相关代码。在配置事务管理器代码下面输入开启 Spring 注解方式配置事务的代码，相关代码如下：

```
<!-- 开启Spring的注解方式配置事务 -->
<tx:annotation-driven/>
```

在 StuServiceImpl.java 文件中的方法上添加 @Transactional 注解，相关代码如下：

```
@Transactional
@Override
public void registStu(Stu stu) throws IOException {
    // TODO Auto-generated method stub
    stuDao.addStu(stu);
    int i = 1 / 0;
//  throw new IOException();
}
```

在 TestDemo.java 文件中添加第 10 行数据，执行 test01 方法，则出现异常，在 dos 命令窗口中查询，可见没有添加数据，说明有事务。

注意：

使用注解控制事务和配置文件控制事务的相同之处是，默认只有运行时异常才会回滚事务，非运行时异常不回滚。

@Transactional 注解可以使用在类上面，也可以使用在方法上面。如果使用在类上面表示整个类中的方法都会有事务，如果使用在方法上面，表示当前方法有事务。

将 @Transactional 注解放在类上面，表示该类中所有方法都有事务，如果有一个方法不需要事务，还需要在该方法上输入以下代码：

```
@Transactional(propagation=Propagation.NOT_SUPPORTED)
```

使用注解控制回滚也可以指定异常回滚或不回滚事务，直接在 @Transactional 注解右侧小括号内输入相关内容即可。输入“rollbackFor=Throwable.class”表示所有异常都回滚；输入“noRollbackFor=SQLException.class”表示 SQLException.class 异常不回滚。通过注解控制是否回滚时不需要输入类的全路径名，因为已经导入相关的包了。

视频

课程总结

小　结

通过本章的学习，大家了解了 JDBC 的含义及其实现方式。Spring 整合 JDBC 后，使用其中提供的模板类可以增加开发效率。Spring 还提供了声明式事务处理，可以直接使用一个注解就解决事务处理问题。

习　题

一、简答题

1. 简述 JDBC 编程中所使用的 Connection、Statement 和 ResultSet 接口的作用。
2. 什么是 SQL 注入漏洞？在 JDBC 编程时如何解决？
3. 数据库的事务有哪些特性？在 JDBC 编程中如何手动控制事务？
4. 简述 JDBC 编程的步骤，查询和增删改操作时有哪些不同的步骤？
5. 简述连接池的工作原理。

6. 为什么要分为 Service 层和 Dao 层编程？简述这两个层的作用。
7. 简述使用 Spring 整合 JDBC 时配置的步骤。
8. 声明式事务和传统的 JDBC 控制事务相比，有哪些优点？
9. 简述数据库事务的隔离级别和传播特性。

二、编程题

1. 根据给定的查询语句，编写使用 JDBC 查询数据库并将查询结果输出的代码为:

```
String sql="select id, name, sex, birth from t_student where class_id = ?";
```

2. 写出在 Spring 的配置文件中 dataSource 和 jdbcTemplate 的配置代码。
3. 根据已配置好的 jdbcTemplate，实现 StudentDaoImpl 类中以下 5 个方法:
   - public void insertStudent(Student student){}
   - public void updateStudent(Student student){}
   - public void deleteStudent(Integer id){}
   - public Student findById(Integer id){}
   - public List<Student> findAll(){}
4. 根据上题中的方法，在 Spring 配置文件中配置声明式事务。

第6章 SpringMVC的应用

练一练

视频

课程介绍

- 了解 SpringMVC 框架的作用。
- 理解 SpringMVC 组件的作用。
- 能够配置 SpringMVC 相关组件。
- 理解 SpringMVC 中的常用注解的作用。
- 掌握 SpringMVC 中的重定向和转发的实现。
- 掌握 SpringMVC 中 session 的使用。
- 掌握 @ModelAttribute 注解。
- 掌握 SpringMVC 中的异常处理。
- 掌握 SpringMVC 中的数据返回。

本章主要学习 SpringMVC 的相关知识。首先介绍 SpringMVC 入门的相关知识，包括 SpringMVC 的组件、各组件的流程、使用 SpringMVC 的基本步骤以及 SpringMVC 的注解方式配置和工作原理等；接着介绍 SpringMVC 常用技术，包括 @RequestMapping 的使用和注解属性、获取请求参数、自动封装 bean 的过程中如何处理其中的复杂类型等，还包括请求转发和重定向、session 的使用、@ModelAttribute 注解的使用以及异常处理等知识。本章通过理论联系案例的方式深入学习 SpringMVC 相关知识，为以后的学习打下基础。

6.1 SpringMVC 入门

视频

SpringMVC 概述

SpringMVC 属于 SpringFrameWork 的后续产品，已经融合在 Spring Web Flow 里面。Spring 框架提供了构建 Web 应用程序的全功能 MVC 模块。

SpringMVC 是一个 Web 层、控制层框架，主要用来负责与客户端交互和业务逻辑的调用。SpringMVC 是 Spring 家族的一大组件，Spring 整合 SpringMVC 可以做到无缝集成。SpringMVC 的特点是简单、易用和性能佳。

6.1.1 SpringMVC 的组件

在学习 SpringMVC 之前，先来了解一下 SpringMVC 的组件，包括前端控制器、处理器映射器、处理器适配器、视图解析器和视图渲染 5 个组件。

视 频

SpringMVC的组件介绍

1．前端控制器（DispatcherServlet）

前端控制器本质上是一个 Servlet，相当于一个中转站，所有客户端的访问都会走到这个 Servlet 中，再根据配置中转到相应的 Handler 中进行处理，获取到数据和视图后，再使用相应视图做出响应。

2．处理器映射器（HandlerMapping）

处理器映射器本质上就是一段映射关系，将访问路径和对应的 Handler 存储为映射关系，在需要时供前端控制器查阅。

3．处理器适配器（HandlerAdapter）

处理器适配器本质上是一个适配器，可以根据要求找到对应的 Handler 来运行。前端控制器通过处理器映射器找到对应的 Handler 信息之后，将请求响应和对应的 Handler 信息交由处理器适配器处理，处理器适配器找到真正 Handler 执行后，将结果即 model 和 view 返回给前端控制器。

4．视图解析器（ViewResolver）

视图解析器本质上也是一种映射关系，可以将视图名称映射到真正的视图地址。前端控制器调用处理器适配完成后得到 model 和 view，将 view 信息传给视图解析器可以得到真正的 view。

5．视图渲染（View）

视图渲染本质上就是将 Handler 处理器中返回的 model 数据嵌入到视图解析器解析后得到的 jsp 页面中，向客户端做出响应。

通过以上 5 个组件的配合，接受用户的请求后进行处理，处理完成后将视图展现给用户，用户即可查看请求的结果。例如用户需要登录，先对登录进行处理，然后通过 view 将登录的结果展现给用户，用户才知道登录成功或失败，从而完成交互。

6.1.2 图解 SpringMVC 中的组件

上一节介绍了SpringMVC各组件的含义，下面展示SpringMVC中各组件的流程图，如图6–1所示。

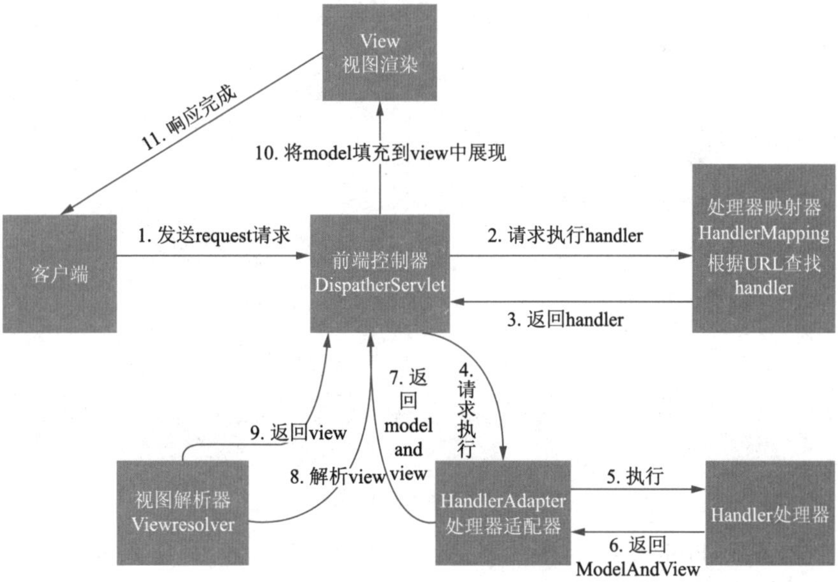

图 6–1　SpringMVC 中各组件的流程

视 频

图解SpringMVC中的组件

SpringMVC 是 web 层的框架，客户端要和 web 层进行交互。首先由客户端向前端控制器发送一个请求，例如发送登录请求；前端控制器中有 Servlet，可以控制程序的扭转，接着在处理器映射器中寻找 Handler，因为处理器映射器本质上是一段映射关系，将访问路径和对应的 Handler 存储为映射关系，所以返回 Handler；此时，前端控制器无法执行 Handler，须找处理器适配器，它本质上就是适配器，根据要求找到对应的 Handler 来运行，并将 model 和 view 返回给前端控制器；前端控制器获得 model 和 view，接着找到视图解析器解析 view，再返回 view 给前端控制器；前端控制器现在知道视图了，再找到视图渲染将 model 填充到 view 中展现；最后视图渲染完成响应展现给用户，用户即可查看请求的结果。

6.1.3　使用 SpringMVC 的基本步骤

视频

SpringMVC 基本步骤

下面介绍 SpringMVC 各组件的配置以及 SpringMVC 的使用，基本操作步骤如下：

（1）导入 SpringMVC 相关开发包。

（2）配置前端控制器。

（3）生成 SpringMVC 的核心配置文件。

（4）创建处理器，编写代码。

（5）配置处理器映射器中的路径和处理器的映射关系。

（6）配置视图解析器。

（7）配置视图。

（8）发布应用并测试。

下面举例说明使用 SpringMVC 的步骤。

（1）打开 MyEclipse，在项目面板中右击，在弹出的快捷菜单中选择 New → Web Project 命令，如图 6-2 所示。

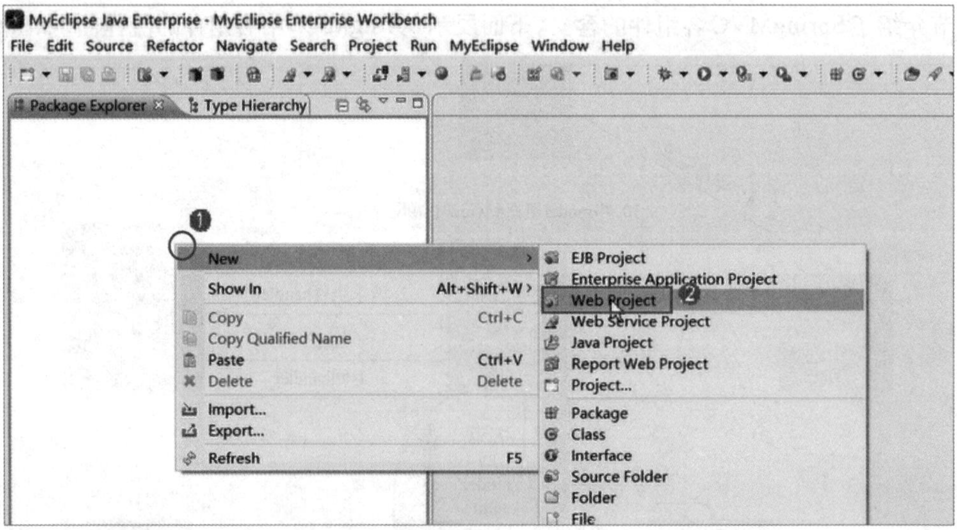

图 6-2　创建 Web Project

（2）打开 New Web Project 对话框，在 Project Name 文本框中输入项目名称，此处输入 SpringMVC-day01-firstdemo，按【Enter】键或者单击 Finish 按钮，如图 6-3 所示。在打开的提示对话框中单击 Yes 按钮即可创建 Web Project。

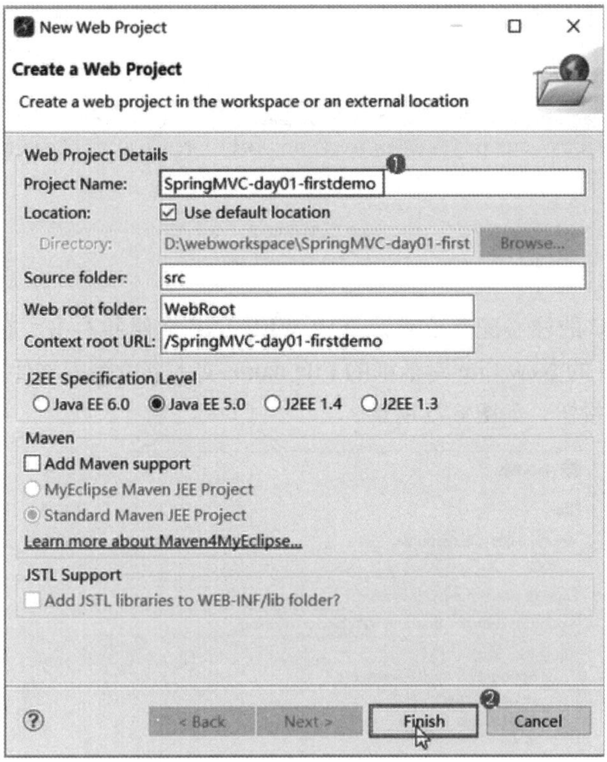

图 6-3　完成 Web Project 创建

（3）项目创建完成后需要导入 SpringMVC 相关开发包。将开发包导入 WebRoot 中的 WEB-INF 中的 lib 文件夹中，在提供的“资源”文件夹的 jar 文件夹中将所有包导入。在 jar 中包括 spring-jar 和 spring-mvc-jar 文件夹中的包以及外部开发包，导入完成后即可直接使用，如图 6–4 所示。

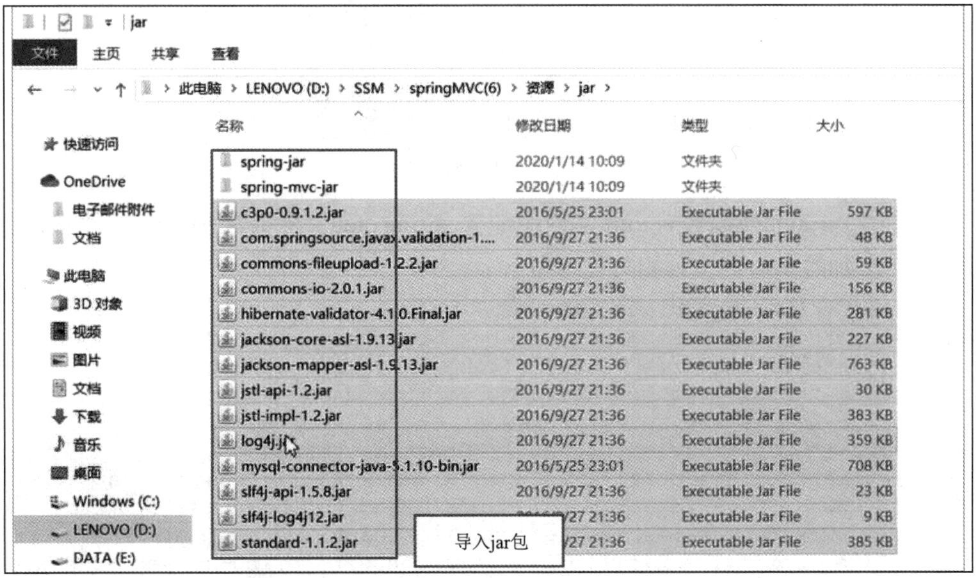

图 6–4　导入 SpringMVC 相关开发包

（4）在 WEB-INF 文件夹中打开 web.xml 文件配置前端控制器。在主页配置代码的上方输入配置前端控制器的代码，相关代码如下：

```
<!-- 配置前端控制器 -->
<servlet>
    <servlet-name>springmvc</servlet-name>
    <servlet-class>org.springframework.web.servlet.DispatcherServlet</servlet-class>
</servlet>
<servlet-mapping>
    <servlet-name>springmvc</servlet-name>
    <url-pattern>*.action</url-pattern>
</servlet-mapping>
```

（5）生成 SpringMVC 的核心配置文件。选中 WEB-INF 文件并右击，在弹出的快捷菜单中选择 New → File 命令，在打开的 New File 对话框的 File name 文本框中输入文件名称，名称为 springmvc-servlet.xml，单击 Finish 按钮，如图 6–5 所示。

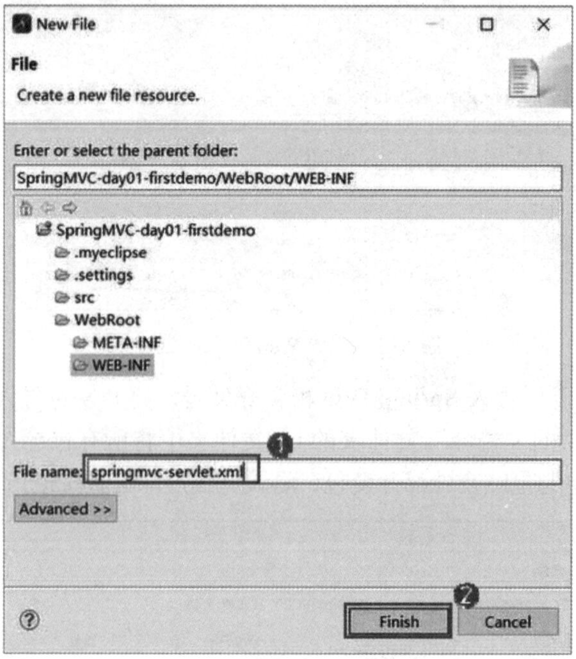

图 6–5　创建 File 文件

（6）在打开的 springmvc-servlet.xml 文件中配置 spring_aop，然后添加 mvc 的约束，其中第 5、13、14 行代码为添加的 mvc 约束，相关代码如下：

```
1  <?xml version="1.0" encoding="UTF-8"?>
2  <beans xmlns="http://www.springframework.org/schema/beans"
3      xmlns:context="http://www.springframework.org/schema/context"
4      xmlns:aop="http://www.springframework.org/schema/aop"
5      xmlns:mvc=http://www.springframework.org/schema/mvc"
6      xmlns:xsi="http://www.w3.org/2001/XMLSchema-instance"
7      xsi:schemaLocation="http://www.springframework.org/schema/beans
8      http://www.springframework.org/schema/beans/spring-beans-3.2.xsd
9      http://www.springframework.org/schema/context
10     http://www.springframework.org/schema/context/spring-context-3.2.xsd
11     http://www.springframework.org/schema/aop
12     http://www.springframework.org/schema/aop/spring-aop-3.2.xsd
13     http://www.springframework.org/schema/mvc
```

```
    http://www.springframework.org/schema/mvc/spring-mvc-3.2.xsd
    ">
```

用户可以将生成的约束文件创建为 xml 模板，下次使用时直接输入 xml 名称即可，可以参照创建 aop 模板的方法。

（7）创建处理器。首先在 src 文件夹中创建 com.daojie.controller 包，接着再创建 Hello 类，该类中相关代码如下：

```
1  package com.daojie.controller;
2  import javax.servlet.http.HttpServletRequest;
3  import javax.servlet.http.HttpServletResponse;
4  import org.springframework.web.servlet.ModelAndView;
5  import org.springframework.web.servlet.mvc.Controller;
6  public class Hello implements Controller{
7      public ModelAndView handleRequest(HttpServletRequest request,
8              HttpServletResponse response) throws Exception {
9          // 创建 ModelAndView
10         ModelAndView mav = new ModelAndView();
11         // 封装数据
12         mav.addObject("msg1","hello springmvc");
13         mav.addObject("msg2","hello,world");
14         // 封装视图
15         mav.setViewName("hello");
16         return mav;
17     }
18 }
```

第 6 行代码实现 Controller 接口，因为如果要开发处理器需要该类实现 Controller 接口，然后再实现该接口中的方法。第 10 行代码是在实现接口的方法中创建 ModelAndView；第 12、13 行代码是封装数据；第 15 行代码封装视图，记住该名称，待会要创建一个视图，该视图名称和封装视图的名称要一致。

（8）配置处理器映射器中的路径和处理器的映射关系。打开 springmvc-servlet.xml 文件，输入配置映射关系的代码，相关代码如下：

```
<!-- 配置映射关系 -->
<bean name="/hello.action" class="com.daojie.controller.Hello"></bean>
```

（9）配置视图解析器。在 springmvc-servlet.xml 文件中输入配置视图解析器的代码，相关代码如下：

```
<!-- 配置视图解析器      视图名称和真正的视图页面的映射关系   -->
<bean class="org.springframework.web.servlet.view.InternalResourceViewResolver">
    <property name="prefix" value="/WEB-INF/"></property>
    <property name="suffix" value=".jsp"></property>
</bean>
```

（10）配置视图。右击 WEB-INF 文件夹，在弹出的快捷菜单中选择 New → JSP 命令，在打开的 Create a new JSP page 对话框的 File Name 文本框中输入 hello.jsp，单击 Finish 按钮，如图 6–6 所示。该名称和 Hello.java 中封装视图的名称要一致。

（11）打开 hello.jsp 文件，删除相关内容，然后将 Hello.java 中封装的数据显示到视图中，相关代码如下：

```
<%@ page language="java" import="java.util.*" pageEncoding="utf-8"%>
<html>
  <head>
  </head>
```

```
    <body>
     welcome!
     <p>${msg1}</p>
     <p>${msg2}</p>
    </body>
  </html>
```

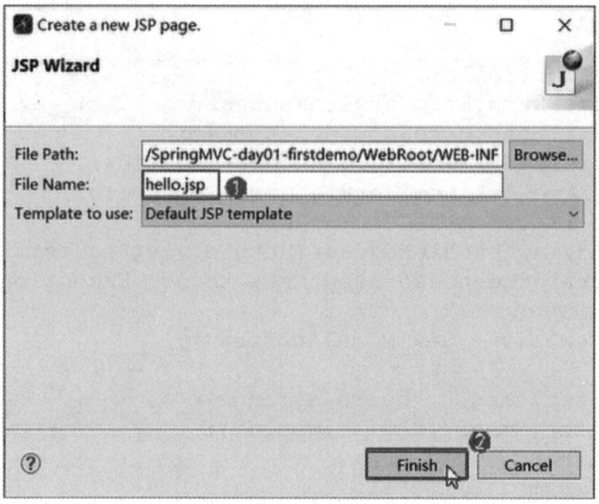

图 6-6　创建 hello.jsp 文件

（12）发布应用并测试。在发布之前需要安装 tomcat，直接将“资源”文件夹中提供的 apache-tomcat-7.0.68.tar.gz 文件解压，然后在菜单栏中选择 Window → Preferences 命令，打开 Preferences 对话框，在左侧展开 MyExlipse → Servers → Tomcat，在右侧选择相应的版本，如图 6–7 所示。

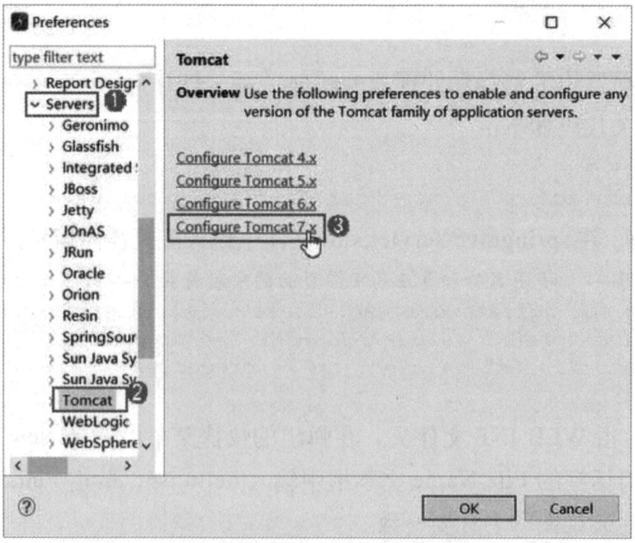

图 6–7　打开 Preferences 对话框

（13）在打开的界面中保持 Enable 单选按钮为选中状态，单击 Tomcat home directory 右侧的 Browse 按钮，如图 6–8 所示。

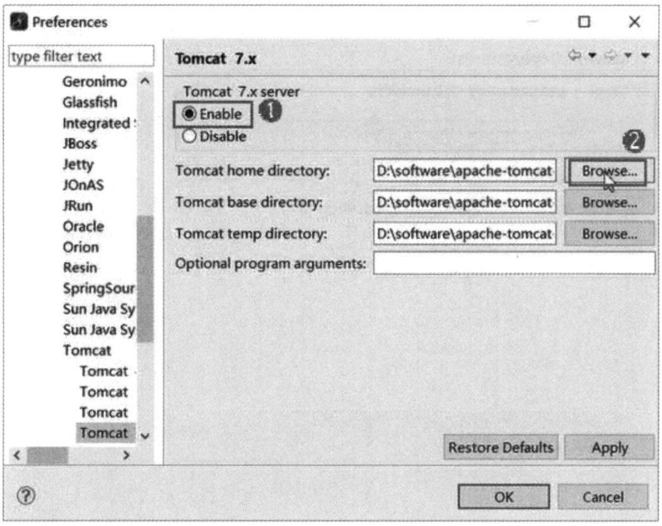

图 6-8　单击 Browse 按钮

（14）打开“浏览文件夹”对话框，在 software 文件夹中选中解压的 apache-tomcat-7.0.68 文件，单击“确定”按钮，如图 6-9 所示。

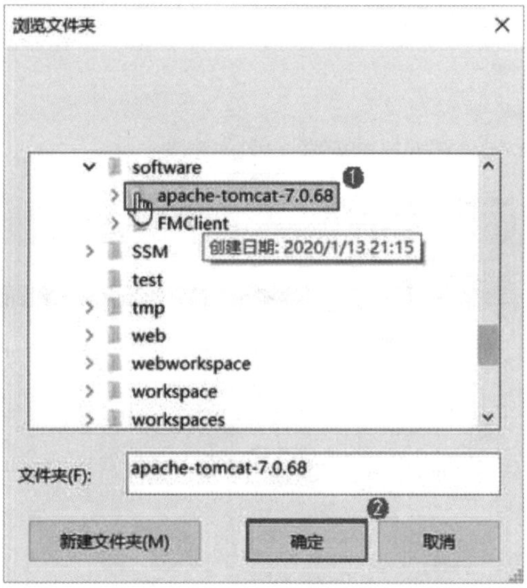

图 6-9　添加 tomcat

（15）单击发布按钮，打开 Project Deployments 对话框，设置 Project 为当前项目，即为 SpringMVC-day01-firstdemo，然后单击 Add 按钮，如图 6-10 所示。

（16）打开 New Deployment 对话框，单击 Server 右侧下拉按钮，在列表中选择 Tomcat 7.x 选项，然后单击 Finish 按钮，如图 6-11 所示。操作完成后返回 Project Deployments 对话框，在 Deployment Status 区域中显示发布成功，单击 OK 按钮。

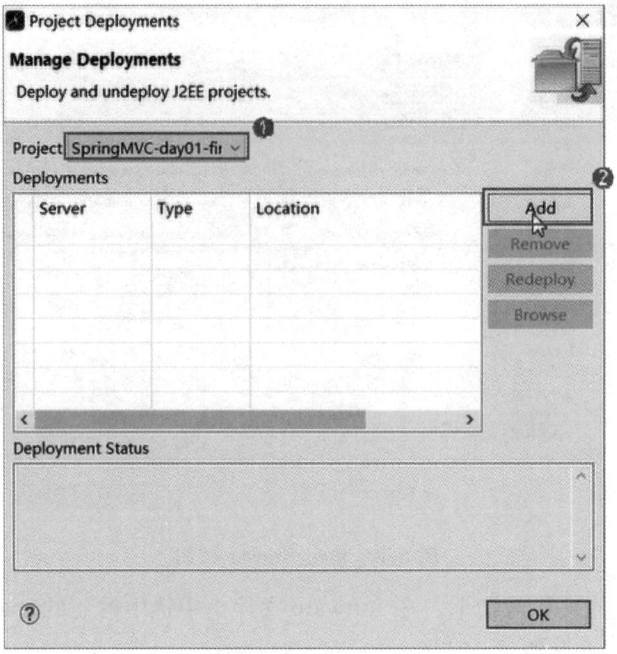

图 6-10　选择项目单击 Add 按钮

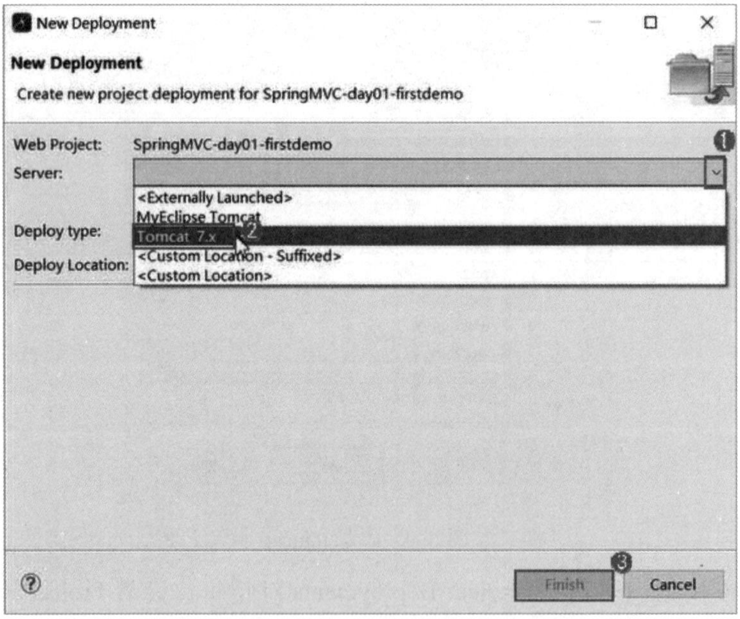

图 6-11　选择 Tomcat 7.x

（17）单击右侧下拉按钮，在列表中选择 Tomcat 7.x → Start 选项，进行启动。在 Console 中显示相关信息，表示启动成功，如图 6-12 所示。

（18）打开浏览器，在地址栏中输入“localhost:8080”，按【Enter】键即可测试 Tomcat 是否连接。然后输入“/SpringMVC-day01-firstdemo/”，即可进入主页。再输入“hello.action”，按【Enter】键即可显示 Hello.java 文件中封装的数据，如图 6-13 所示。

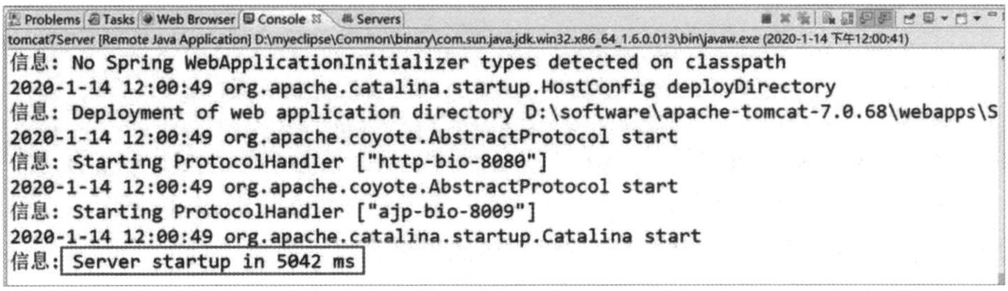

图 6-12 启动成功

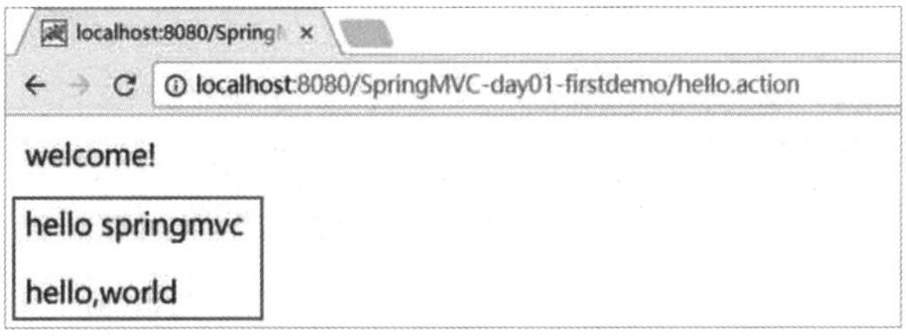

图 6-13 通过浏览器测试

在本例中，用户在浏览器中输入网址，然后在 springmvc-servlet.xml 中就有响应，接着即可显示 Hello.java 中的封装数据，这就是 Web 层的应用，使用 SpringMVC 可以方便地实现该功能。通过浏览器输入不同的网址，就可以获取不同的信息，而且封装的数据是动态的，没有在 jsp 文件中写死。

根据 SpringMVC 组件的流程图再介绍本例的流程，在客户端也就是浏览器中输入网址，即发送一个请求，到前端控制器再找映射关系，本例中查找 hello.action 的映射关系，该映射关系对应到 com.daojie.controller 包中的 Hello.java 文件；接着再找处理器适配器执行其中的代码，返回 model 和 view；然后前端控制器找到视图解析器，在视图解析器中显示前缀为 WEB-INF，扩展名为 .jsp，然后在 WEB-INF 中找 hello.jsp 文件；找到后返给前端控制器，其中还有数据，分别为 msg1 和 msg2，所以又找视图渲染，将数据填充到视图中；视图渲染将数据返回给浏览器，客户端即可看到数据为 hello springmvc 和 hello,world。

再通过本例中的代码解说流程，用户在浏览器中输入网址，后缀为 hello.action，即发送一个请求；被 web.xml 文件中的前端控制器拦截，然后在 spring-servlet.xml 文件中配置映射关系，找到 com.daojie.controller 包；接着找到 Hello.java 文件，执行对应的方法，返回 ModelAndView，其中 View 是 hello，再找到 spring-servlet.xml 文件中的视图解析器；根据前缀 WEB-INF 和扩展名 .jsp，名称为 hello，即可打开 hello.jsp 文件；在 hello.jsp 文件中还没有数据，然后在 Hello.java 中将封装的数据加载出来，又返回给浏览器；通过浏览器用户即可看到相关数据。至此，整个流程完成。

6.1.4 修改 SpringMVC 核心配置文件位置

视 频

修改SpringMVC核心配置文件位置

SpringMVC 默认在和 web.xml 相同的位置即 WEB-INF 目录下寻找核心配置文件，文件名默认为 [前端控制器 Servlet-name]-servlet.xml。

如果需要，可以通过配置手动指定核心配置文件的位置和文件的名称。

下面举例说明，首先将 WEB-INF 文件夹中的 springmvc-servlet.xml 文件剪切到 src 文件夹中，然后在 web.xml 文件的配置前端控制器的代码中输入相关代码，即在 <servlet> 标签中添加代码如下：

```
<init-param>
    <param-name>contextConfigLocation</param-name>
    <param-value>classpath:/springmvc-servlet.xml</param-value>
</init-param>
```

在修改 SpringMVC 核心配置文件的位置时，也可以修改文件的名称。然后需要重新发布和启动，单击发布 按钮，在打开的 Project Deployments 对话框中选择 Tomcat，单击 Redeploy 按钮，如图 6–14 所示。然后再启动，最后在浏览器中输入地址进行测试，可以看到运行成功。

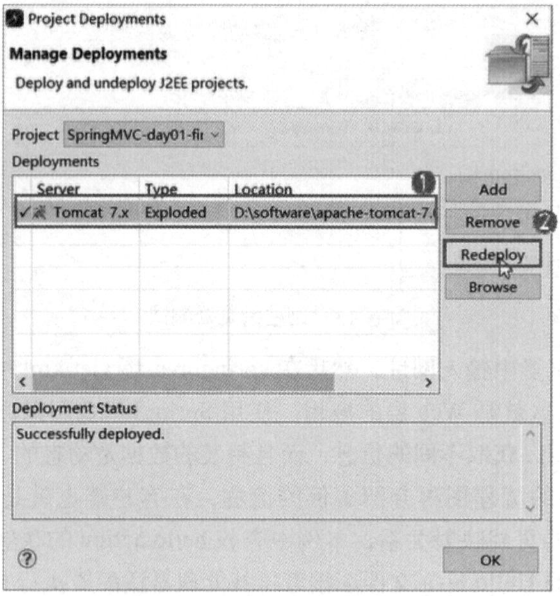

图 6–14　发布应用

6.1.5　SpringMVC 的注解方式配置

视 频

SpringMVC的注解方式配置

SpringMVC 支持使用注解方式配置，比配置文件方式更加灵活易用，是 SpringMVC 使用的主流模式。

使用 SpringMVC 的注解方式配置的步骤如下：

（1）在配置文件中开启 SpringMVC 的注解模式。

（2）使用注解开发 Controller。

（3）发布应用。

下面举例说明使用 SpringMVC 的注解方式配置的步骤。

（1）复制 SpringMVC-day01-firstdemo 项目，并重命名为 SpringMVC-day01-seconddemo。接着修改地址，右击复制的文件，在弹出的快捷菜单中选择 Properties 命令。在打开的对话框中选择 MyEclipse 中的 Web，在右侧区域修改 Web Context-root 名称和项目名称一致，单击 OK 按钮，如图 6–15 所示。

（2）删除 Hello.java 文件，以及 springmvc-servlet.xml 文件中配置映射关系的代码。在 com.daojie.controller 包中创建 FirstController 类，并且该类需要被 Spring 容器进行管理，所以先在 springmvc-servlet.xml 文件中开启包扫描并且开启 SpringMVC 的注解控制，相关代码如下：

```
<!-- 开启包扫描 -->
```

```
<context:component-scan base-package="com.daojie.controller">
</context:component-scan>
<!-- 开启 SpringMVC 的注解控制 -->
<mvc:annotation-driven></mvc:annotation-driven>
```

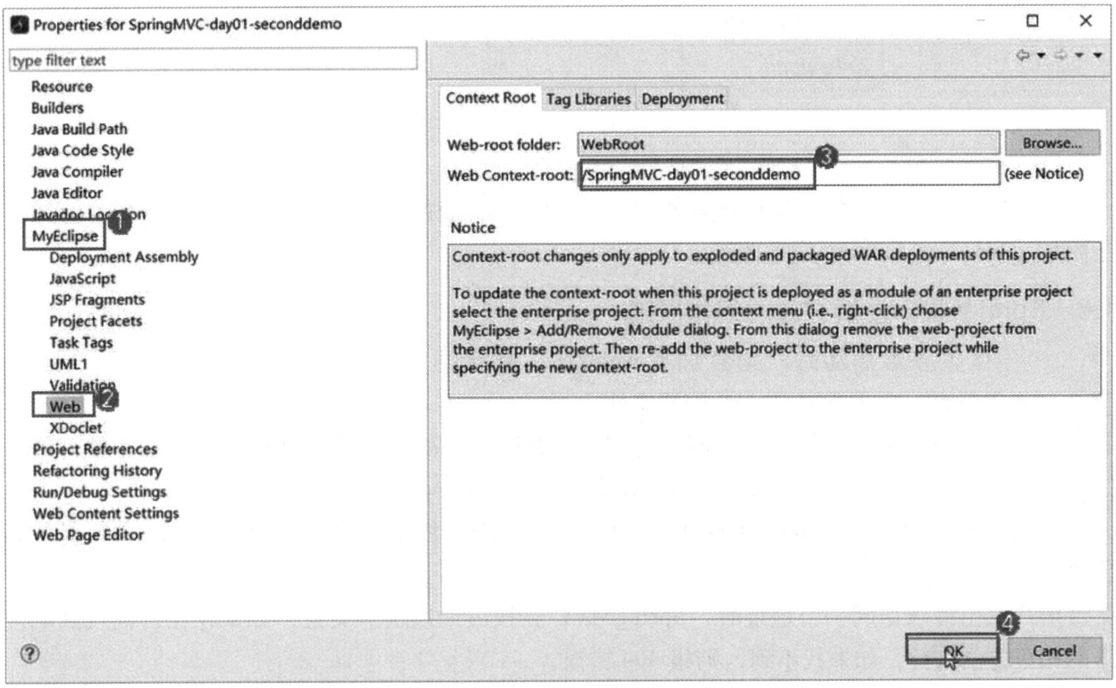

图 6-15　修改名称

(3) 在 FirstController.java 文件中创建方法，相关代码如下：

```
1  package com.daojie.controller;
2  import org.springframework.stereotype.Controller;
3  import org.springframework.web.bind.annotation.RequestMapping;
4  import org.springframework.web.servlet.ModelAndView;
5  @Controller
6  public class FirstController {
7      @RequestMapping("/firstAnno.action")
8      public ModelAndView firstAnno(){
9          ModelAndView mav = new ModelAndView();
10         // 封装数据
11         mav.addObject("msg1","hello,annotation");
12         mav.addObject("msg2","hello world");
13         // 封装视图
14         mav.setViewName("hello");
15         return mav;
16     }
17 }
```

第 5 行代码使用 @Controller 注解将该类交给 Spring 容器管理；第 7 行代码使用 @RequestMapping 注解查找映射关系，如果是 firstAnno.action 则执行以下方法；第 11、12 行代码封装两个数据；第 14 行代码封装视图。

(4) 发布并启动，启动成功后打开浏览器在地址栏中输入地址，按【Enter】键即可显示封装的数据，如图 6-16 所示。

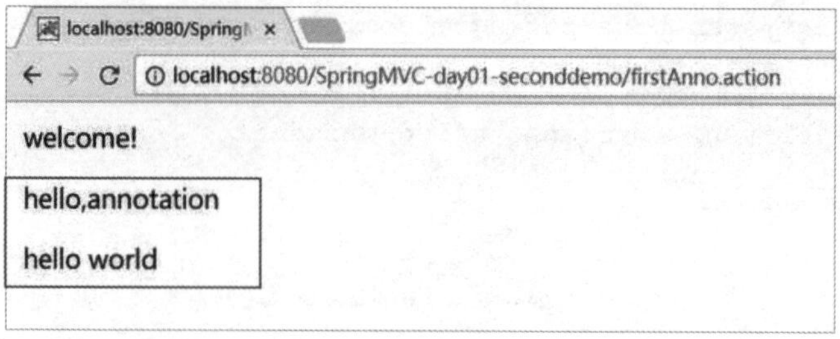

图 6-16　测试结果

通过本例说明使用注解方式也可以使用 SpringMVC，而使用注解方式更灵活更方便，直接在方法上添加 @RequestMapping 注解即可。

6.1.6　SpringMVC 注解方式的工作原理

视频

SpringMVC注解方式工作原理

当服务器启动时，先会加载 web.xml，然后通过引入核心配置文件加载 springmvc-servlet.xml，就会解析该 xml 配置文件。

当解析到包扫描时，扫描指定的包，并将含有 @Controller 注解的类解析为处理器。如果配置过 <mvc:annotation-driven/> 就会解析 Spring-MVC 注解。

解析 @RequestMapping(value="/hello.action")，将指定的地址和当前方法的映射关系进行保存。

当用户发出请求访问一个地址时，SpringMVC 寻找该地址映射关系，如果存在，则找到响应处理器的相应方法执行，如果找不到，则报 404 错误。

下面通过上一节的例子介绍 SpringMVC 注解方式的工作原理。

首先加载 web.xml，然后在配置前端控制器代码中告诉核心配置文件的位置，也就是 springmvc-servlet.xml 文件的位置；在核心配置文件中开启包扫描和 SpringMVC 的注解控制，以及视图解析器；接着扫描 com.daojie.controller 包，然后将 FirstController 交给 Spring 容器管理。接着又解析到 @RequestMapping 注解的映射关系，如果是 firstAnno.action 则执行该注解以下的方法；然后找到视图解析器，通过提供的前缀和扩展名找到 hello.jsp 文件；最后将封装的数据填充到 jsp 文件中，再将数据展示给浏览器，用户即可查看到结果。

6.2　SpringMVC 常用技术

视频

RequestMappint的基本使用

在上一节中介绍了 SpringMVC 入门的相关知识，本节将介绍 SpringMVC 的常用技术，例如注解的使用、获取请求参数和自动将请求参数封装到 bean 中、请求转发和重定向、session 的使用和异常处理等。

6.2.1　@RequestMapping 的基本使用

用户可以通过注解方式实现路径到处理器方法的映射。该技术可以用在类或方法上，用在方法上表示将该方法变为一个处理器，且和指定路径做映射。用在类上则配置的路径会作为这个类中所有处理器的路径的父路径使用。

下面以 SpringMVC 的注解方式配置的例子进行说明。对 FirstController.java 文件的代码进行修改，相关代码如下：

```
1  package com.daojie.controller;
2  import org.springframework.stereotype.Controller;
3  import org.springframework.web.bind.annotation.RequestMapping;
4  import org.springframework.web.servlet.ModelAndView;
5  @Controller
6  @RequestMapping("/Details01")
7  public class FirstController {
8      @RequestMapping("/firstAnno.action")
9      public ModelAndView firstAnno(){
10         ModelAndView mav = new ModelAndView();
11         // 封装数据
12         mav.addObject("msg1","hello,annotation");
13         mav.addObject("msg2","hello world");
14         // 封装视图
15         mav.setViewName("hello");
16         return mav;
17     }
18     @RequestMapping("/test01.action")
19     public String test01(){
20         return "hello";
21     }
22 }
```

第 6 行代码为类添加 @RequestMapping 注解，此时配置的路径会作为该类中所有处理器的路径的父路径使用。发布启动后，在浏览器中输入地址时，在方法的路径前必须输入父路径，否则会报错，如图 6–17 所示。

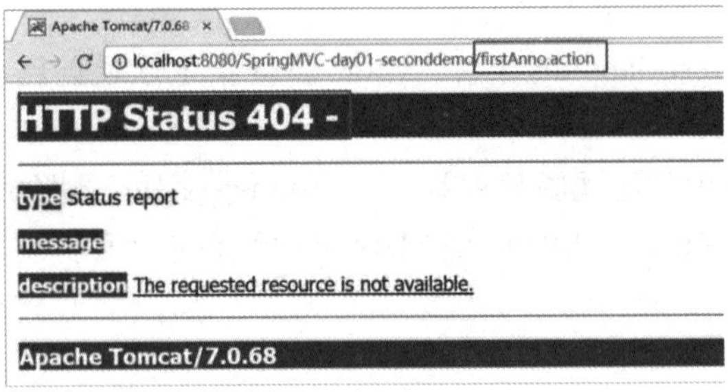

图 6–17　显示错误

第 19~21 行代码创建 test01 方法，并且使用 @RequestMapping 注解，此时该方法中没有数据，发布启动后在浏览器中不显示任何数据。

6.2.2　@RequestMapping 的注解属性

上一节中介绍了 @RequestMapping 常用的功能，接下来介绍该注解的属性。

1. String [] value() default {}

value 属性默认是一个空的字符串数组，是指定要将当前处理器绑定到哪个访问路径上。可以配置多个路径，路径中也可以使用 * 号作为通配符匹配部分路径。

下面举例说明，在 @RequestMapping 的基本使用的例子中，可以将 test01 方法上的 @RequestMapping 注解进行修改。配置两个路径分别为 test01.action 和 test02.action，而且 test02 右侧使用 * 号，修改后代码如下：

视 频

requestmapping 的注解属性

```
@RequestMapping({"/test01.action","/test02*.action"})
```

启动后在浏览器中输入地址时，子路径可以使用任意一个，测试的结果都是一样的。使用 test02 时在右侧可以输入任意字符，不会影响测试结果，因为 * 号表示任意字符，输出效果如图 6–18 所示。

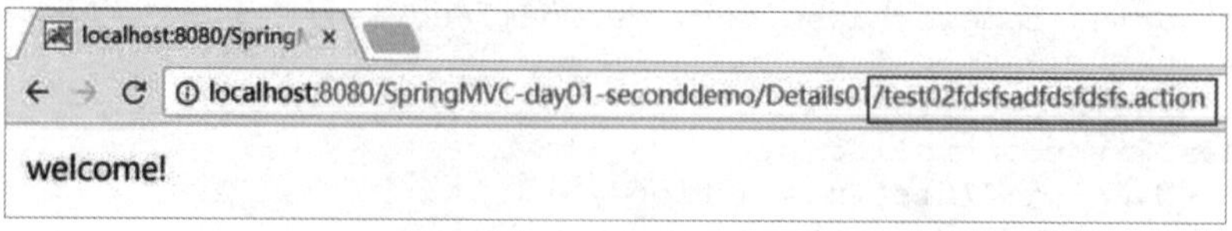

图 6–18　修改 value 属性后测试结果

2. RequestMethod[] method () default {}

method 属性默认是一个空的数组，是指定当前处理器处理何种提交方式提交的请求。

下面举例说明 method 属性的应用。首先在 com.daojie.controller 包中创建 ProdController 类，相关代码如下：

```
 1 package com.daojie.controller;
 2 import org.springframework.stereotype.Controller;
 3 import org.springframework.web.bind.annotation.RequestMapping;
 4 import org.springframework.web.bind.annotation.RequestMethod;
 5 @Controller
 6 public class ProdController {
 7     @RequestMapping(value="/prod.action",method={RequestMethod.GET})
 8     public void addProd(){
 9         System.out.println(" 方法被调用了 ");
10     }
11 }
```

第 7 行代码使用 @RequestMapping 注解，value 属性指定了映射路径为 prod.action，method 属性指定以 GET 方式提交请求。

然后在 WebRoot 文件夹中创建视图解析器，即 prod.jsp 文件，删除相关代码并输入相应的代码。创建 get 和 post 两种方式提交请求，用于验证 Method 属性指定何种提交方式，相关代码如下：

```
<%@ page language="java" import="java.util.*" pageEncoding="utf-8"%>
<html>
  <head>
  </head>
  <body>
        测试的界面
        <h1>get 提交表单 </h1>
        <form action="${pageContext.request.contextPath}/prod.action" method="get">
            <input type="submit" name=" 提交 "/>
        </form>
        <h1>post 提交表单 </h1>
        <form action="${pageContext.request.contextPath}/prod.action" method="post">
            <input type="submit" name=" 提交 "/>
        </form>
  </body>
</html>
```

发布启动后，在浏览器的地址中测试 prod.jsp，在测试界面中显示 get 和 post 两种方法提交表单，如图 6–19 所示。

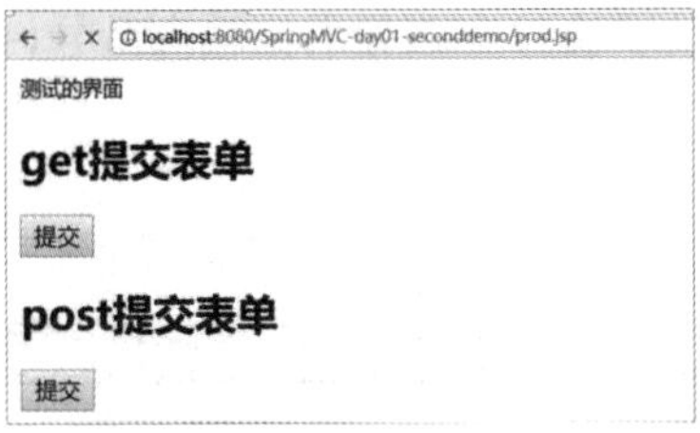

图 6–19 进入测试界面

最后测试是否使用 method 属性指定的提交方式提交请求。单击“get 提交表单”下的“提交”按钮，则输出“方法被调用了”，说明是以 get 方式提交请求，如图 6–20 所示。

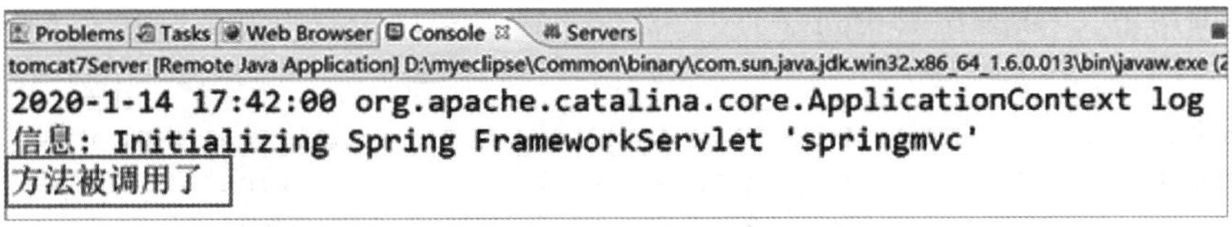

图 6–20 测试提交方式

单击“post 提交表单”下的“提交”按钮，则不显示任何信息，说明不是以 post 方式提交请求的。如果将 ProdController.java 文件的 @RequestMapping 注解的 method 属性指定为 post 方式，那么就会以 post 方式提交请求，不会以 get 方式提交请求。所以使用 method 属性可以指定当前处理器处理何种提交方式提交的请求。

3. String[] params() default {}

params 属性是用来限定当前请求中必须包含指定名称的请求参数才会被当前处理器处理。

下面举例说明，在 ProdController.java 文件中创建 test03 方法，相关代码如下：

```
@RequestMapping(value="test03.action",params={"username","password"})
public void test03(){
    System.out.println("test03 方法被调用了 ");
}
```

代码中 @RequestMapping 注解的 value 属性指定路径，params 属性限定当前请求中必须包含 username 和 password 两个请求参数。

启动后打开浏览器，如果输入的地址不包含指定的两个参数，结果显示 400，表示没有任何反应，如图 6–21 所示。

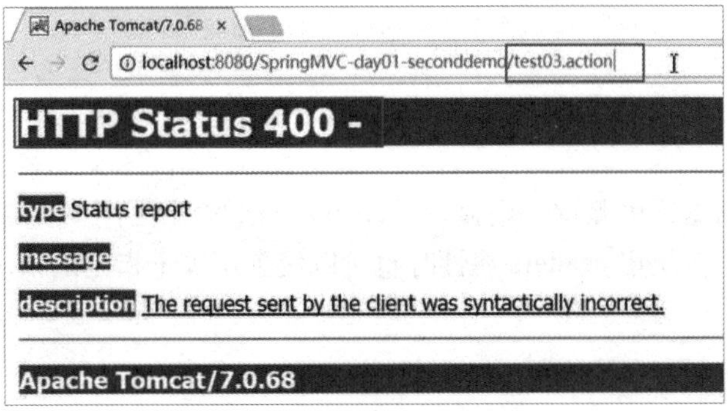

图 6–21 测试无参数时效果

如果在地址中指定两个参数的值，直接在路径右侧输入 ? 号，然后为参数赋值，两个参数之间用 & 号连接，如图 6-22 所示。

图 6-22　输入地址

在界面中显示找不到 test03.jsp 文件，因为没有创建该文件，但不影响输出结果。结果则显示“test03 方法被调用了”，如图 6-23 所示。

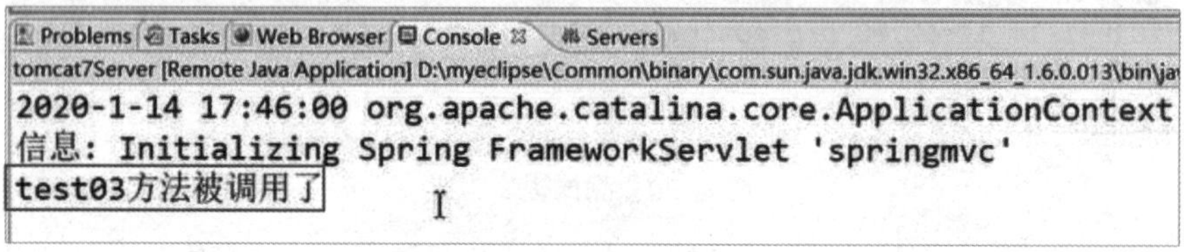

图 6-23　测试包含参数时的效果

说明有 params 属性时必须包含所有指定名称的请求参数才会被当前处理器处理，如果只包含部分请求参数，不会被当前处理器处理。

如果在设置 params 属性时，指定其中参数的值，例如 "password=123"，在浏览器中测试时，该参数必须为指定的值，才能调用 test03 方法，否则没有反应。

用户也可以使用 params 属性指定不包含某参数，例如在 params 属性中添加 "!age"，表示请求参数中不包含 age，否则不执行。通过以上案例可知使用 params 属性可以指定包含哪些参数，以及指定某参数的值。

4. String[] headers() default {}

headers 属性是字符串的数组，是用来限定当前请求中必须包含指定名称的请求头才会被当前处理器处理。

下面举例说明，在 ProdController.java 文件中创建 test04 方法，相关代码如下：

```
@RequestMapping(value="test04.action",headers="host")
public void test04(){
    System.out.println("test04 方法被调用了 ");
}
```

在 @RequestMapping 注解中使用 headers 属性限定请求中必须包含 host 的请求头才会被当前处理器处理。

启动后在浏览器中测试，则显示“test04 方法被调用了”，如果设置中没有该名称的请求头则不执行。在使用 headers 属性时也可以设置不等于指定的请求头的名称时执行，例如 headers="!host"。

视频

获取请求参数——通过Request对象获取和直接获取

6.2.3　获取请求参数

在 SpringMVC 的注解开发中，可以选择性地接收 Request 和 Response 对象来使用。

通过 SpringMVC 可以获取请求参数，也可以处理请求参数。功能具体如下：

（1）通过 request 对象获取。

（2）直接接收请求参数。

（3）自动将请求参数封装到 bean 中。

（4）自动封装 bean 的过程中处理其中的复杂类型。

（5）请求参数中的名称和属性名不同的处理。

（6）请求参数中存在多个同名参数。

（7）请求参数中的中文乱码。

（8）日期数据的处理。

（9）文件上传。

（10）RESTFul 风格的请求参数处理。

下面举例说明如何选择性地接收 Request 和 Response 对象来使用以及直接接收请求参数。首先复制 SpringMVC-day01-seconddemo 项目，并重命名为 SpringMVC-day01-demo03，然后删除 com.daojie.controller 包中的 FirstController.java 和 ProdController.java 文件。在该包中创建 TestController.java 文件，相关代码如下：

```
1  package com.daojie.controller;
2  import javax.servlet.http.HttpServletRequest;
3  import javax.servlet.http.HttpServletResponse;
4  import org.springframework.stereotype.Controller;
5  import org.springframework.web.bind.annotation.RequestMapping;
6  @Controller
7  @RequestMapping("/cr01")
8  public class TestController {
9      @RequestMapping("/test01.action")
10     public void test01(HttpServletRequest request,HttpServletResponse response){
11         System.out.println(request);
12         System.out.println(response);
13         String name = request.getParameter("username");
14         String password = request.getParameter("password");
15         System.out.println(name);
16         System.out.println(password);
17     }
18     @RequestMapping("/test02.action")
19     public void test02(String username,int password){
20         System.out.println(username);
21         System.out.println(password);
22     }
23 }
```

第 10 行代码是创建方法，此处使用 void 默认会找和处理器路径相同名称的对应的视图，即找 test01.action 视图。在代码中括号内为选择性地接收 Request 和 Response 对象来使用；第 11、12 行代码输出 Request 和 Response 请求。此时发布应用后，在浏览器中测试，即可显示两种请求的信息，如图 6–24 所示。

第 13、14 行代码获取请求的参数，获取 username 和 password 两个参数；第 15、16 行代码对参数进行输出。启动后在浏览器中输入地址时为两个参数赋值，username 为 zs、password 为 123，按【Enter】键，即可输出赋值的内容，如图 6–25 所示。

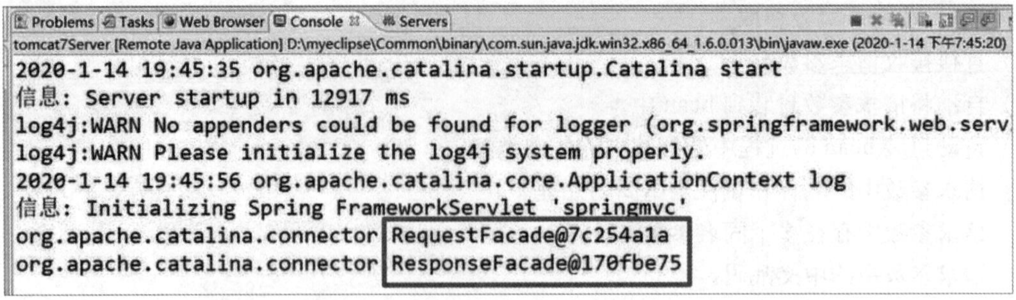

图 6-24　测试结果

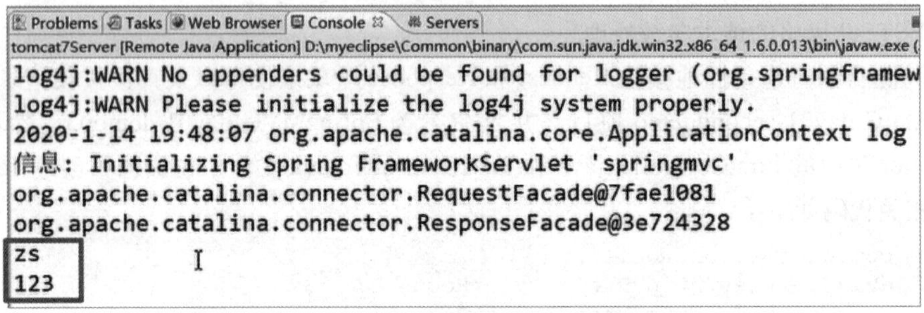

图 6-25　输出参数内容

以上介绍的是通过 request 对象获取的，也可以直接在控制器的方法中获取到和请求参数相同名称的方法形参，并且可以自动转换类型。第 19~22 行代码就是直接获取方法的形参，并输出该参数。启动后在浏览器中测试，即可输出参数的值，如图 6–26 所示。

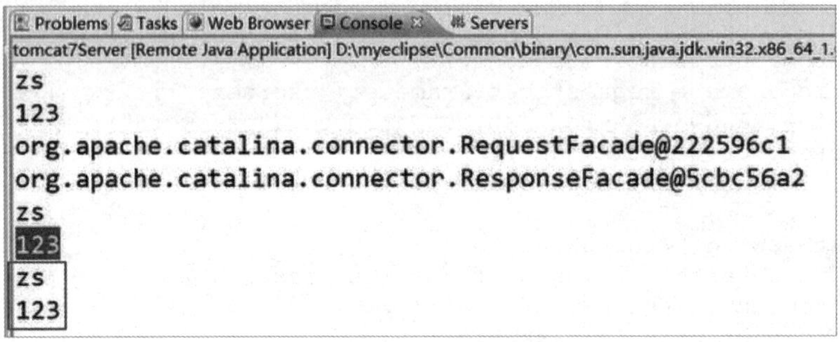

图 6–26　测试输出结果

视 频

自动封装请求参数信息

6.2.4　自动将请求参数封装到 bean 中

SpringMVC 框架可以自动将请求参数封装到 bean 中，要求 bean 中必须提供属性的 set 方法，并且 bean 的属性名和请求参数中请求参数的名称必须一致，才可以自动设置。

下面举例说明，首先介绍不使用 SpringMVC 功能，该如何实现。在 com.daojie.domain 包中创建 User 类，相关代码如下：

```
package com.daojie.domain;
public class User {
    // 名称
    private String username;
    // 密码
```

```
    private String password;
    // 昵称
    private String nickname;
    // 邮箱
    private String email;
    public String getUsername() {
        return username;
    }
    public void setUsername(String username) {
        this.username = username;
    }
    public String getPassword() {
        return password;
    }
    public void setPassword(String password) {
        this.password = password;
    }
    public String getNickname() {
        return nickname;
    }
    public void setNickname(String nickname) {
        this.nickname = nickname;
    }
    public String getEmail() {
        return email;
    }
    public void setEmail(String email) {
        this.email = email;
    }
    @Override
    public String toString() {
        return "User [username=" + username + ", password=" + password
                + ", nickname=" + nickname + ", email=" + email + "]";
    }
    public User(String username, String password, String nickname, String email) {
        this.username = username;
        this.password = password;
        this.nickname = nickname;
        this.email = email;
    }
    public User() {
    }
}
```

在代码中提供名称、密码、昵称和邮箱 4 个属性，再提供 set 和 get 方法、toString 方法和无参以及全参构造方法。

在 TestController.java 文件中创建 test03 方法，相关代码如下：

```
@RequestMapping("/test03.action")
public void test03(HttpServletRequest request){
    User user = new User();
    user.setUsername(request.getParameter("username"));
    user.setPassword(request.getParameter("password"));
    user.setNickname(request.getParameter("nickname"));
    user.setEmail(request.getParameter("email"));
    System.out.println(user);
}
```

第 2 行代码通过 request 对象获取；第 3 行代码创建 user，第 4 行代码通过 setUsernamc() 方法获取参数，第 5~7 行代码使用相似方法获取相关的参数。

启动后在浏览器中输入地址，并按【Enter】键，如图 6–27 所示。

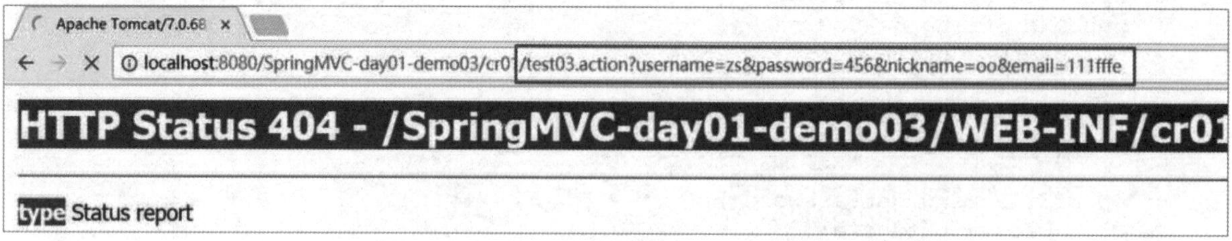

图 6–27　在浏览器中输入地址

即可输出各参数的值，如图 6–28 所示。

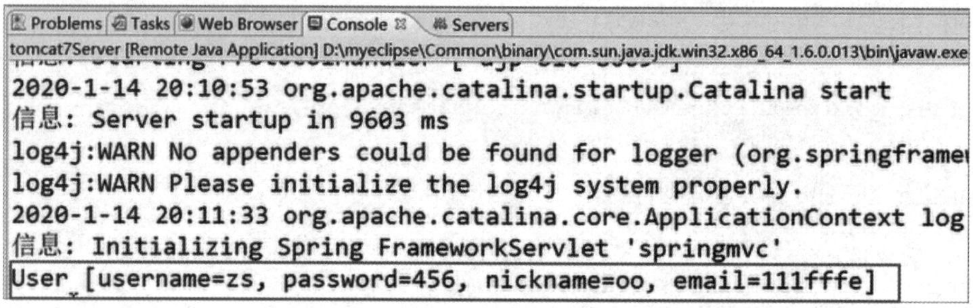

图 6–28　输出结果

可见当不使用 SpringMVC 功能时，如果属性比较多时是比较麻烦的。使用 SpringMVC 功能就比较简单了，在 TestController.java 文件中创建 test04 方法，相关代码如下：

```
@RequestMapping("/test04.action")
public void test04(User user){
    System.out.println(user);
}
```

与 test03 方法的代码相比就简单很多，这就是自动将请求参数封装到 bean 中，前提条件是要求 bean 中必须提供属性的 set 方法，即 User.java 中的 set 方法；并且属性的名称和请求参数的名称要一致。如果不使用 SpringMVC 功能则不需要属性名称和请求参数名称一致。

视 频

自动封装bean的过程中处理其中的复杂类型

6.2.5　自动封装 bean 的过程中处理其中的复杂类型

如果自动封装的 bean 中存在复杂类型，只要该复杂类型的属性同样具有 setXxx 方法，则可以在请求参数中包含 [bean 中复杂类型].[属性] 的方式为该复杂类型的参数赋值，从而实现自动封装 bean 的过程中处理其中的复杂类型。

下面举例说明，首先在 com.daojie.domain 包中创建 Hero 类，相关代码如下：

```
package com.daojie.domain;
public class Hero {
    private String name;
    private int age;
    private String job;
    private Dog dog;
    public String getName() {
```

```
            return name;
        }
        public void setName(String name) {
            this.name = name;
        }
        public int getAge() {
            return age;
        }
        public void setAge(int age) {
            this.age = age;
        }
        public String getJob() {
            return job;
        }
        public void setJob(String job) {
            this.job = job;
        }
        public Dog getDog() {
            return dog;
        }
        public void setDog(Dog dog) {
            this.dog = dog;
        }
        @Override
        public String toString() {
            return "Hero [name=" + name + ", age=" + age + ", job=" + job
                    + ", dog=" + dog + "]";
        }
        public Hero(String name, int age, String job, Dog dog) {
            this.name = name;
            this.age = age;
            this.job = job;
            this.dog = dog;
        }
        public Hero() {
        }
    }
```

在 Hero 中先提供姓名、年龄和工作属性，再提供一个自定义 Dog 类型，即复杂类型。然后提供 set 和 get 方法、toString 方法和无参以及全参构造方法。

再创建 Dog 类，相关代码如下：

```
    package com.daojie.domain;
    public class Dog {
        private String name;
        private int age;
        public String getName() {
            return name;
        }
        public void setName(String name) {
            this.name = name;
        }
        public int getAge() {
            return age;
        }
        public void setAge(int age) {
            this.age = age;
```

```
    }
    @Override
    public String toString() {
        return "Dog [name=" + name + ", age=" + age + "]";
    }
    public Dog(String name, int age) {
        this.name = name;
        this.age = age;
    }
    public Dog() {
    }
}
```

在 Dog 类中提供姓名和年龄属性，并提供 get 和 set 方法、toString 方法和构造方法。

然后在 WebRoot 文件夹中创建 test.jsp 文件，相关代码如下：

```
<%@ page language="java" import="java.util.*" pageEncoding="utf-8"%>
<!DOCTYPE HTML>
<html>
  <head>
  </head>
  <body>
    <form action="${pageContext.request.contextPath}/cr01/test05.action" method="get">
        姓名 :<input type="text" name="name"/>
        年龄 :<input type="text" name="age"/>
        岗位 :<input type="text" name="job"/>
        狗名 :<input type="text" name="dog.name"/>
        狗龄 :<input type="text" name="dog.age"/>
        <input type="submit" name=" 提交 "/>
     </form>
  </body>
</html>
```

代码中 Hero 的属性直接赋值，对自定义类型通过属性名进行赋值，方式为 [bean 中复杂类型].[属性]，其中复杂类型为 dog，属性分别为 name 和 age。

然后在 TestController.java 文件中创建 test05 方法，相关代码如下：

```
@RequestMapping("/test05.action")
public void test05(Hero hero){
    System.out.println(hero);
}
```

启动后，在浏览器中输入地址，其中地址需要找 test.jsp，即可显示 jsp 文件视图的内容，然后输入相关信息，单击“提交”按钮，如图 6–29 所示。

图 6–29　在浏览器中赋值

输出的结果如图 6–30 所示。

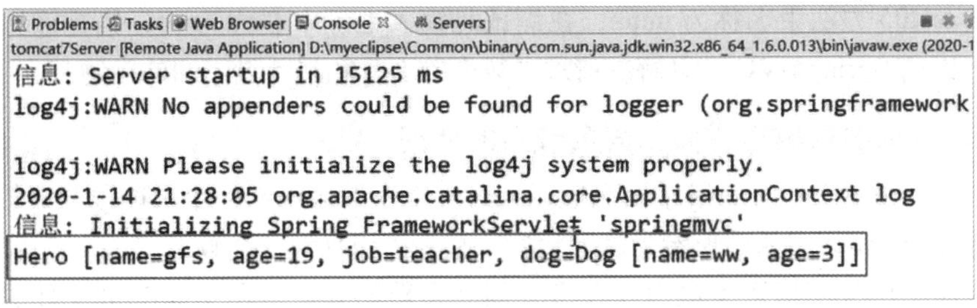

图 6-30　输出结果

如果在 test.jsp 文件中自动封装 bean 的过程没有处理复杂类型，则在测试时在浏览器中不会显示 dog 相关内容，输出结果显示 dog=null。

6.2.6　请求参数中的名称和属性名不同的处理

视 频

请求参数中的名称和属性名不同的处理

可以通过 @RequestParam 来修饰 Controller 方法中用来接收请求参数的形参。

@RequestParam 注解包括以下几个属性可以配置：

- value：参数名字，即请求参数名字，如 value="delId" 表示请求的参数区中的名字为 delId 的参数的值将传入。
- required：是否必须，默认是 true，表示请求中一定要有相应的参数，否则将报 400 错误码。
- defaultValue：默认值，表示如果请求中没有同名参数时的默认值。

下面举例说明请求参数中的名称和属性名不同的处理。在 TestController.java 文件中对 test05 方法进行修改，修改后代码如下：

```
1   @RequestMapping("/test05.action")
2       public void test05(Hero hero,@RequestParam(value="na",required=false,defaultValue=" 周杰伦 ")String nnnn){
3           System.out.println(hero);
4           System.out.println(nnnn);
5       }
```

在第 2 行代码中添加 @RequestParam 注解修饰方法中用来接收请求参数的形参。启动后在浏览器中输入地址，如图 6-31 所示。

图 6-31　输入地址

输出结果如图 6-32 所示。

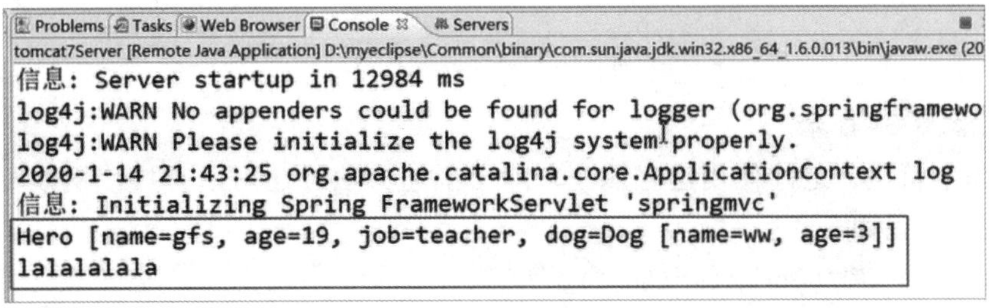

图 6-32　查看输出结果

视频

请求参数中存在多个同名参数

在 test05 方法中名称为 nnnn，在测试时输入地址中名称为 na，但是输出结果是没有问题的，说明 SpringMVC 可以解决请求参数中的名称和属性名不同的问题。

6.2.7 请求参数中存在多个同名参数的处理

如果请求参数中存在多个同名值，此时直接获取会得到一个用逗号分隔的字符串，也可以修改 Controller 方法的形参为数组类型，则直接接收到一个数组。

下面举例说明请求参数中存在多个同名参数的处理。在 WebRoot 文件夹中创建 test06.jsp 文件，使用 get 方法提交，信息包括姓名、年龄和爱好，其中爱好包括 4 种，相关代码如下：

```
<%@ page language="java" import="java.util.*" pageEncoding="utf-8"%>
<!DOCTYPE HTML>
<html>
  <head>
  </head>
  <body>
     <form action="${pageContext.request.contextPath}/cr01/test06.action" method="get">
       姓名 :<input type="text" name="name"/><br/>
       年龄 :<input type="text" name="age"/><br/>
       爱好 :
            <input type="checkbox" name="like" value="yxlm"/>英雄联盟
            <input type="checkbox" name="like" value="jdqs"/>绝地求生
            <input type="checkbox" name="like" value="wzry"/>王者荣耀
            <input type="checkbox" name="like" value="mssj"/>魔兽世界
       <input type="submit" name="提交"/>
     </form>
  </body>
</html>
```

在 TestController.java 文件中创建 test06 方法，相关代码如下：

```
1 @RequestMapping("/test06.action")
2 public void test06(String like){
3     System.out.println(like);
4 }
```

第 2 行代码直接获取多个同名的请求参数。启动后在浏览器中输入查找 test06.jsp 的地址，在界面中输入姓名为“谷丰硕”、年龄为 40 并勾选爱好对应的复选框，单击“提交”按钮，如图 6–33 所示。

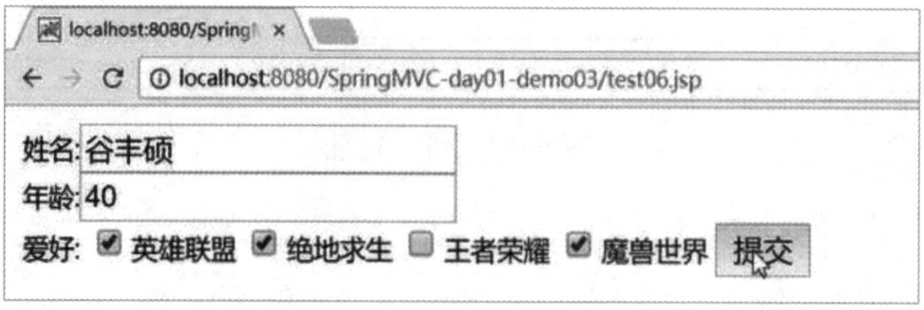

图 6–33　输入相关信息

输出结果如图 6–34 所示。

输出结果为字符串，之间使用逗号隔开。除了上述方法外还可以直接使用字符串数组，修改 test06 方法，相关代码如下：

```
@RequestMapping("/test06.action")
public void test06(String[] like){
    System.out.println(Arrays.toString(like));
}
```

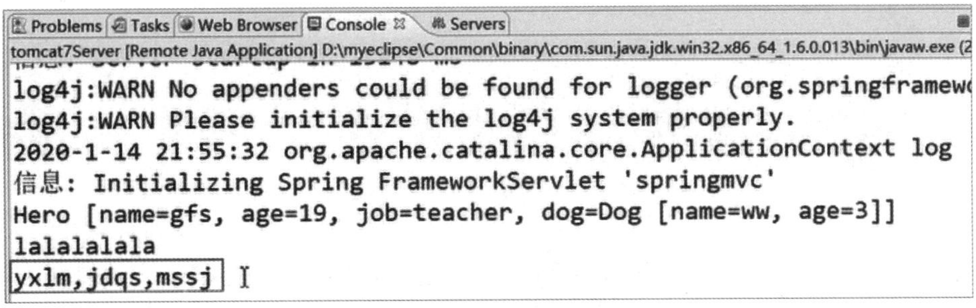

图 6–34　查看输出结果

第 2 行代码中 String[] 为字符串数组，第 3 行代码输出数组。启动后在浏览器中输入地址，并输入相关信息，界面与图 6–33 一样。输出结果为字符串的数组，如图 6–35 所示。

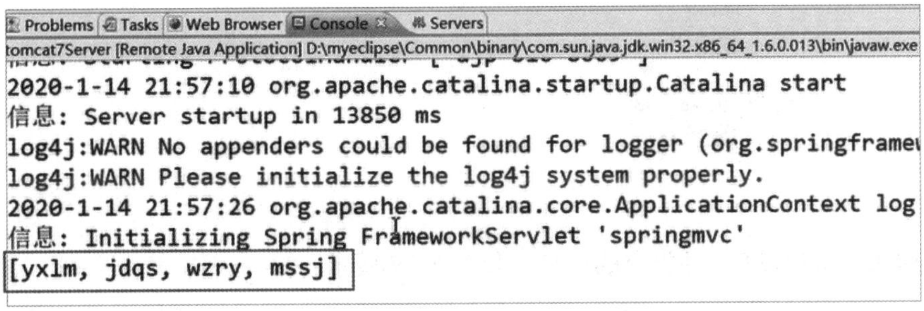

图 6–35　输出结果

6.2.8　请求参数中的中文乱码和日期数据处理

视 频

请求参数中的中文乱码问题

1. 请求参数中的中文乱码

SpringMVC 提供了过滤器用来解决中文乱码，这种方式只能解决 POST 提交的乱码，对 GET 方式提交的乱码无效，此时只能手动进行编解码，解决 GET 方式的请求参数乱码。

下面举例说明如何处理请求参数中的中文乱码问题。在 TestController.java 文件中创建 test07 方法，相关代码如下：

```
@RequestMapping("/test07.action")
public void test07(String name,String addr){
    System.out.println(name);
    System.out.println(addr);
}
```

在 WEB-INF 文件夹中创建 test07.jsp，其中包括 GET 和 POST 两种提交方式，提交的内容是相同的，相关代码如下：

```
<%@ page language="java" import="java.util.*" pageEncoding="utf-8"%>
<!DOCTYPE HTML>
<html>
  <head>
  </head>
  <body>
    <form action="${pageContext.request.contextPath}/cr01/test07.action" method="get">
       姓名 :<input type="text" name="name"/><br/>
       地址 :<input type="text" name="addr"/><br/>
       <input type="submit" name=" 提交 "/>
```

```
    </form>
    <form action="${pageContext.request.contextPath}/cr01/test07.action" method="post">
       姓名 :<input type="text" name="name"/><br/>
       地址 :<input type="text" name="addr"/><br/>
       <input type="submit" name=" 提交 "/>
     </form>
  </body>
</html>
```

启动后，在浏览器中输入地址查找 test07.jsp，上面的姓名和地址是 GET 方法提交的，下面的是 POST 方法提交的。分别输入相关内容后单击“提交”按钮，如图 6–36 所示。

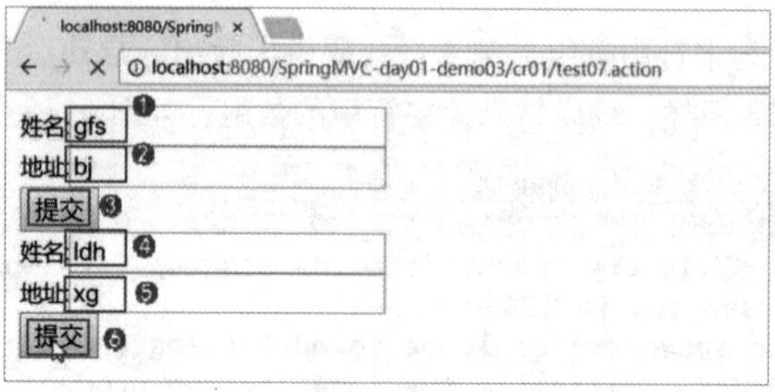

图 6-36　浏览器的界面

即可输出 GET 和 POST 方法提交的信息，如图 6–37 所示。

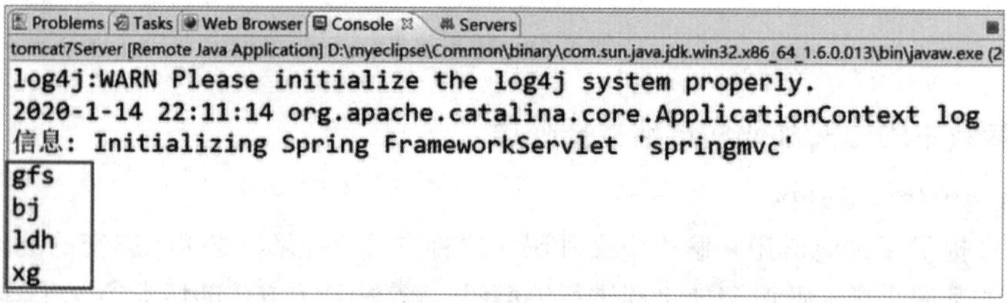

图 6-37　输出相关信息

当输入英文时输出的信息是正确的，如果输入为中文，如图 6–38 所示。

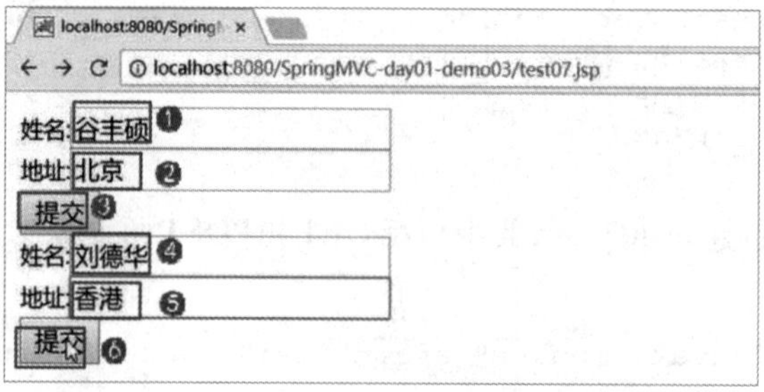

图 6-38　输入中文

输出结果为乱码，如图 6–39 所示。

出现乱码的原因是浏览器默认使用 utf-8，而现在使用的 tomcat 7 版本默认使用 iso8859-1，iso8859-1 是一个字节表示一个汉字，utf-8 是三个字节表示一个汉字。

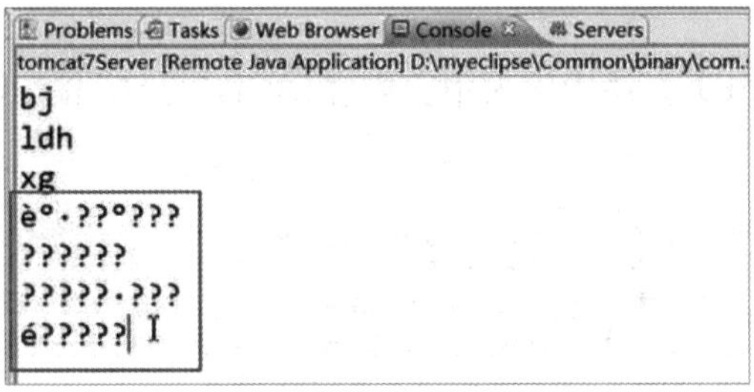

图 6-39　输出中文为乱码

使用 SpringMVC 提供的过滤器可以解决中文乱码问题，在 web.xml 文件中配置 SpringMVC 过滤器，相关代码如下：

```
<!-- 配置 SpringMVC 中文乱码解决过滤器 -->
<filter>
    <filter-name>characterEncodingFilter</filter-name>
    <filter-class>org.springframework.web.filter.CharacterEncodingFilter</filter-class>
    <init-param>
        <param-name>encoding</param-name>
        <param-value>utf-8</param-value>
    </init-param>
</filter>
<filter-mapping>
    <filter-name>characterEncodingFilter</filter-name>
    <url-pattern>/*</url-pattern>
</filter-mapping>
```

配置完成后启动 tomcat，在浏览器中输入中文信息和图 6-38 中内容一样。解决通过 POST 方法提交的乱码问题，显示正确的数据，而使用 GET 方法获取的数据还是乱码，如图 6-40 所示。

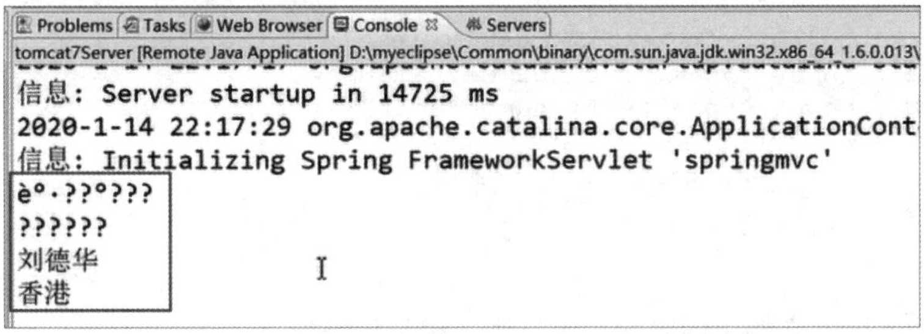

图 6-40　使用 SpringMVC 过滤器解决中文乱码的结果

所以使用 SpringMVC 过滤器解决中文乱码问题时，对 POST 方法是有效的，而对 GET 方法是无效的。可以使用手动的方法解决 GET 方法出现中文乱码的问题，对 test07 方法进行修改，相关代码如下：

```
1  @RequestMapping("/test07.action")
2  public void test07(String name,String addr) throws UnsupportedEncodingException{
3      String namex = new String(name.getBytes("iso8859-1"),"utf-8");
4      String addrx = new String(addr.getBytes("iso8859-1"),"utf-8");
5      System.out.println(namex);
6      System.out.println(addrx);
7  }
```

第 3、4 行代码使用 new String 构造方法，然后使用 getBytes 将 iso8859-1 转换为一个字节数组，然后再转换为 utf-8 的形式。

启动后在浏览器界面的 GET 方法中输入中文内容，单击“提交”按钮即可输出相关内容，如图 6–41 所示。

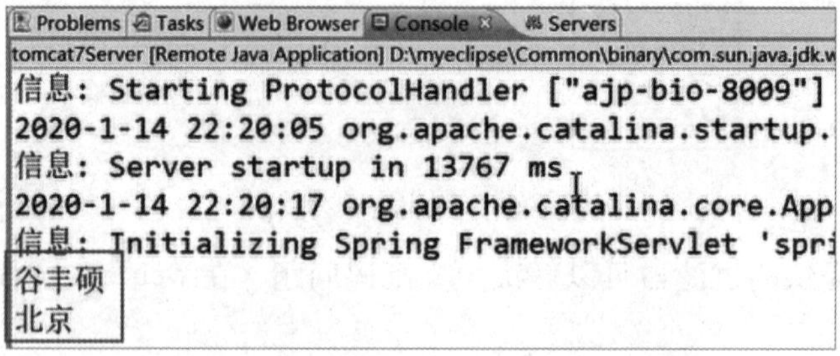

图 6–41　手动解决 GET 方法中文乱码的结果

视频

日期数据处理

2. 日期数据处理

在 SpringMVC 中解析页面提交的请求参数时，默认是按照 yyyy/MM/dd 的格式解析数据的，并不符合 Date 类默认处理机制，所以无法自动获取封装日期到 Date。此时可以配置适配器自己来指定格式。

下面举例说明日期数据的处理，首先创建 test08.jsp 文件，使用 get 方法提交信息，添加出生日期内容，相关代码如下：

```
<%@ page language="java" import="java.util.*" pageEncoding="utf-8"%>
<!DOCTYPE HTML>
<html>
  <head>
  </head>
  <body>
     <form action="${pageContext.request.contextPath}/cr01/test08.action" method="get">
         姓名 :<input type="text" name="name"/><br/>
         地址 :<input type="text" name="addr"/><br/>
         出生日期 :<input type="date" name="tday"/><br/>
         <input type="submit" name=" 提交 "/>
     </form>
  </body>
</html>
```

在 TestController.java 文件中创建 test08 方法，相关代码如下：

```
@RequestMapping("/test08.action")
public void test08(String name,String addr, String tday){
    System.out.println(name);
    System.out.println(addr);
    System.out.println(tday);
}
```

启动后在浏览器输入的地址寻找 test.jsp，在打开的界面中输入姓名、地址和日期，单击“提交”按钮，如图 6–42 所示。

输出结果包含输入的信息，但是这里的日期是通过字符串获取的，如图 6–43 所示。

在 test08 方法中将 String tday 修改为 Date tday，修改为真正的日期格式。然后重新启动，并在浏览器中测试，则不显示任何信息。这是因为以默认日期格式解析数据的，并不符合 Date 类的默认处理机制，所以无法自动获取封装日期到 Date。

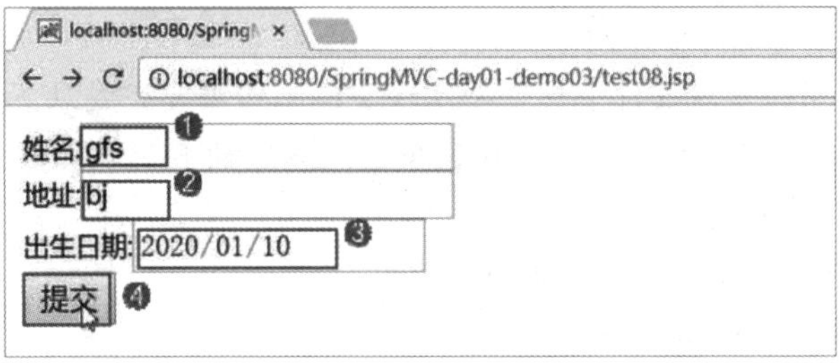

图 6-42　输入信息

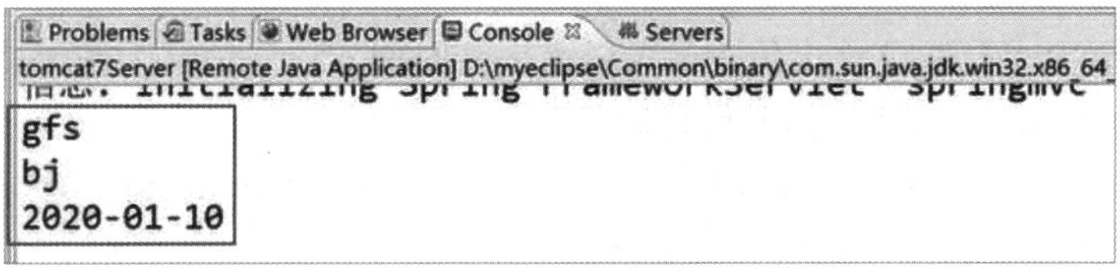

图 6-43　输出结果

下面介绍如何配置适配器来指定日期格式，在 test08 方法下输入配置适配器的代码，在代码中指定日期格式为“yyyy-MM-dd”，相关代码如下：

```
@InitBinder
public void InitBinder(ServletRequestDataBinder binder){
    binder.registerCustomEditor(Date.class, new CustomDateEditor(new
SimpleDateFormat("yyyy-MM-dd"), true));
}
```

配置完成后重新启动 tomcat，在浏览器中输入相关信息，如图 6–44 所示。

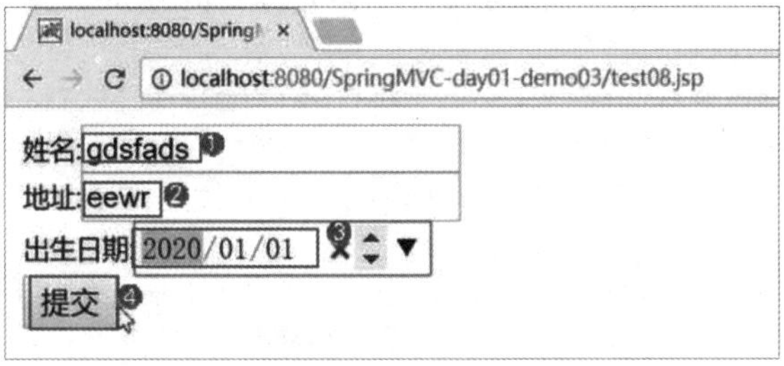

图 6-44　输入相关信息

输出相关信息，而且日期为 Date 格式的日期，如图 6–45 所示。

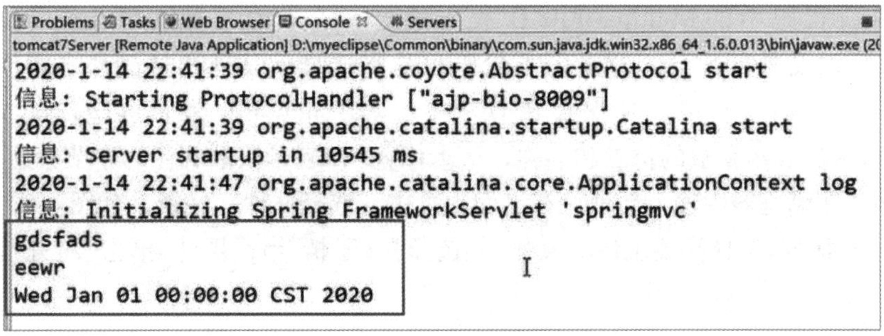

图 6-45　输出 Date 格式的日期

视 频

SpringMVC文件上传

6.2.9 SpringMVC 文件上传

SpringMVC 可以实现文件上传，要实现文件上传需要完成以下三个步骤：

（1）准备文件上传表单。文件上传表单必须满足如下三个条件：

- 表单必须是 Post 提交。
- 表单必须是 enctype="multipart/form-data"。
- 文件上传项必须有 name 属性。

（2）在配置文件中配置文件上传工具。

（3）在 Controller 中实现文件上传。

下面举例说明 SpringMVC 文件上传，首先创建 test09.jsp 文件，方法为 post 提交，值为 enctype="multipart/form-data"，name 为 fx，相关代码如下：

```
<%@ page language="java" import="java.util.*" pageEncoding="utf-8"%>
<!DOCTYPE HTML>
<html>
  <head>
  </head>
  <body>
      <form action="${pageContext.request.contextPath}/cr01/test09.action"
method="post" enctype="multipart/form-data">
        <td> 文件 </td>
        <td><input type="file" name="fx"/></td>
        <input type="submit" name=" 提交 "/>
     </form>
  </body>
</html>
```

接着在 springmvc-servlet.xml 文件中配置文件上传处理器的 bean，相关代码如下：

```
<!-- 配置文件上传处理器的 bean  -->
<bean id="multipartResolver" class="org.springframework.web.multipart.commons.
CommonsMultipartResolver"></bean>
```

然后在 TestController.java 文件中创建 test09 方法，相关代码如下：

```
1   @RequestMapping("/test09.action")
2   public void test09(MultipartFile fx) throws IOException{
3       System.out.println(fx.getOriginalFilename());
4       // 保存文件
5       FileUtils.writeByteArrayToFile(new File("D://"+fx.getOriginalFilename()),
fx.getBytes());
6   }
```

注意，第 2 行代码中的 MultipartFile fx 表示选择一个文件；第 3 行代码中的 fx.getOriginalFilename() 可以提取文件的原始名称。以上代码只是将选择的文件上传到服务器，还需要进行保存，第 5 行代码表示将上传的文件保存在 D 盘中，其中 new File 表示创建新的文件，"D://"+fx.getOriginalFilename() 表示存放的位置和名称，fx.getBytes() 表示获取文件的字节数组。

启动 tomcat，在浏览器中输入地址，在界面中单击“选择文件”按钮，如图 6–46 所示。

打开“打开”对话框，选择需要上传的文件，如选择“父子情 .jpg”图片，单击“打开”按钮，如图 6–47 所示。

图 6-46 在浏览器中测试

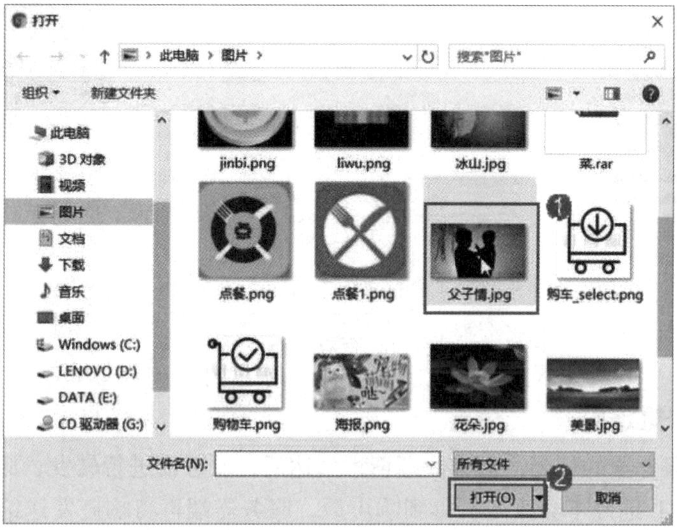

图 6-47 选择上传的文件

返回浏览器界面中，在“选择文件”右侧显示文件的名称和扩展名，单击“提交”按钮，如图 6-48 所示。

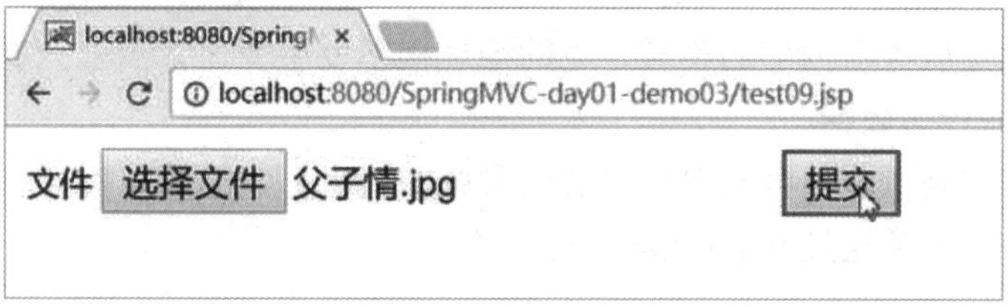

图 6-48 提交文件

在输出结果中显示了文件的名称，表示该文件上传成功，如图 6-49 所示。

打开 D 盘，显示“父子情 .jpg”文件，说明已经将上传的文件保存在指定的位置中，如图 6-50 所示。

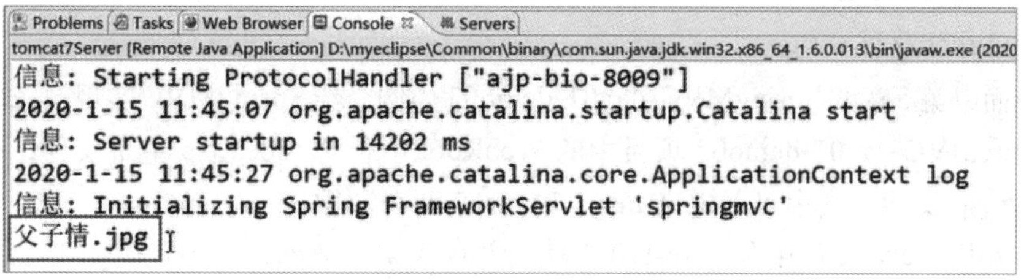

图 6-49 输出文件名称

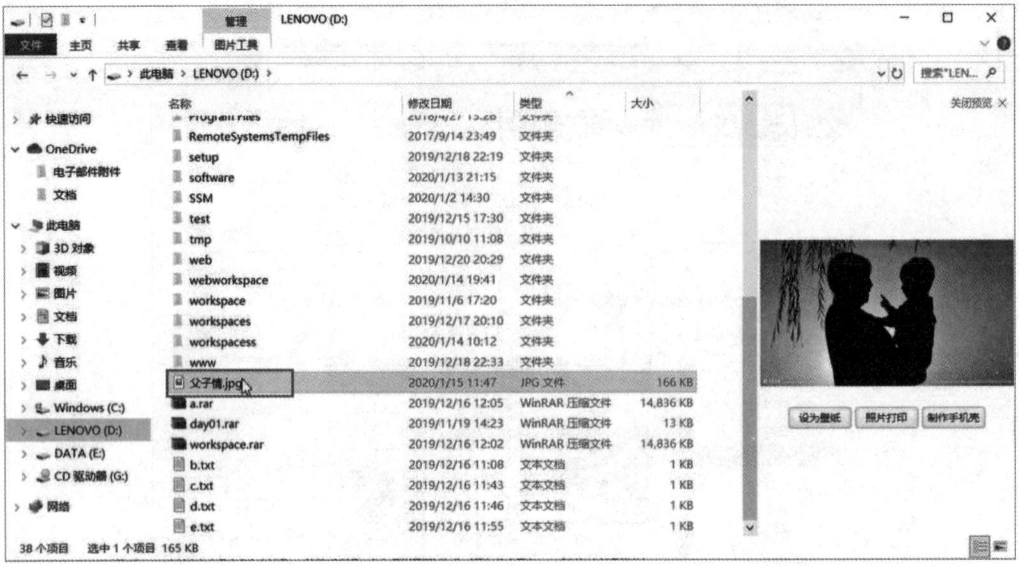

图 6-50 保存文件成功

6.2.10 请求转发和重定向

请求转发是一种服务器的行为，当客户端请求到达后，服务器进行转发，此时会将请求对象进行保存，地址栏中的 URL 地址不会改变，得到响应后，服务器端再将响应发送给客户端，从始至终只有一个请求发出。

重定向（Redirect）就是通过各种方法将各种网络请求重新定个方向转到其他位置，例如网页重定向、域名重定向，路由选择的变化也是对数据报文经由路径的一种重定向。

请求重定向和请求转发都是 Web 开发中资源跳转的方式，但是它们也有区别。

请求转发是服务器内部的跳转，它的地址栏不发生变化，而且只有一个请求响应，可以通过 request 域传递数据。

请求重定向是浏览器自动发起对跳转目标的请求，它的地址栏会发生变化，而且是两次请求两次响应，无法通过 request 域传递对象。

视 频

SpringMVC实现请求转发和重定向

6.2.11 SpringMVC 实现请求转发和重定向

在 SpringMVC 中可以非常方便地实现请求转发和重定向，SpringMVC 可以使用传统方式实现转发和重定向，也提供了快捷方法实现转发和重定向。只要在返回视图时，使用如下方式指定即可：

- forward:/xxx.action
- redirect:/xxx.action

视 频

请求转发补充

下面以第 5 章的 SpringMVC-day01-demo03 为例介绍 SpringMVC 实现请求转发和重定向。在 SpringMVC-day01-demo03 项目中的 WebRoot 中包含 index.jsp 主页文件，WEB-INF 中包含 hello.jsp 文件，其中可以定义 msg1 和 msg2 两个数据。

在 TestController.java 文件中创建 test10 方法，并传入两个数据，相关代码如下：

```
@RequestMapping("/test10.action")
```

```
public String test10(Model model){
    model.addAttribute("msg1","red apple");
    model.addAttribute("msg2","green apple");
    return "hello";
}
```

启动后在浏览器中输入地址查找 test10.action，即可显示相关数据，如图 6-51 所示。

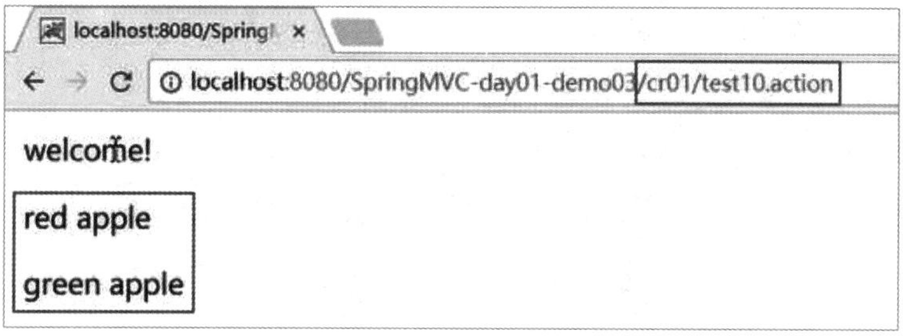

图 6-51　测试结果

以上操作也算是一种转发，因为浏览器找到的是 test10.action，结果转到 hello.jsp 视图上，并输出数据。如果想真正实现请求转发，在 SpringMVC 中可以使用 forward，直接返回视图。在本例中访问的是 test10.action，希望转到主页中，即 index.jsp 文件，直接修改 test10 方法代码中的第 5 行代码即可，修改后代码如下：

```
return "forward:/index.jsp";
```

然后对 index.jsp 文件中的代码进行修改，以显示 msg1 和 msg2 相关数据，修改后代码如下：

```
<%@ page language="java" import="java.util.*" pageEncoding="utf-8"%>
<!DOCTYPE HTML>
<html>
  <head>
  </head>
  <body>
      主页
   <p>${msg1}</p>
   <p>${msg2}</p>
  </body>
</html>
```

启动后打开浏览器，输入地址访问 test10.action，如图 6-52 所示。

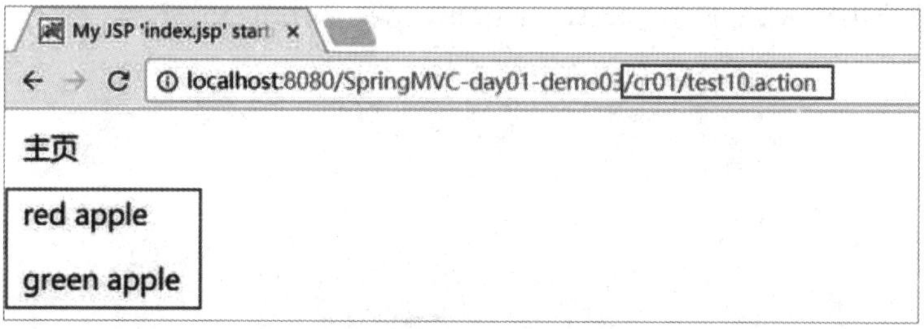

图 6-52　查看测试结果

从测试结果可见跳转到 index.jsp 的主页文件，而且浏览器中地址没有发生变化，只有一个请求响应。

以上为使用 SpringMVC 实现请求转发，接着再介绍重定向。在 TestController.java 文件中创建

test11 方法，相关代码如下：

```
1    @RequestMapping("/test11.action")
2    public String test11(){
3        return "redirect:/index.jsp";
4    }
```

在第 3 行代码中使用 redirect 进行重定向到 index.jsp 文件。在 test11 方法中没有定义数据，是为了更加明显地比较浏览器的地址栏中的变化。

启动后在浏览器中输入地址，访问 test11.action，如图 6–53 所示。

图 6–53　在浏览器中输入地址

稍等片刻，即可显示相关信息，如图 6–54 所示。

图 6–54　查看测试结果

在图 6–53 中显示输入地址为 test11.action，图 6–54 显示的地址跳转到 index.jsp，可见两个地址是不同的，这是因为请求重定向时地址会发生变化，并且是两次请求两次响应。

从以上例子中可见通过 SpringMVC 实现请求转发和重定向是非常方便的，请求转发时使用 forward，请求重定向使用 redirect 即可。

下面验证是否可以从一个 action 文件请求转发到另一个 action 文件，从另一个 action 文件请求转发到主页中。在 TestController.java 文件中创建 test12 方法，相关代码如下：

```
@RequestMapping("/test12.action")
public String test12(){
    return "forward:/cr01/test10.action";
}
```

在代码中使用 forward 请求转发到 test10.action，在 test10 方法中使用 forward 请求转发到 index.jsp。

启动后，在浏览器中输入地址访问 test12.action，结果如图 6–55 所示。

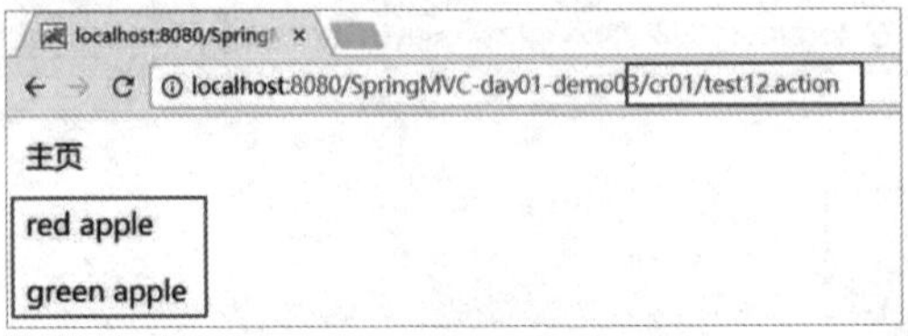

图 6–55　查看测试结果

在结果中显示主页和 test10 方法中的数据，说明请求转发成功。执行过程是在浏览器地址栏中访问 test12.action，此时地址栏没有改变，运行 test12 方法；然后跳转到 test10.action，运行 test10 方法；最后跳转到 index.jsp 中，并显示 test10 中的数据。

在实际开发过程中，通常情况下是不能将视图 .jsp 文件存放在 WebRoot 中的，因为用户会直接访问到视图文件，从而跳过动态数据设置阶段，导致页面错误。例如将 hello.jsp 文件从 WEB-INF 中移到 WebRoot 中，然后在浏览器中直接访问该视图文件，在页面中只显示 welcome!，没有显示相关数据，如图 6–56 所示。

图 6–56　直接访问视图的结果

从结果可见已经访问到 hello.jsp 文件，但是没有动态数据，因为动态数据是通过处理器设定数据的，而现在用户可以直接访问 hello.jsp，就跳过设置动态数据了。

如果将视图文件 hello.jsp 存放在 WEB-INF 中，用户就不能直接访问了，但是有些视图又希望被用户访问，还不能放在 WebRoot 中。此时可以在处理器中进行设置，在 TestController.java 文件中创建 test13 方法，相关代码如下：

```
1   @RequestMapping("/test13.action")
2   public String test13( ){
3       return "hello";
4   }
```

第 3 行代码会直接访问到 WEB-INF 中的 hello.jsp 文件，因为在 springmvc-servlet.xml 文件中已经配置视图解析器在 WEB-INF 中查找文件 .jsp 文件。

这种方法会把查找的视图文件写死了，只能查找 hello.jsp 文件。如果希望用户指定访问哪个视图就访问哪个视图文件，此时可以使用 SpringMVC 中的请求转发和字符串拼接实现。对 test13 代码进行修改，相关代码如下：

```
1   @RequestMapping("/test13.action")
2   public String test13(String path){
3       return "forward:/WEB-INF/"+path;
4   }
```

第 3 行代码通过请求转发到 WEB-INF 中用户指定的文件。启动后，在浏览器中输入地址访问 test13.action，然后再输入需要访问的视图文件，此处访问 hello.jsp 文件，如图 6–57 所示。

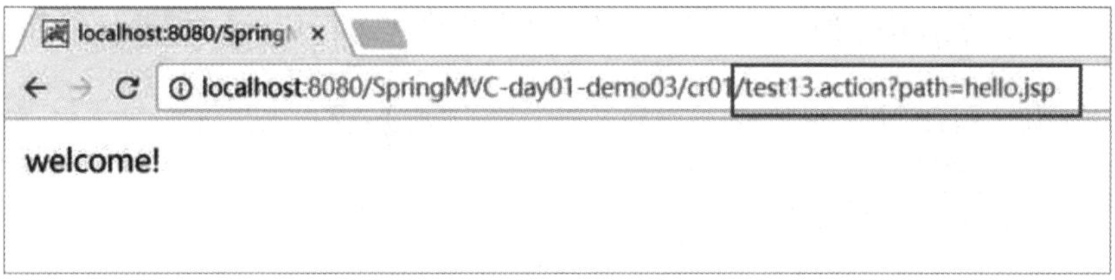

图 6–57　查看访问结果

视频

SpringMVC中session的使用

6.2.12　SpringMVC 中 session 的使用

Web 中一共有 4 个作用域，分别是 request、session、servletContext 和 page Context，最常用到的是 request 和 session。

下面举例说明 SpringMVC 默认使用哪种作用域，首先在 WEB-INF 文件夹中创建 test.jsp

文件，相关代码如下：

```
1  <%@ page language="java" import="java.util.*" pageEncoding="utf-8"%>
2  <!DOCTYPE HTML>
3  <html>
4    <head>
5    </head>
6    <body>
7      test.jsp.......... <br>
8       您购买的是：
9       request:${requestScope.msg}<br/>
10      session:${sessionScope.msg}<br/>
11      servletContext:${applicationScope.msg}<br/>
12      pageContext:${pageScope.msg}<br/>
13    </body>
14 </html>
```

第 9~12 行代码分别使用 4 种作用域设置数据，在测试结果中哪个作用域有数据说明默认使用哪个作用域。

接着在 TestController.java 文件中创建 test14 方法，为动态数据赋值，相关代码如下：

```
@RequestMapping("/test14.action")
public String test14(Model model){
    model.addAttribute("msg","red apple");
    return "test";
}
```

启动后，在浏览器中访问 test14.action，如图 6–58 所示。

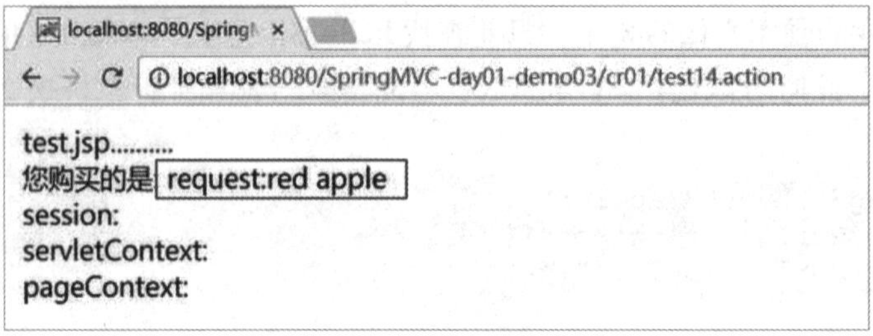

图 6–58　查看测试结果

由测试结果可见 request 作用域有数据，说明 SpringMVC 默认使用 request 作用域。用户也可以指定一个作用域，下面介绍第一种方法，对 test14 方法的代码进行修改，相关代码如下：

```
1  @RequestMapping("/test14.action")
2  public String test14(Model model,HttpServletRequest rep){
3      HttpSession session = req.getSession();
4      Session.setAttribute(argo,arg1);
5      model.addAttribute("msg","red apple");
6      return "test";
7  }
```

第 2 行代码中通过 HttpServletRequest rep 可以获取其他作用域；第 3 行代码获取 session 作用域，也可以根据需要获取其他作用域；第 4 行代码可以在括号内根据需要设置数据。通过以上代码即可使用指定的 session 作用域。

第二种方法，直接为作用域赋值，例如给 session 作用域赋值，对 test14 方法进行修改，相关代码如下：

```
1   @RequestMapping("/test14.action")
2   public String test14(Model model,HttpSession session){
3       session.setAttribute("msg","blac apple");
4       model.addAttribute("msg","red apple");
5       return "test";
6   }
```

第 2 行代码使用 HttpSession session 直接接收指定的作用域；第 3 行代码为 session 作用域赋值为 blac apple。

启动后，在浏览器中输入地址访问 test14.action，即可完成使用指定的 session 作用域，如图 6–59 所示。

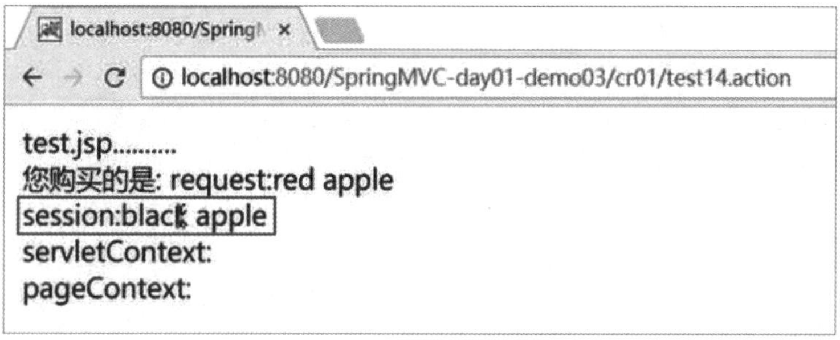

图 6–59　使用 session 作用域的结果

以上两种方法都需要输入代码完成，其实 SpringMVC 提供了操作 session 机制，可以将属性存入 model 中，再通过在类上声明 @SessionAttributes 注解，将指定属性存入 session 中。

第三种方法，可以首先将 test14 方法的代码恢复到第一种方法之前的状态，然后在 TestController 类上使用 @SessionAttributes 注解，相关代码如下：

```
@SessionAttributes("amsg")
public class TestController {
}
```

在 @SessionAttributes 注解的括号中指定 amsg 使用 session 作用域。然后将 test14 方法和 test.jsp 中 msg 都修改为 amsg。

启动后在浏览器中输入地址访问 test14.action，即可完成使用 session 作用域，如图 6–60 所示。

图 6–60　使用注解的结果

6.2.13　@ModelAttribute 注解

@ModelAttribute 注解可以用在方法上也可以用在方法参数之前，用在不同的位置其功能是不同的。

视频

ModelAttribute 注解

使用在方法上被修饰的方法将会在当前类的任意 handler 方法执行之前执行，该方法返回的返回值会自动存入 model 供后续使用。

使用在方法参数之前会从 model 中获取属性值赋值到被修饰的方法参数上。

下面举例说明 @ModelAttribute 注解的使用。在 com.daojie.controller 包中创建 SecondController 类，相关代码如下：

```
1  package com.daojie.controller;
2  import org.springframework.stereotype.Controller;
3  import org.springframework.ui.Model;
4  import org.springframework.web.bind.annotation.ModelAttribute;
5  import org.springframework.web.bind.annotation.RequestMapping;
6  @Controller
7  @RequestMapping("/cr02")
8  public class SecondController {
9      @ModelAttribute()
10     public String setModel(){
11         return "banana";
12     }
13     @RequestMapping("/test01.action")
14     public void test01(Model model){
15         System.out.println(model.asMap());
16     }
17 }
```

第 9 行中 @ModelAttribute() 注解是使用在方法上的，可以保证该方法是在 test01 方法执行之前执行的，还会把返回的值保存在 test01 方法的 model 中。第 14 行代码中的值为 model，如果没有第 9 行的注解，此处 model 里面是没有值的。

启动后，在浏览器中输入地址查找 test01.action，在 Console 中输出显示 model 的值，如图 6–61 所示。

说明 @ModelAttribute 注解用在方法上会在 handler 方法执行之前执行，并且将返回值自动存入 model 中。

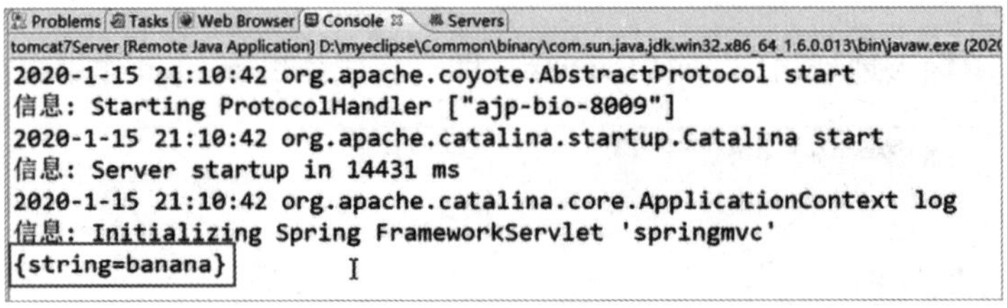

图 6–61　查看输出结果

除了用在方法上之外还可以用在参数前，在 SecondController.java 文件中创建 test02 方法，相关代码如下：

```
1  @RequestMapping("/test02.action")
2  public void test02(@ModelAttribute("fruit") String fruit){
3      System.out.println(fruit);
4  }
```

第 2 行代码中在参数之前使用 @ModelAttribute 注解，可以从 model 中获取属性值赋值到 String fruit 中。此时如果不使用 @ModelAttribute 注解，也没有为 String fruit 赋值则是没有值的。

然后在方法上使用 @ModelAttribute 注解的括号内输入 "fruit"，即可将该方法的返回值赋值给 String fruit。

启动后在浏览器中输入地址访问 test02.action，即可输出结果，如图 6–62 所示。

图 6–62　查看输出结果

6.2.14　异常处理

视频

异常处理

本节将介绍 SpringMVC 异常处理技术，主要介绍 3 种方法：

- @ExceptionHandler 注解可以为当前 Controller 配置错误处理。
- @ControllerAdvice 注解可以配置全局的错误处理。
- SpringMVC 也提供了配置文件方式配置全局错误处理。

下面举例说明 SpringMVC 异常处理技术。在 com.daojie.controller 包中创建 ExceptionController 类，相关代码如下：

```
1  package com.daojie.controller;
2  import org.springframework.stereotype.Controller;
3  import org.springframework.web.bind.annotation.ExceptionHandler;
4  import org.springframework.web.bind.annotation.RequestMapping;
5  import org.springframework.web.servlet.ModelAndView;
6  @Controller
7  @RequestMapping("/cr03")
8  public class ExceptionController {
9      @ExceptionHandler
10     public ModelAndView myExceptionHandler(Exception e){
11         System.out.println(" 出现异常 :  " + e.getMessage());
12         // 返回一个友好的错误信息
13         ModelAndView mav = new ModelAndView();
14         mav.addObject("msg",e.getMessage());
15         mav.setViewName("err");
16         return mav;
17     }
18     @RequestMapping("/test01.action")
19     public void test01(){
20         int i = 1 / 0;
21     }
22 }
```

在代码中的 test01 方法中出现异常代码为“int i = 1 / 0;”。第 10 行代码中创建 myExceptionHandler 方法是用来处理 test01 方法中的异常的；而第 9 行代码使用 @ExceptionHandler 注解，当出现异常时就会跳转到该方法中；第 11 行代码输出异常信息；第 14 行代码添加异常信息；第 15 行代码创建 err 界面显示异常信息，所以接下来还需要创建 err.jsp 文件。

在 WEB-INF 文件夹中创建 err.jsp 文件，相关代码如下：

```
<%@ page language="java" import="java.util.*" pageEncoding="utf-8"%>
<!DOCTYPE HTML>
<html>
  <head>
  </head>
  <body>
    err 出现错误
    ${msg}
  </body>
</html>
```

启动后在浏览器中输入地址查找 test01.action，在界面中显示出现异常的原因，如图 6–63 所示。

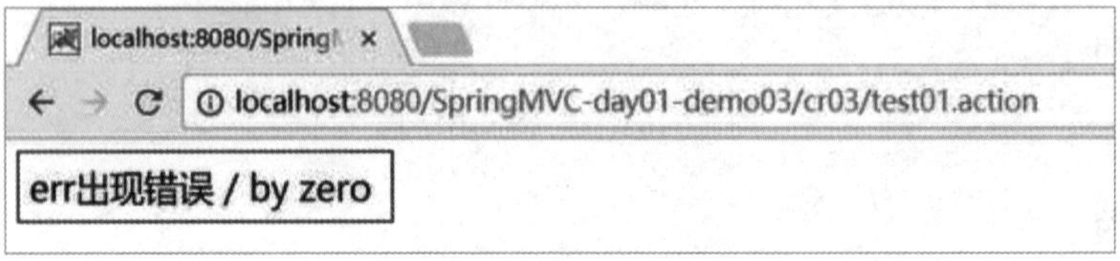

图 6–63　显示出错信息

运行 ExceptionController.java 中代码时，发现异常后被 @ExceptionHandler 注解的方法拦截，然后把异常信息发送给页面（即 err.jsp 文件），页面将信息显示在浏览器中。但是 @ExceptionHandler 注解只能为当前 Controller 配置错误处理，不能全局配置错误处理，例如再创建一个 Controller 类，为 ExceptionController2 类，在代码中同样出现“int i = 1 / 0;”异常代码，相关代码如下：

```
package com.daojie.controller;
import org.springframework.stereotype.Controller;
import org.springframework.web.bind.annotation.RequestMapping;
@Controller
@RequestMapping("cr04")
public class ExceptionController2 {
    @RequestMapping("/test01.action")
    public void test01(){
        int i = 1 / 0;
    }
}
```

启动后测试该类，没有跳转页面，说明出现的异常没有被处理。如果需要全局配置错误处理可以使用 @ControllerAdvice 注解，下面举例说明使用该注解全局配置错误。在 com.daojie.controller 包中创建 GlobalExceptionHandler 类，相关代码如下：

```
package com.daojie.controller;
import org.springframework.web.bind.annotation.ControllerAdvice;
import org.springframework.web.bind.annotation.ExceptionHandler;
import org.springframework.web.servlet.ModelAndView;
@ControllerAdvice
public class GlobalExceptionHandler {
    @ExceptionHandler
    public ModelAndView myExceptionHandler(Exception e){
       System.out.println(" 出现异常：  " + e.getMessage());
        // 返回一个友好的错误信息
        ModelAndView mav = new ModelAndView();
        mav.addObject("msg",e.getMessage());
        mav.setViewName("global_err");
        return mav;
    }
```

```
16 }
```

第 5 行代码使用 @ControllerAdvice 注解起到全局配置错误处理的作用，以下代码获取信息以及跳转页面和 ExceptionController.java 文件中的相关代码一样。

在 WEB-INF 文件夹中创建 global_err.jsp 文件，相关代码如下：

```
<%@ page language="java" import="java.util.*" pageEncoding="utf-8"%>
<!DOCTYPE HTML PUBLIC "-//W3C//DTD HTML 4.01 Transitional//EN">
<html>
  <head>
  </head>
  <body>
    全局异常配置页面
    出现了错误....
  </body>
</html>
```

启动后在浏览器中输入地址查找 ExceptionController2.java 文件中的 test01.action，如图 6–64 所示。

图 6–64　全局配置错误处理结果

结果显示了全局异常配置页面，说明使用 @ControllerAdvice 注解可以实现全局配置错误处理。在本例中错误异常是出现在 ExceptionController2.java 文件中的，在运行时被 GlobalExceptionHandler.java 文件进行处理了，这就是 @ControllerAdvice 注解的作用。

除了使用 @ControllerAdvice 注解配置全局错误处理外，还可以使用 SpringMVC 配置文件的方式配置全局错误处理。下面举例说明，打开 springmvc-servlet.xml 文件，相关代码如下：

```
1  <!-- 配置全局错误提示 -->
2  <bean class="org.springframework.web.servlet.handler.SimpleMappingExceptionResolver">
3      <property name="exceptionMappings">
4          <props>
5              <prop key="java.lang.NullPointerException">null_err</prop>
6              <prop key="java.io.IOException">io_err</prop>
7          </props>
8      </property>
9  </bean>
```

在第 5 行代码中跳转的页面为 null_err，表示空指针异常，所以需要创建 null_err.jsp 文件；在第 6 行代码中跳转的页面为 io_err，表示 IO 异常，还需要创建 io_err.jsp 文件。

在 WEB-INF 文件夹中创建 null_err.jsp 文件，相关代码如下：

```
<body>
   This is Null_err page. <br>
</body>
```

将 ExceptionController2.java 中的“int i = 1 / 0;”代码修改为“throw new NullPointerException();”，该代码为空指针异常。

启动后，在浏览器中输入地址查找 cro4 中的 test01.action，如图 6–65 所示。

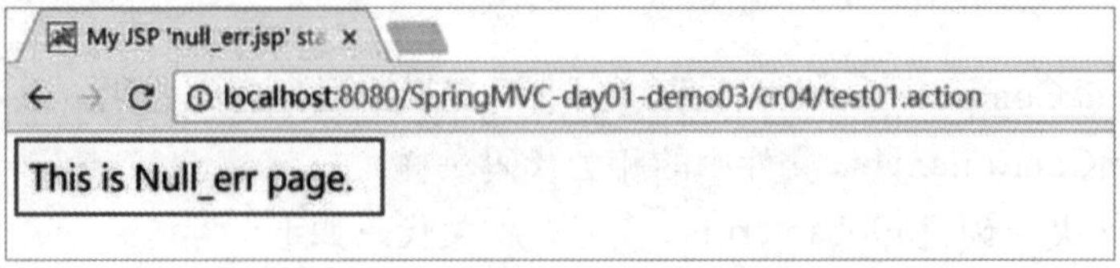

图 6-65 通过 SpringMVC 配置全局错误处理的结果

执行 ExceptionController2.java 文件，出现空指针异常时，跳转到 null_err.jsp 文件中，并显示相关信息，说明通过 SpringMVC 提供的配置文件方式配置全局错误处理成功。

视频

自动发送json格式数据

6.2.15 自动发送 json 格式数据

当页面通过 AJAX 来访问 Controller 时，期望得到的不是一个页面而是一段数据，此时可以使用 HttpServletResponse 类，直接向响应中写出数据。通过以下方式写数据：

```
HttpServletResponse 的对象 .getWriter().write( 数据 )
```

使用 @ResponseBody 注解可以将返回的对象转换为 json 格式写出到响应中。

下面举例说明如何自动发送 json 格式数据。在 com.daojie.controller 包中创建 JsonController 类，相关代码如下：

```
1  package com.daojie.controller;
2  import java.io.IOException;
3  import javax.servlet.http.HttpServletResponse;
4  import org.springframework.stereotype.Controller;
5  import org.springframework.web.bind.annotation.RequestMapping;
6  @Controller
7  @RequestMapping("/cr05")
8  public class JsonController {
9      @RequestMapping("/test01.action")
10     public void test01(HttpServletResponse resp) throws IOException{
11         resp.getWriter().write("abcdeft");
12     }
13 }
```

第 11 行代码通过 HttpServletResponse 的对象 .getWriter().write(数据) 方式，使用 HttpServletResponse 类直接向响应中写出数据。

启动后在浏览器中输入地址查找 test01.action，如图 6-66 所示。

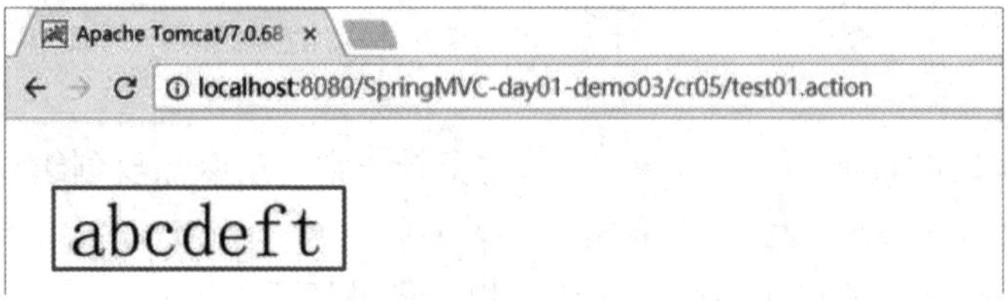

图 6-66 查看测试结果

结果显示指定的字符串内容，验证了向浏览器中输入的字符串。

在以上代码的第 11 行中 resp.getWriter() 是 PrintWriter 类型，所以还可以简化代码。创建 test02 方法，简化后代码如下：

```
@RequestMapping("/test02.action")
public void test02(PrintWriter pw) throws IOException{
```

```
    pw.write("abcdefg");
}
```

启动后在浏览器中输入地址查找 test02.action，即可显示第 3 行代码中的字符串，如图 6–67 所示。

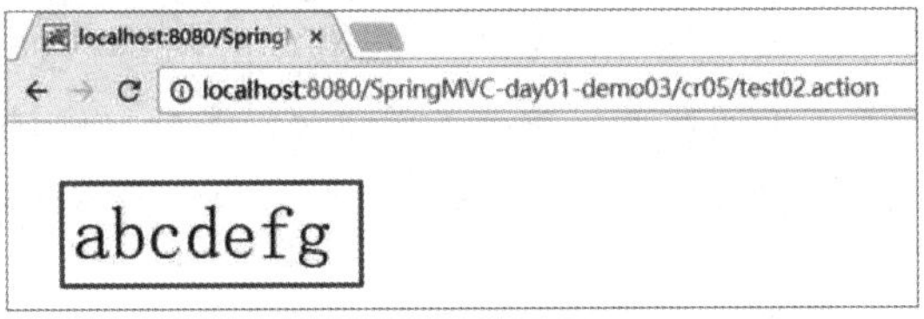

图 6–67　查看测试结果

以上介绍的返回的数据都是一串字符，比较简单。如果返回值是比较复杂的，有一定结构的数据，例如数组或者一个对象包含另一个对象，返回 json 格式数据时，可以使用拼接方式。例如将第 3 行代码中 "abcdefg" 修改为 "{'name':'zs','age':19}"，数组中包含姓名和年龄。启动后在浏览器中测试，显示对应的内容，如图 6–68 所示。

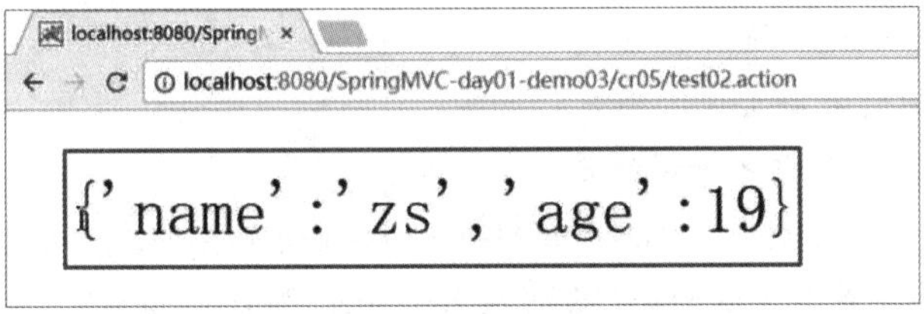

图 6–68　查看测试结果

现在使用的项目是第 5 章中自动封装 bean 的过程中处理其中的复杂类型的项目，其中包含 Hero.java 和 Dog.java 两个文件。下面介绍如何使用以上两个文件返回一个对象，创建 test03 方法，相关代码如下：

```
1  @ResponseBody
2  @RequestMapping("/test03.action")
3  public Hero test03(){
4      Dog dog = new Dog("wc",6);
5      Hero hero = new Hero("ys",22,"sd",dog);
6      return hero;
7  }
```

第 4 行代码创建 dog 对象，并赋值姓名为 wc、年龄为 6；第 5 行代码创建 hero 对象，并赋值姓名、年龄、职业，而且还包含 dog。现在将复杂的类型 hero 返回到浏览器中，需要将 hero 对象的值转换为 json 格式数据返回，在方法上使用 @ResponseBody 注解即可，即代码中第 1 行。

启动后，在浏览器中输入地址查找 test03.action，，如图 6–69 所示。

从结果可见使用 @ResponseBody 注解可以将复杂的数据自动转换为 json 数据。

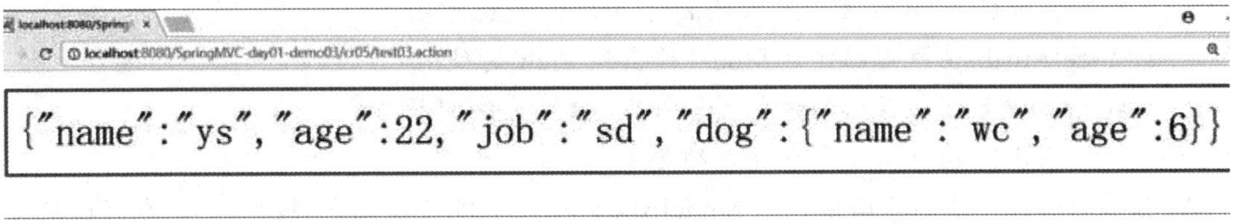

图 6–69　查看测试结果

小 结

视频

课程总结

通过 SpringMVC 的学习，大家了解了 SpringMVC 的使用场景，理解了 SpringMVC 中组件的作用，且能够独立配置 SpringMVC。注意，SpringMVC 中常用的注解，每一个都有自己的使用方式和场景，在实际开发中要灵活运用。另外，通过本章的学习，大家还能够熟练使用 SpringMVC 中的重定向和转发、session 的使用、异常处理、返回数据等技术。

习 题

一、单选题

1. 下列有关 MVC 的处理过程描述不正确的是（　　）。

A. 首先控制器接收用户的请求，决定调用哪个模型来进行处理

B. 模型处理用户的请求并返回数据

C. 模型确定调用哪个视图进行数据展示

D. 视图将模型返回的数据呈现给用户

2. 在 SpringMVC 中，以下描述错误的是（　　）。

A. SpringMVC 中必须是实现了 Handler 接口的 JavaBean 才能成为请求处理器

B. DisPatcherServlet 是 SpringMVC 的前端 Servlet，和任何 servlet 一样，必须在 web. xml 中配置后，才能起作用

C. 在 web. xml 中，根据 servlet-mapping 的 URL 不同，可以配置多个 DisPatcher Servlet

D. ModelAndView 中的 view 是逻辑视图名，而非真正的视图对象

3. 对 MVC 模式的概念解释错误的是（　　）。

A. MVC 设计模式是 23 种基本设计模式之一，它的最主要特点是把显示和数据集成到一起，便于数据的快速处理

B. MVC 中的 V 是 View（视图）的简写，视图是用户看到并与之交互的界面

C. MVC 中的 C 是 Controller（控制器）的简写，控制器接收用户的输入并调用模型和视图去完成用户的需求

D. MVC 中的 M 是 Model（模型）的简写，模型表示企业数据和业务规则

4. 以下对注解 @ModelAttribute 的使用描述不正确的是（　　）。

A. 如果把 @ModelAttribute 放在方法的注解上，代表的是该 Controller 的所有方法在调用前，先执行此 @ModelAttribute 方法

B. 把 @ModelAttribute 应用在 BaseController 当中，所有 Controller 继承 BaseController，即可实现在调用 Controller 时，先执行 @ModelAttribute 方法

C. @ModelAttribute 也可以作为 Model 输出到 View 时使用

D. @ModelAttribute 以注解的方式让程序以属性的方法调用

5. 下列关于 ModelAndView 的说法错误的是（　　）。

A. 控制器处理方法的返回值若为 ModelAndView，则既可以包含视图信息，也可以包含模型数据信息

B. 控制器处理方法的返回值若为 ModelAndView, 在处理方法的方法体内，除了通过 setViewName() 或者 setView() 设置视图，还必须通过 addobject () 添加模型数据

C. ModelAndView 的 addobject () 方法与 addAll0bjects () 方法的区别：前者添加一个对象到 model 中，后者是添加一个 Map 对象

D. ModelAndView. setViewName ("welcome"); 中的 welcome 是逻辑视图名，并非真正的视图对象

二、多选题

在 SpringMVC 中，控制器 Controller 怎么样找到对应的业务模型来处理以后的请求（　　）。

A. HanderAdapter 负责绑定 Controller 与具体的方法之间的映射

B. 使用 ModelAndView 找到对应的业务模型执行以后的请求

C. 系统加载的时候解析注解

D. 使用 ViewResolver 找到对应的业务模型执行以后的请求

三、简答题

1. 简述 Springmvc 的优点。

2. 简述 Spring MVC 的主要组件。

3. 简述 SpringMVC 的流程。

4. 简述 SpringMVC 常用的注解。

5. 简述请求转发和重定向的区别。

第7章 MyBatis框架的应用

练一练

- 了解 MyBatis 框架的使用场景。
- 熟练 MyBatis 框架的使用方式。
- 掌握 MyBatis 框架中的多表查询方式。
- 能够使用 MyBatis 中的缓存机制。
- 能够整合 Spring、SpringMVC 和 MyBatis 框架。

本章主要学习 MyBatis 框架的相关知识，包括 MyBatis 框架的结构、值的传递、#{} 引用值和 ${} 引用值、多表查询方式、别名标签、SQL 的复用、MyBatis 的缓存机制和 MyBatis 中接口的使用；然后通过案例整合 Spring、SpringMVC、MyBatis 框架对所学知识进行巩固。本章通过练习结合理论介绍各知识点，大家学完后会更加深入地理解 MyBatis。

7.1 MyBatis 基础知识

视频

MyBatis框架概述

MyBatis 是一款优秀的持久层框架，它支持定制化 SQL、存储过程以及高级映射。MyBatis 避免了几乎所有的 JDBC 代码和手动设置参数以及获取结果集。MyBatis 可以使用简单的 XML 或注解来配置和映射原生信息，将接口和 Java 的 POJOs（Plain Ordinary Java Object，普通的 Java 对象）映射成数据库中的记录。

7.1.1 常见的数据层访问方式比较

本节将介绍常见的 3 种数据层访问方式，分别为 JDBC、Hibernate 和 MyBatis，下面将对 3 种方式进行比较。

1. JDBC

JDBC 是 Java 原生的关系型数据库访问方式。JDBC 具有以下缺点：

- 每次操作数据库都需要获取连接关闭连接，在大量访问数据库时，频繁地开关连接消耗性能。
- 需要手动编写 SQL 语句，有学习成本。
- 查询出的结果需要手动封装到 bean。
- 没有缓存处理机制。

• SQL 语句写死在程序中，需要修改 SQL 语句时必须修改源文件。

2. Hibernate

Hibernate 是基于面向对象理念设计的 DAO 层框架，基本理念就是维护对象到表的映射关系，通过操作对象操作表中的数据，从而可以减少甚至杜绝 SQL 语句的使用。Hibernate 具有以下缺点：

• 相对比较沉重，效率不好。

• 当涉及比较复杂的查询时，Hibernate 操作对象的方式用起来非常麻烦，甚至无法实现，只能用 SQL 语句操作。

• 底层需要频繁地拼接 SQL 语句，产生大量冗余的 SQL 语句。

3. MyBatis

MyBatis 是一种半自动对象——表映射关系的 DAO 层框架，可以自动进行对象的封装，但是 SQL 语句仍然需要自己编写。

7.1.2 MyBatis 的结构

以上介绍了 MyBatis 的概念，下面介绍 MyBatis 的整体结构，如图 7–1 所示。

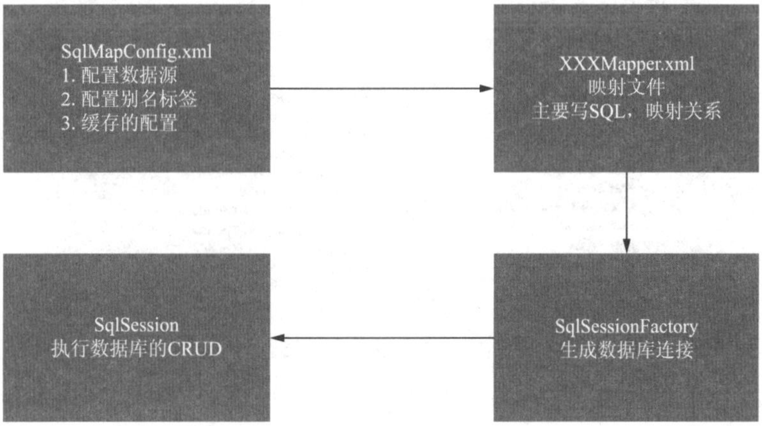

视 频

MyBatis的结构

图 7–1 MyBatis 的结构图

首先创建 SqlMapConfig.xml 文件，它是 MyBatis 框架的核心配置文件，可以配置数据源、别名标签以及缓存。XXXMapper.xml 是映射文件，主要写 SQL 语句，并为 SQL 语句起名，方便以后使用。SqlsessionFactory 是 Sqlsession 工厂，可以生成数据库的连接。生成连接后还有 SqlSession，它可以执行数据库的 CRUD，也就是 SqlSession 可以根据标识执行在 XXXMapper.xml 文件中写好的 SQL 语句，一执行就可以实现 CRUD。

7.1.3 MyBatis 的入门案例

视 频

MyBatis入门案例

本节通过导包和导入约束文件，通过 MyBatis 框架实现查询数据的功能，介绍 MyBatis 的使用。在本案例中使用 MyBatis 框架配置、数据库和表的创建以及 SQL 语句等。

（1）创建 MyBatis-day01-demo01 项目，在该项目中创建 libs 文件夹，在提供的“资源”文件夹的“依赖 jar 包”中将所有包导入至 libs 文件夹中，如图 7–2 所示。导包完成后选中所有包并右击，在弹出的快捷菜单中选择 Build Path → Add to Build Path 命令。

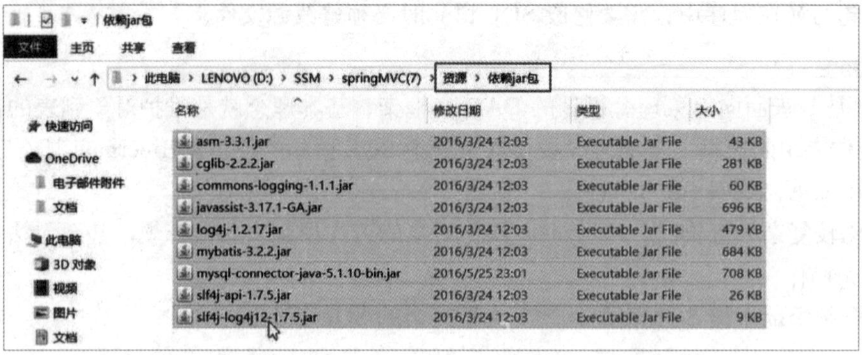

图 7–2　导包

（2）导入约束文件，MyBatis 使用的是 dtd 文件。在菜单栏中选择 Window → Preferences 命令，打开 Preferences 对话框，在左侧文本框中输入 xml 进行搜索，在列表中选择 XML Catalog，在右侧单击 Add 按钮，如图 7–3 所示。

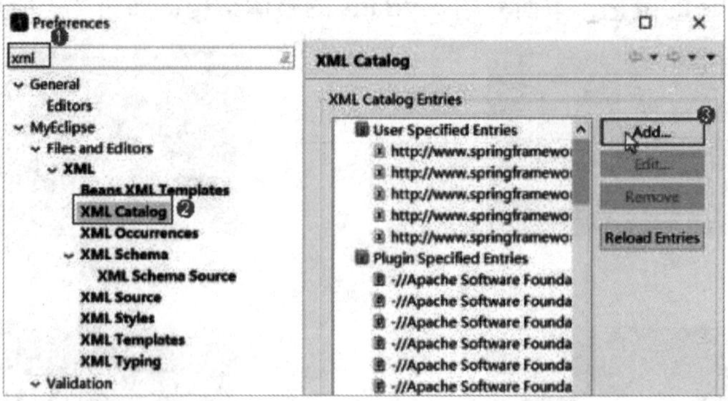

图 7–3　Preferences 对话框

（3）打开 Add XML Catalog Element 对话框，保持默认设置，然后单击 File System 按钮，如图 7–4 所示。

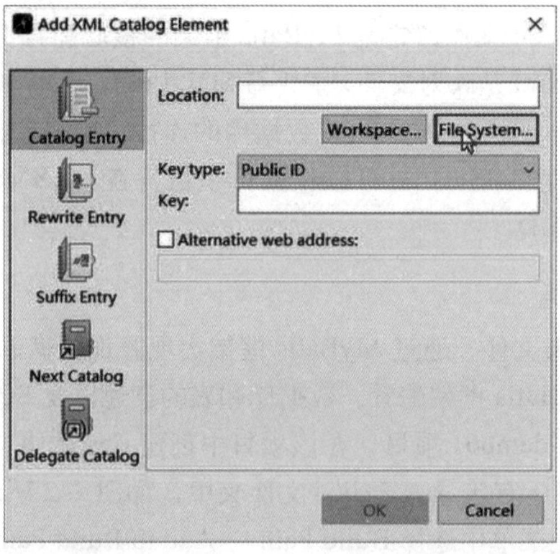

图 7–4　Add XML Catalog Element 对话框

（4）打开“打开”对话框，选择准备好的文件，其中需要导入两个文件，先选择 mybatis-3-config.dtd 文件，单击“打开”按钮，如图 7–5 所示。

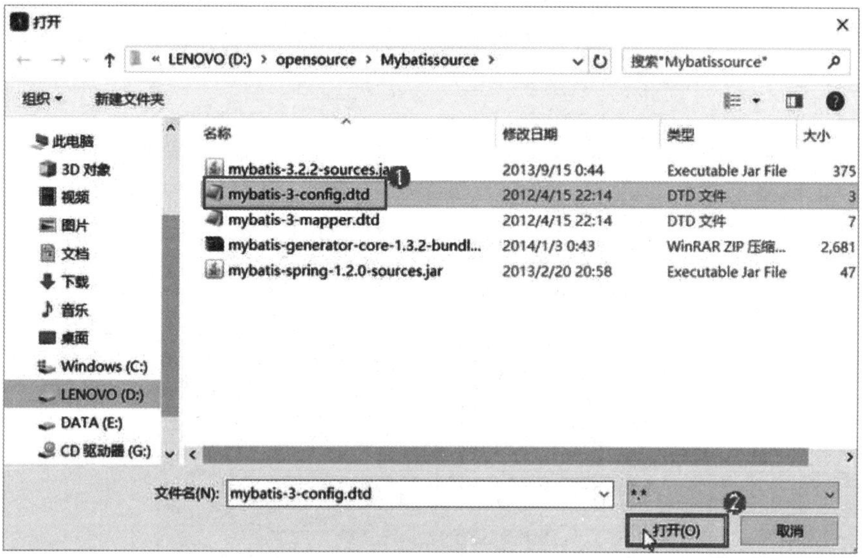

图 7–5 选择导入的文件

（5）返回 Add XML Catalog Element 对话框，在 Location 文本框中显示导入文件的完整路径和文件名称，此时需要注意路径中不能出现中文。单击 Key type 下拉按钮，在列表中选择 URI 选项，在 Key 文本框中输入“http://mybatis.org/dtd/mybatis-3-config.dtd”，然后单击 OK 按钮，如图 7–6 所示。

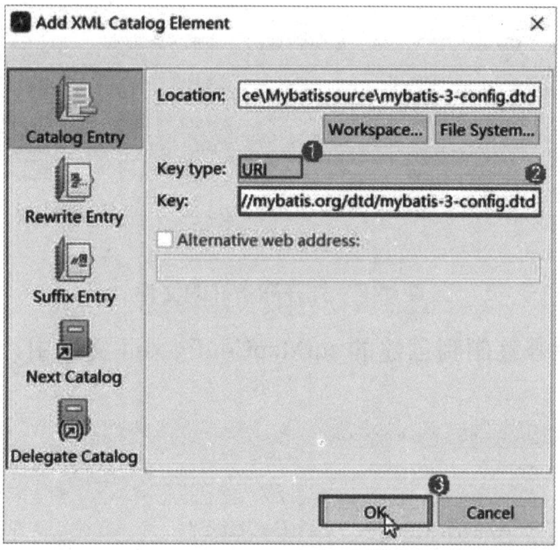

图 7–6 导入选择的文件

（6）返回 Preferences 对话框可见已经添加选中的文件，再单击 Add 按钮，根据相同的方法添加 mybatis-3-mapper.dtd 文件，即可完成导入约束文件。接着再创建 xml 文件，因为 dtd 文件的提示不是很友好，所以一般使用复制的。右击 src 文件，在弹出的快捷菜单中选择 New → File 命令，在打开的对话框中输入 File name 的名称为 sqlMapConfig.xml，单击 Finish 按钮，如图 7–7 所示。

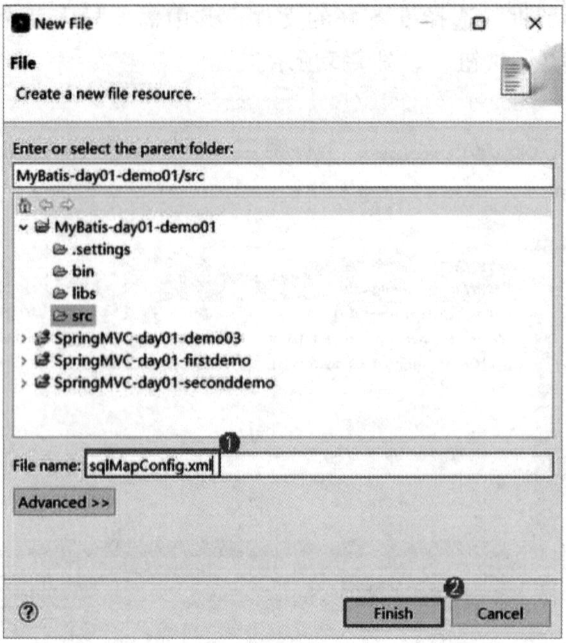

图 7-7　创建 sqlMapConfig.xml 文件

（7）在“资源”文件夹的“配置文件”文件夹中以“记事本”形式打开准备好的 sqlMapConfig.xml 文件，如图 7-8 所示。

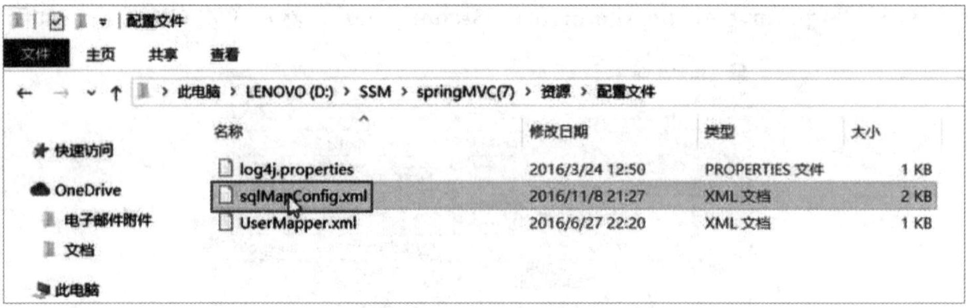

图 7-8　打开准备好的文件

（8）将准备好的文件内容复制到创建的 sqlMapConfig.xml 文件中，根据需要对代码进行修改，修改后的代码如下：

```
<?xml version="1.0" encoding="UTF-8" ?>
<!DOCTYPE configuration
PUBLIC "-//mybatis.org//DTD Config 3.0//EN"
"http://mybatis.org/dtd/mybatis-3-config.dtd">
<configuration>
<!-- 配置数据源 -->
    <environments default="mysql">
        <environment id="mysql">
            <transactionManager type="JDBC" />
            <dataSource type="POOLED">
                <property name="driver" value="com.mysql.jdbc.Driver" />
                <property name="url" value="jdbc:mysql:///mybatisdb" />
                <property name="username" value="root" />
```

```
14                  <property name="password" value="root" />
15              </dataSource>
16          </environment>
17      </environments>
18  </configuration>
```

第 3 行代码中的地址为官方的地址；第 4 行代码为导入约束文件的两个地址；第 7 行代码配置默认的 mysql 的数据源；第 8 行代码是一个环境，id 的名称用户根据需要设置；第 10~15 行代码是数据源的配置，包括 drive、url、username 和 password。

（9）创建数据库，打开 dos 命令窗口，创建表格，如图 7–9 所示。

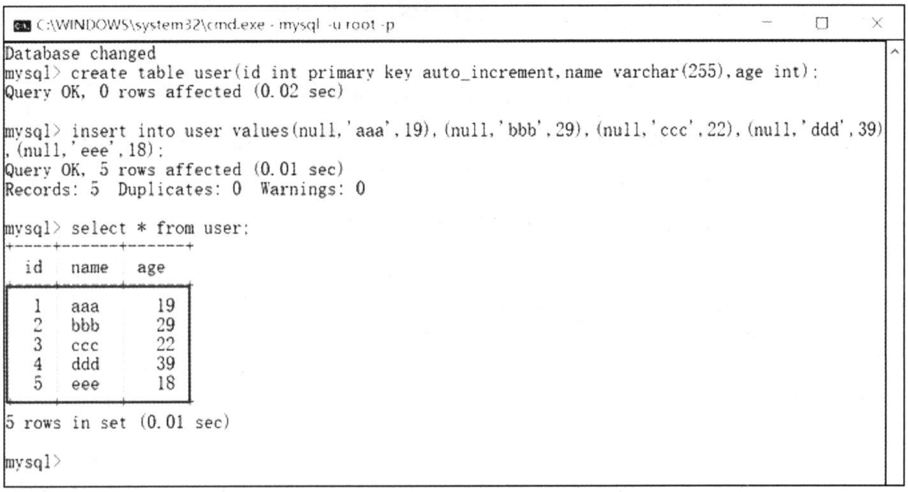

图 7–9　创建数据库

（10）在 src 文件夹中创建 com.daojie.domain 包，并创建 User 类，相关代码如下：

```
package com.daojie.domain;
public class User {
    private int id;
    private String name;
    private int age;
    public User(int id, String name, int age) {
        this.id = id;
        this.name = name;
        this.age = age;
    }
    public User() {
    }
    public int getId() {
        return id;
    }
    public void setId(int id) {
        this.id = id;
    }
    public String getName() {
        return name;
    }
    public void setName(String name) {
        this.name = name;
    }
```

```
    public int getAge() {
        return age;
    }
    public void setAge(int age) {
        this.age = age;
    }
    @Override
    public String toString() {
        return "User [id=" + id + ", name=" + name + ", age=" + age + "]";
    }
}
```

在代码中创建 id、name 和 age 属性，然后提供 set 和 get 方法、toString 方法以及全参和无参构造方法。

（11）创建映射文件描述 bean 和表 sql 的映射关系，创建映射文件也是通过复制的方法完成的。在 src 文件中创建 UserMapper.xml 文件，将“资源”文件夹的“配置文件”文件夹中的 UserMapper.xml 文件打开，将代码复制到创建的 xml 文件中，并进行相应的修改，相关代码如下：

```
1   <?xml version="1.0" encoding="UTF-8" ?>
2   <!DOCTYPE mapper
3   PUBLIC "-//mybatis.org//DTD Mapper 3.0//EN"
4   "http://mybatis.org/dtd/mybatis-3-mapper.dtd">
5   <mapper namespace="com.daojie.domain.User.UserMapper">
6       <select id="queryAll" resultType="com.daojie.domain.User">
7           select * from user
8       </select>
9   </mapper>
```

第 5 行代码的 namespace 右侧输入命名空间；第 6~8 行代码为查询所有的 SQL 语句。现在已经创建完成对应的 mapper 映射文件。

（12）在 sqlMapConfig.xml 文件中声明映射文件，相关代码如下：

```
<!-- 声明映射文件 -->
<mappers>
    <mapper resource="UserMapper.xml"/>
</mappers>
```

（13）创建 com.daojie.test 包并创建 TestDemo 类，相关代码如下：

```
package com.daojie.test;
import java.io.IOException;
import java.io.InputStream;
import org.apache.ibatis.io.Resources;
import org.apache.ibatis.session.SqlSession;
import org.apache.ibatis.session.SqlSessionFactory;
import org.apache.ibatis.session.SqlSessionFactoryBuilder;
import org.junit.Test;
import com.daojie.domain.User;
public class TestDemo {
    public void test01() throws IOException {
        // 1. 读取 MyBatis 的核心配置文件
        InputStream in = Resources.getResourceAsStream("sqlMapConfig.xml");
        // 2. 根据配置文件创建 sqlSessionFactory
        SqlSessionFactory factory = new SqlSessionFactoryBuilder().build(in);
        // 3. 获取 SqlSession 对象
        SqlSession session = factory.openSession();
        // 4. 执行操作
```

```
19          List<User> list = session
20                  .selectList("com.daojie.domain.User.UserMapper.queryAll");
21          // 5. 输出结果
22          System.out.println(list);
23      }
24  }
```

第 13 行代码读取 MyBatis 的核心配置文件，即 sqlMapConfig.xml 文件；第 15 行代码创建 sqlSessionFactory，new 右侧为接口的实现类；第 17 行代码获取 SqlSession 对象，是一个接口；第 19、20 行代码查询映射文件中的 sql 语句。

（14）测试 test01 方法，即可输出数据库中的所有数据，如图 7-10 所示。

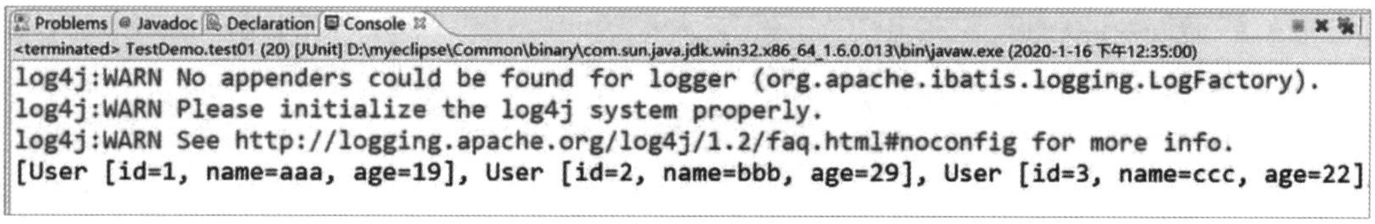

图 7-10 输出数据库中内容

最后介绍本案例代码执行的顺序，执行 test01 方法代码，执行到第 13 行代码需要加载 sqlMapConfig.xml 文件；进入该文件后先加载数据源，再加载映射文件，又加载到 UserMapper.xml 文件，加载该文件中信息。

再执行 test01 方法中第 16~20 行代码，此时找到 UserMapper.xml 文件中的命名空间，再查找 id 为 queryAll 的语句，根据返回类型匹配到 User 类中。继续执行 test01 方法中的代码，将 User 类的内容逐个放在 list 中，最后输出 list。

7.1.4 值的传递

视频

值的传递

使用 MyBatis 可以实现值传递，分为 Map 传值、对象传值和单值传值。

下面举例说明值的传递，首先介绍 Map 传值，在映射文件中输入 SQL 语句，目的是通过 Map 传值的方式传递。打开 UserMapper.xml 文件，输入查找年龄在一定范围内的 User 的代码，相关代码如下：

```
<select id="queryRange" resultType="com.daojie.domain.User">
    select * from user where age between #{min} and #{max}
</select>
```

接着需要传递年龄的最小值和最大值。打开 TestDemo.java 文件，创建 test02 方法，相关代码如下：

```
@Test
public void test02() {
    // 创建 Map，准备参数
    Map<String, Integer> map = new HashMap<String, Integer>();
    map.put("min", 30);
    map.put("max", 40);
    // 1. 读取 MyBatis 的核心配置文件
    InputStream in = Resources.getResourceAsStream("sqlMapConfig.xml");
    // 2. 根据配置文件创建 sqlSessionFactory
    SqlSessionFactory factory = new SqlSessionFactoryBuilder().build(in);
    // 3. 获取 SqlSession 对象
    SqlSession session = factory.openSession();
    // 4. 执行操作
    List<User> list = session.selectList(
```

```
             "com.daojie.domain.User.UserMapper.queryRange", map);
15      // 5. 输出结果
16      System.out.println(list);
17  }
```

第 4 行代码创建 Map，需要通过它传值；第 5、6 行代码传入年龄的范围的最小值和最大值；第 14 行代码执行 UserMapper.xml 文件中的 queryRange 操作，而且还需要输入 map，因为是通过它传递值的；第 16 行代码，将传递的值输出。执行 test02 方法，即可在数据库中查找年龄在 30~40 之间的数据，如图 7–11 所示。

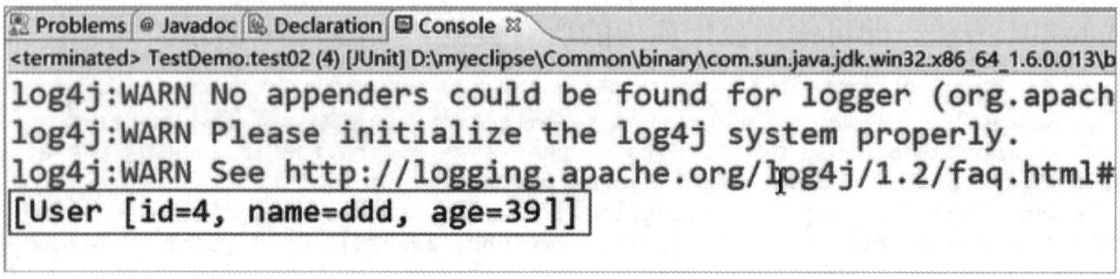

图 7–11　输出指定数据

接着再介绍对象传值，在 UserMapper.xml 文件中创建插入语句，在数据库中插入一条数据，相关代码如下：

```
<insert id="insertUser">
    insert into user values(null,#{name},#{age});
</insert>
```

在 TestDemo.java 文件中创建 test03 方法，相关代码如下：

```
1  @Test
2  public void test03() {
3      User user = new User();
4      user.setName("fff");
5      user.setAge(55);
6      // 1. 读取 MyBatis 的核心配置文件
7      InputStream in = Resources.getResourceAsStream("sqlMapConfig.xml");
8      // 2. 根据配置文件创建 sqlSessionFactory
9      SqlSessionFactory factory = new SqlSessionFactoryBuilder().build(in);
10     // 3. 获取 SqlSession 对象
11     SqlSession session = factory.openSession();
12     // 4. 执行操作
13     session.insert("com.daojie.domain.User.UserMapper.insertUser", user);
14     // 5. 提交事务
15     session.commit();
16 }
```

第 3 行代码创建 User，第 4、5 行代码为 name 和 age 赋值。接下来的代码中前 3 个操作与 MyBatis 入门案例中对应的代码是一样的。第 13 行代码执行插入数据的 SQL 语句，在后面输入 user，因为是通过对象传入值的；因为要插入数据，所以输入第 15 行代码提交事务。

执行 test03 方法后，在 dos 命令窗口中查看数据库，可见插入了一条指定的数据，如图 7–12 所示。

最后介绍单值传值，如果程序中只有一个参数需要传递给 SQL 语句，则不需要封装到 bean 或 map 中，可以直接传入。在 SQL 语句中可以使用任意名称获取到这个参数，虽然名称可以任意，但通常仍然使用该属性的名称，以便于阅读。

在 UserMapper.xml 文件中创建 SQL 语句，相关代码如下：

```
1   <select id="queryOne" resultType="com.daojie.domain.User">
2       select * from user where id = #{id}
3   </select>
```

第 2 行代码 #{id} 中的 id 是用户定义的，可以为任何数据，但是通常使用该属性的名称，这样比较直观。

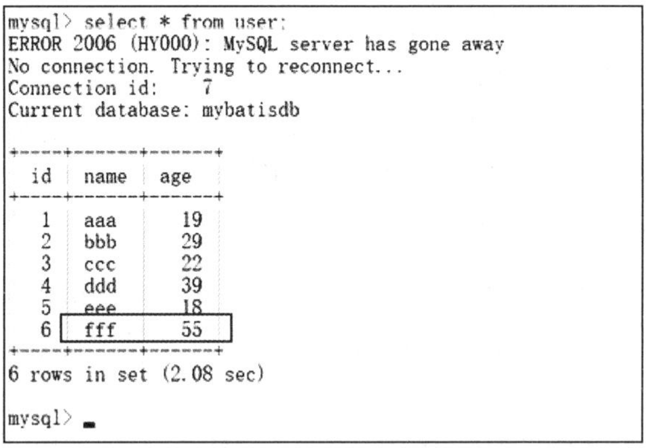

图 7-12　查看插入数据的效果

在 TestDemo.java 文件中创建 test04 方法，相关代码如下：

```
1  @Test
2  public void test04() {
3      // 1. 读取 MyBatis 的核心配置文件
4      InputStream in = Resources.getResourceAsStream("sqlMapConfig.xml");
5      // 2. 根据配置文件创建 sqlSessionFactory
6      SqlSessionFactory factory = new SqlSessionFactoryBuilder().build(in);
7      // 3. 获取 SqlSession 对象
8      SqlSession session = factory.openSession();
9      // 4. 执行操作
10     User user = session.selectOne("com.daojie.domain.User.UserMapper.queryOne", 3);
11     // 5. 输出结果
12     System.out.println(user);
13 }
```

第 10 行代码中查看数据库中 id 为 3 的信息。执行 test04 方法，即可显示对应的信息，如图 7-13 所示。

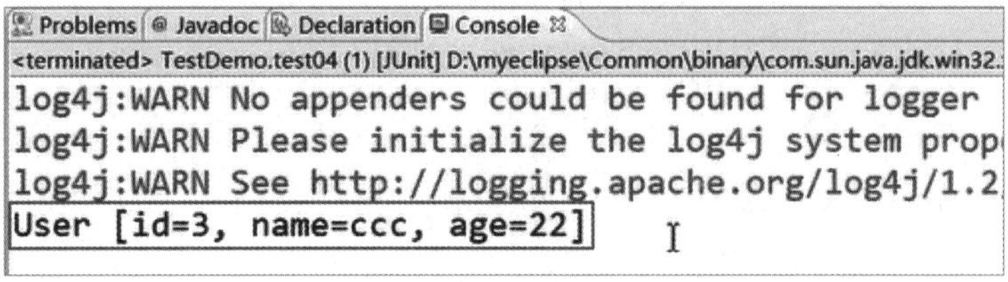

图 7-13　查看结果

至此，值传递的 3 种方式介绍完成，在 TestDemo.java 测试文件中，所有 test 方法中都存在读取 MyBatis 的核心配置文件、根据配置文件创建 sqlSessionFactory 和获取 SqlSession 对象的重复的代码。此时可以使用测试中的 @Bcforc 注解，相关代码如下：

```
SqlSession session;
@Before
```

```
3  public void before() throws IOException {
4      // 1. 读取 MyBatis 的核心配置文件
5      InputStream in = Resources.getResourceAsStream("sqlMapConfig.xml");
6      // 2. 根据配置文件创建 sqlSessionFactory
7      SqlSessionFactory factory = new SqlSessionFactoryBuilder().build(in);
8      // 3. 获取 SqlSession 对象
9      session = factory.openSession();
10 }
```

第 1 行代码的作用是在执行 test 的测试方法之前为 session 赋值；第 2 行使用 @Before 注解，被它注解的方法可以在执行其他方法之前执行，所以将重复的代码放在 @Before 注解的方法中。最后将测试方法中重复的代码删除即可，其测试的结果没有变化。

视频

#{}引用值和${}引用值

7.1.5 #{} 引用值和 ${} 引用值

#{} 和 ${} 的写法都可以实现值的引用，在之前小节的 SQL 语句中也可以使用 ${} 引用值。下面举例介绍 ${} 引用值。在 UserMapper.xml 文件中创建 SQL 语句，并且使用 ${} 引用值，相关代码如下：

```
<select id="queryAllOrder" resultType="com.daojie.domain.User">
    select * from user order by ${cname}
</select>
```

在 TestDemo.java 测试文件中创建 test05 方法，通过 Map 传值，相关代码如下：

```
@Test
public void test05() {
    Map<String, String> map = new HashMap<String, String>();
    map.put("cname", "name");
    // 执行操作
    List<User> list = session.selectList(
            "com.daojie.domain.User.UserMapper.queryAllOrder", map);
    System.out.println(list);
}
```

执行 test05 方法，也可以输出数据库中的信息，说明使用 ${} 也可以传值。二者也有区别，使用 #{} 引用时，如果发现目标是一个字符串，则会将其值作为一个字符串，拼接在 SQL 语句上；使用 ${} 引用时，即使发现目标是一个字符串，也不会作为字符串，而是直接将其拼接到 SQL 语句上。通常情况下，使用 #{}，而如果需要引用的是一个列名，则使用 ${}。

下面举例说明什么情况下使用 #{} 或者 ${} 引用值，相关代码如下：

```
1  select * from user order by #{cname};--> select * from user order by 'name'
2  select * from user order by ${cname};--> select * from user order by  name
3  insert into user values (null,#{name},55);-->insert into user values
(null,'fff',55)
4  insert into user values (null,${name},55);-->insert into user values
(null,fff,55)
```

--> 左侧为 SQL 语句，右侧代码相当于左侧的代码，第 1 行代码使用 #{} 引用值直接以字符串拼接在 SQL 语句上；第 2 行代码使用 ${} 引用的是一个列名，所以在这种情况下使用 ${} 引用值最合适。

第 3 行代码使用 #{} 向数据库中插入数据，发现 name 是字符串，会将其值作为一个字符串拼接在 SQL 语句上；第 4 行代码使用 ${} 不会将 name 作为字符串，而是直接将其拼接到 SQL 语句上，所以在这种情况下使用 #{} 引用值最合适。

在本例的 test05 方法中，第 4 行代码 name 并不是字符串，而是表示数据表格中的 name 列，所

以使用 ${} 引用值。

7.1.6 update 修改

视频

update修改

update 修改也可以使用之前的机制在配置文件中直接编写 SQL 语句，但是 update 语句的 set 子句中拼接哪些字段，是根据传入的值决定的，此时可以通过 MyBatis 提供的标签实现判断，动态拼接 update 语句。

下面举例说明 update 修改，首先介绍如何在之前机制使用 update 修改。在 UserMapper.xml 文件中输入修改的 SQL 语句，相关代码如下：

```
<update id="up01">
    update user set name=#{name},age=#{age} where id=#{id}
</update>
```

在代码中可以使用 update 修改数据库中的 name 和 age，通过 id 指定修改的位置。

在 TestDemo.java 文件中，创建 test06 方法，相关代码如下：

```
1   @Test
2   public void test06() {
3       User user = new User(3, "DDD",3);
4       // 执行操作
5       session.update("com.daojie.domain.User.UserMapper.up01",user);
6       // 提交事务
7       session.commit();
8   }
```

第 3 行代码创建 User 并修改 id 为 3 的数据，name 修改为 "DDD"，age 修改为 3。然后执行 test06 方法，成功后打开 dos 命令窗口，可见数据表中 id 为 3 的数据被修改了，如图 7-14 所示。

```
mysql> select * from user;
+----+------+------+
| id | name | age  |
+----+------+------+
|  1 | aaa  |   19 |
|  2 | bbb  |   29 |
|  3 | DDD  |    3 |
|  4 | ddd  |   39 |
|  5 | eee  |   18 |
|  6 | fff  |   55 |
|  7 | fff  |   55 |
+----+------+------+
```

图 7-14　查看修改后的数据

使用这种方法修改数据，修改数据可能有很多种情况，例如只修改名称不修改年龄、修改年龄不修改名称或者修改条件不是 id 而是 name 或 age 等。需要输入大量的 SQL 语句，会很烦琐。

在修改数据的情况很多时，可以通过 MyBatis 提供的标签实现判断，动态拼接 update 语句。将 UserMapper.xml 文件中 SQL 语句进行修改，相关代码如下：

```
1   <update id="up01">
2       update user
3       <set>
4           <if test="name != null">name = #{name},</if>
5           <if test="age != 0">age = #{age},</if>
6       </set>
7       where id = #{id}
8   </update>
```

使用以上代码可以解决修改数据的任何一种情况，第 2 行代码表示更新 user；第 4 行代码判断

name 如果有值就修改，如果没有值就不修改；第 5 行代码是判断 age 是否有值要修改。第 4、5 行代码是根据传入的值进行修改的，可以传入 name 和 age，也可以传入 name 或者 age。

在 TestDemo.java 文件中，修改 test06 方法，相关代码如下：

```
1  @Test
2  public void test06() {
3      User user = new User();
4      user.setId(3);
5      user.setAge(77);
6      // 执行操作
7      session.update("com.daojie.domain.User.UserMapper.up01",user);
8      // 提交事务
9      session.commit();
10 }
```

第 4 行代码指定修改数据的 id 为 3；第 5 行代码是将 id 为 3 的年龄修改为 77。执行 test06 方法，成功后在 dos 命令窗口中查看修改年龄后的效果，如图 7-15 所示。

可见 id 为 3 的年龄修改为 77，name 的名称不变。如果要修改 name 和 age 两个数据，在 test06 方法中再添加修改 name 的代码，将 name 修改为 "PPP"、age 修改为 88，相关代码如下：

```
user.setAge(88);
user.setName("PPP");
```

执行 test06 方法后，在 dos 命令窗口查看结果，如图 7-16 所示。

id	name	age
1	aaa	19
2	bbb	29
3	DDD	77
4	ddd	39
5	eee	18
6	fff	55
7	fff	55

图 7-15　查看修改年龄的结果

id	name	age
1	aaa	19
2	bbb	29
3	PPP	88
4	ddd	39
5	eee	18
6	fff	55
7	fff	55

图 7-16　查看修改 name 和 age 的效果

如果只修改 name，则在测试代码中只输入 name 的值即可。可以看到，通过 MyBatis 动态拼接 update 语句，可以根据传入的数据进行修改。

7.1.7　select 查询

视频

select查询

select 查询也可以使用之前的机制在配置文件中直接编写 SQL 语句，但是 select 语句的 where 子句中拼接哪些查询字段，是根据传入的值决定的，此时可以通过 MyBatis 提供的标签实现判断动态拼接 select 语句。

下面举例说明通过 MyBatis 提供的标签如何实现判断动态拼接 select 语句，在 UserMapper.xml 文件中输入 SQL 语句，相关代码如下：

```
<select id="queryMany" resultType="com.daojie.domain.User">
    select * from user
    <where>
        <if test="id != 0">id = #{id}</if>
        <if test="name != null">and name = #{name}</if>
        <if test="age != 0">and age = #{age}</if>
    </where>
</select>
```

以上代码和 update 中相关的 SQL 语句差不多，都是根据传入的值来决定的，此处根据传入的值来决定查询的条件。

在 TestDemo.java 文件中，创建 test07 方法，查询年龄为 29 的数据，相关代码如下：

```
@Test
public void test07() {
    User user = new User();
    user.setAge(29);
    // 执行操作
    User userx = session.selectOne("com.daojie.domain.User.UserMapper.
queryMany",user);
    // 输出结果
    System.out.println(userx);
}
```

执行 test07 方法，即可输出年龄为 29 的信息，如图 7–17 所示。

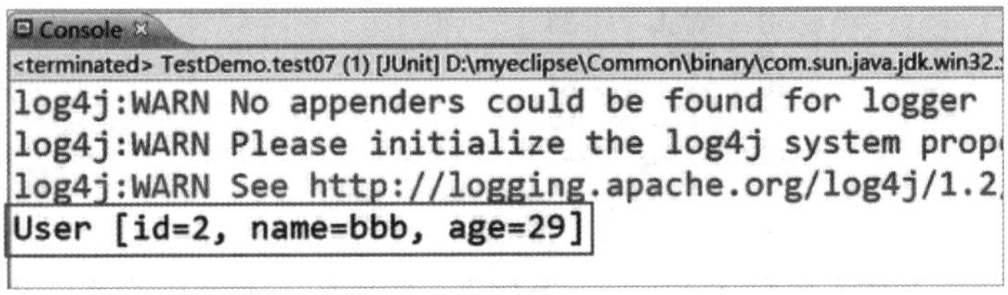

图 7–17 查看查询的结果

7.1.8 insert 插入

视频 insert插入

insert 插入也可以使用之前的机制在配置文件中直接编写 SQL 语句，但是 insert 语句的参数和值的列表拼接哪些字段，是根据传入的值决定的，此时可以通过 MyBatis 提供的标签实现判断动态拼接 insert 语句。

下面举例说明通过 MyBatis 提供的标签如何实现判断动态拼接 insert 语句，在 UserMapper.xml 文件中输入 SQL 语句，相关代码如下：

```
<select id="ins01">
    insert into user
    <trim prefix="(" suffix=")" suffixOverrides=",">
    id,
    <if test="name != null">name,</if>
    <if test="age != 0">age,</if>
    </trim>
     values
    <trim prefix="(" suffix=")" suffixOverrides=",">
    id,
    <if test="name != null">#{name},</if>
    <if test="age != 0">#{age},</if>
    </trim>
</select>
```

在 TestDemo.java 文件中，创建 test08 方法，相关代码如下：

```
@Test
public void test08() {
    User user = new User();
    user.setAge(99);
    // 执行操作
```

```
6       session.insert("com.daojie.domain.User.UserMapper.ins01",user);
7       // 提交事务
8       session.commit();
9   }
```

第 4 行代码是插入年龄为 99 的数据，向数据库中插入一条数据后，数据库已经改变了，所以还需要提交事务。

执行 test08 方法，在 dos 命令窗口中查看插入数据的结果，如图 7-18 所示。

id	name	age
1	aaa	19
2	bbb	29
3	xxx	88
4	ddd	39
5	eee	18
6	fff	55
7	fff	55
8	NULL	33
9	kkk	NULL
10	kkk	66
11	NULL	99

图 7-18　插入数据的结果

在数据库表格的最下方插入年龄为 99 的一条数据，如果插入 name 或者同时插入 name 和 age 时，直接在 test08 中输入代码即可。

视 频

delete删除

7.1.9　delete 删除

delete 删除也可以使用之前的机制在配置文件中直接编写 SQL 语句，但是 delete 语句的删除条件拼接哪些字段，是根据传入的值决定的，此时可以通过 MyBatis 提供的标签实现判断动态拼接 delete 语句。

下面举例说明如何删除一条数据，在 UserMapper.xml 文件中输入删除的语句，相关代码如下：

```
<delete id="deleteone">
    delete from user
    <where>
        <if test="id != 0">id = #{id}</if>
        <if test="name != null">and name = #{name}</if>
        <if test="age != 0">and age = #{age}</if>
    </where>
</delete>
```

在 TestDemo.java 文件中，创建 test09 方法，相关代码如下：

```
@Test
public void test09(){
    User user = new User();
    user.setId(11);
//  user.setAge(99);
    // 执行操作
    session.delete("com.daojie.domain.User.UserMapper.deleteone",user);
    // 提交事务
    session.commit();
}
```

第 4 行代码指定需要删除数据的 id 值，即删除数据库中 id 为 11 的数据；第 5 行代码指定 id 为 11 的数据的年龄，此处可以不写。因为从数据库中删除数据，也改变了数据库，所以要提交事务。

执行 test09 方法，成功后在 dos 命令窗口中查看删除 id 为 11 的数据，如图 7–19 所示。

```
mysql> select * from user;
+----+------+------+
| id | name | age  |
+----+------+------+
|  1 | aaa  |   19 |
|  2 | bbb  |   29 |
|  3 | xxx  |   88 |
|  4 | ddd  |   39 |
|  5 | eee  |   18 |
|  6 | fff  |   55 |
|  7 | fff  |   55 |
|  9 | kkk  | NULL |
| 10 | kkk  |   66 |
+----+------+------+
```

删除 id 为 11 的数据

图 7–19　查看删除数据的结果

接着再举例说明如何同时删除多条数据，可以先将删除数据对应的 id 放在集合中，然后再逐个删除。在 UserMapper.xml 文件中输入删除多条数据的语句，相关代码如下：

```
1  <delete id="delete02">
2      delete from user where id in
3      <foreach collection="list" open="(" close=")" separator="," item="id">
4          #{id}
5      </foreach>
6  </delete>
```

第 3 行代码使用 foreach 遍历对应的 list。然后在 TestDemo.java 文件中使用 SQL 语句，创建 test10 方法，相关代码如下：

```
1  @Test
2  public void test10(){
3      // 准备数据
4      List<Integer> list = new ArrayList<Integer>();
5      list.add(3);
6      list.add(6);
7      list.add(9);
8      // 执行操作
9      session.delete("com.daojie.domain.User.UserMapper.delete02",list);
10     // 提交事务
11     session.commit();
12 }
```

在代码中首先要准备数据，并指定需要删除数据的 id，本例指定 id 分别为 3、6 和 9。在第 9 行代码中传入的是 list，在语句中会遍历 list 并找到里面的 id，然后再逐个删除；第 11 行代码提交事务。

执行 test10 方法，成功后在 dos 命令窗口中查看删除多条数据的结果，如图 7–20 所示。

```
+----+------+------+
| id | name | age  |
+----+------+------+
|  1 | aaa  |   19 |
|  2 | bbb  |   29 |
|  4 | ddd  |   39 |
|  5 | eee  |   18 |
|  7 | fff  |   5
| 10 | kkk  |   6
+----+------+------+
```

删除多条数据

图 7–20　查看删除多条数据的结果

视频

手动映射结果集

7.1.10 手动映射结果集

MyBatis 可以自动将查询结果封装到 bean 中，前提条件是 bean 的属性名和查询的结果列名相同，然后就会依次对应存储。如果查询结果的列名和 bean 的属性名不一致，则需要手动映射结果集。

下面举例说明，首先复制 MyBatis-day01-demo01 项目并重命名为 MyBatis-day01-demo02，打开 User.java 文件，现在该文件中的 id、name、age 和数据库表格中的列名是一致的，所以会自动映射。现在将 id 修改为 uid，age 修改为 uage，name 保持不变，然后再提供 get 和 set 方法、toString 方法和全参以及无参构造方法，此处不再展示代码。

打开 UserMapper.xml 文件，修改代码，相关代码如下：

```
1  <?xml version="1.0" encoding="UTF-8" ?>
2  <!DOCTYPE mapper
3  PUBLIC "-//mybatis.org//DTD Mapper 3.0//EN"
4  "http://mybatis.org/dtd/mybatis-3-mapper.dtd">
5  <mapper namespace="com.daojie.domain.User.UserMapper">
6      <resultMap type="com.daojie.domain.User" id="userRM">
7      <!-- 主键列，使用 id 标签  -->
8      <id column="id" property="uid"/>
9      <!-- <result column="name" property="name"/> -->
10     <!-- 非主键列  -->
11     <result column="age" property="uage"/>
12     </resultMap>
13     <select id="select01" resultMap="userRM">
14         select id as uid,name,age as uage from user;
15     </select>
16 </mapper>
```

第 8 行代码表示列名是 id，属性名为 uid；第 9 行代码是配置 name，因为 name 的列名和属性名是一致的，所以此行代码也可以省略；第 11 行代码表示列名为 age，属性名为 uage。

打开 TestDemo.java 文件，删除所有 test 测试方法，然后创建 test01 方法，相关代码如下：

```
@Test
public void test01(){
    // 执行操作
    List<User> list = session.selectList("com.daojie.domain.User.UserMapper.select01");
    // 输出结果
    System.out.println(list);
}
```

执行 test01 方法，查看查询结果，如图 7-21 所示。

在结果中显示属性名和对应的数据，当查询结果的列名和 bean 的属性名不一致时，只需要在 UserMapper.xml 文件中手动配置即可。

图 7-21 查看查询的结果

7.2 MyBatis 的进阶知识

视 频

多表设计

在上一节中介绍了 MyBatis 的结构、值的传递以及修改、查询、操作和删除等内容，接下来介绍 MyBatis 框架中的多表查询方式、缓存机制等知识。

7.2.1 多表设计

在关系型数据库中以表来代表现实中的事物，表中的一条记录代表一条数据，表和表之间的关系代表现实事物之间的关系。表和表之间的关系通过外键来关联。在一个表中保存另一个表的 id 来作为外键。

多表设计分为 3 种：一对一表设计、一对多表设计、多对多表设计。

1. 一对一表设计

一对一表设计时，在任意一方设计外键保存另一张表的主键，维系表和表的关系。下面以 class 和 room 两个表为例介绍一对一表的设计，如图 7–22 所示。

在图 7–22 中，包含 class 和 room 两个表，其中 class 代表班级，room 代表房间，一般情况下是一个班级对应一个房间，这是一对一的关系。现在需要将两个表格建立关系，例如在 class 表格中添加 rid 或者在 room 表格中添加 cid，将 room 表格中的 id 与 class 表格中的 rid 对应。在 room 表格中“梅花屋”的 id 为 18，在 class 表格中“向日葵班”的 rid 也为 18，表示向日葵班对应梅花屋，其他班级依此类推。

也可以将 class 表格中的 id 与 room 表格中的 cid 对应，例如，“向日葵班”的 id 为 01，在 room 表格中对应的是“梅花屋”的 cid，表示梅花屋是向日葵班上课用的。以上为一对一的表设计，为 class 和 room 任意一个表设计外键都可以。

2. 一对多表设计

一对多表设计时，在多的一方设计外键保存一的一方的主键，维系表和表的关系。下面以 class 和 stu 两个表为例介绍一对多表的设计，如图 7–23 所示。

class

id	name	rid
01	向日葵班	18
02	玫瑰花班	17
03	牡丹花班	16
04	菊花班	15

room

id	name	cid
18	梅花屋	01
17	兰花屋	02
16	竹子屋	03
15	菊花屋	04

图 7–22 一对一表设计

class

id	name
03	向日葵班
02	玫瑰花班
001	牡丹花班
04	菊花班

stu

id	name	cid
111	小新	03
222	小白	03
333	风间	02
444	美伢	01

图 7–23 一对多表设计

图 7–23 中包含 class 和 stu 两个表格，class 为班级、stu 为学生。class 和 stu 的关系就是一对多的关系，一个 class 有很多学生，一个学生只能对应一个班级。在 class 表格中包含 id 和 name，因为在一对多的表设计时要在多的一方设计外键，所以在 stu 表格中添加 cid，其中 cid 对应该学生所在的班级。例如“小新”和“小白”的 cid 均为 03，在 class 表中 03 对应的是“向日葵班”，表示“小新”和“小白”都是“向日葵班”的学生，同理可见其他学生所在的班级。其中班级可以对应多个学生，但是学生只能对应一个班级。

3. 多对多表设计

多对多表设计时，设计一张第三方关系表，存储两张表的主键的对应关系，将一个多对多拆成两个一对多来存储。

下面以 stu 和 teacher 两个表为例介绍多对多表设计，如图 7–24 所示。

stu

id	name	tid
999	小新	111/222
888	风间	
777	美伢	
666	小白	

teacher

id	name	sid
111	孙悟空	999/888
222	哈利波特	
333	灭霸	
444	奥特曼	

stu_teacher

sid	tid
999	111
999	222
999	444
888	222
888	444
777	333
666	111

图 7–24　多对多表设计

图 7–24 中包含 stu 和 teacher 两个表格，其中一个学生有多个老师，一个老师也有多个学生，这就是多对多的关系。其中 stu_teacher 表格为第三方关系表，从该表格中可以看到 stu 和 teacher 两个表格的关系。在第三方关系表中包括 sid 和 tid，例如 sid 为 999 的学生是“小新”，对应的 tid 是 111，111 在 teacher 表格中是“孙悟空”，所以小新的老师是孙悟空；999 还对应 tid 为 222 和 444，所以小新的老师还有哈利波特和奥特曼。在第三方表格中从左向右看是一个学生对应多个老师，从右向左看是一个老师对应多个学生。例如 tid 为 111 对应 999 和 666，说明孙悟空老师教小新和小白两个学生，即一个老师对应多名学生。

7.2.2　MyBatis 中的查询

1. MyBatis 中的一对一查询

在通过 MyBatis 实现一对一的查询时，需要通过 resultMap 指定如何将结果集中的列名对应到目标 bean 中。在一对一的 bean 中，如果包含了另一个表的对应对象，则可以在 resultMap 中通过 association 标签来声明映射方式。

视频

MyBatis中的一对一查询

下面举例说明 MyBatis 中的一对一查询，首先复制第 6 章中的 MyBatis-day01-demo02 项目文件，并重命名为 MyBatis-day02-demo01。删除项目文件中的 User.java 文件，打开 TsetDemo.java 文件，删除 test 方法的代码；打开 UserMapper.java 文件，删除主键列和非主键列的相关代码。

打开 dos 命令窗口，创建 room 和 grade 两个表格并添加数据，如图 7–25 所示。

```
C:\WINDOWS\system32\cmd.exe - mysql -u root -p
mysql> create table room(id int primary key,name varchar(255));
Query OK, 0 rows affected (0.01 sec)

mysql> insert into room values(1,'梅花屋'),(2,'兰花屋'),(3,'桃花屋');
Query OK, 3 rows affected (0.01 sec)
Records: 3  Duplicates: 0  Warnings: 0

mysql> create table grade(id int primary key,name varchar(255),rid int);
Query OK, 0 rows affected (0.01 sec)

mysql> insert into grade values(999,'向日葵班',2),(888,'玫瑰花班',3),(777,'菊花班',1);
Query OK, 3 rows affected (0.01 sec)
Records: 3  Duplicates: 0  Warnings: 0

mysql> select grade.name,room.name from grade inner join room on room.id = grade.rid;
+----------+---------+
| name     | name    |
+----------+---------+
| 菊花班   | 梅花屋  |
| 向日葵班 | 兰花屋  |
| 玫瑰花班 | 桃花屋  |
+----------+---------+
3 rows in set (0.00 sec)

mysql>
```

图 7-25　创建表格数据

接下来通过 MyBatis 进行一对一查询，首先在 com.daojie.domain 包中创建 Room 类和 Grade 类。在 Room.java 文件中创建 id 和 name 两个属性，然后提供 set 方法、get 方法、toString 方法以及无参和全参构造方法，相关代码如下：

```
package com.daojie.domain;
public class Room {
    private int id;
    private String name;
    public int getId() {
        return id;
    }
    public void setId(int id) {
        this.id = id;
    }
    public String getName() {
        return name;
    }
    public void setName(String name) {
        this.name = name;
    }
    @Override
    public String toString() {
        return "Room [id=" + id + ", name=" + name + "]";
    }
    public Room(int id, String name) {
        this.id = id;
        this.name = name;
    }
    public Room() {
    }
}
```

在 Grade 类中也创建 id 和 name 属性，为了体现两个表格的关系，再在 Room 中创建 room 属性。

接着提供 set 方法、get 方法、toString 方法以及无参和全参构造方法，相关代码如下：

```
package com.daojie.domain;
public class Grade {
    private int id;
    private String name;
    private Room room;
    public int getId() {
        return id;
    }
    public void setId(int id) {
        this.id = id;
    }
    public String getName() {
        return name;
    }
    public void setName(String name) {
        this.name = name;
    }
    public Room getRoom() {
        return room;
    }
    public void setRoom(Room room) {
        this.room = room;
    }
    @Override
    public String toString() {
        return "Grade [id=" + id + ", name=" + name + ", room=" + room + "]";
    }
    public Grade(int id, String name, Room room) {
        this.id = id;
        this.name = name;
        this.room = room;
    }
    public Grade() {
    }
}
```

接着在 UserMapper.xml 文件中进行配置，相关代码如下：

```
1  <resultMap type="com.daojie.domain.Grade" id="gradeRM">
2      <id column="gid" property="id"/>
3      <result column="gname" property="name"/>
4      <association property="room" javaType="com.daojie.domain.Room">
5          <id column="rid" property="id"/>
6          <result column="rname" property="name"/>
7      </association>
8  </resultMap>
9  <select id="query01" resultMap="gradeRM">
10     select grade.id as gid,grade.name as gname,room.id as rid,room.name as rname
11     from
12       room,grade
13     where
14       room.id = grade.rid;
15 </select>
```

第 1 行代码为 Grade 配置，其中 type 右侧为 Grade 的地址；第 2、3 行代码为主键列和非主键列起名称；第 4 行代码通过 association 标签配置自定义 room 属性；第 5、6 行代码为 Room 类中的主键列和非主键列起名称。

第 10 行代码是设置查询的列名；第 11、12 行代码表示从 room 和 grade 两个表格中查找；第 13、14 行代码表示查找的条件，当 room 的 id 和 grade 中的 rid 相等时表示查找到数据。

最后打开 TestDemo.java 文件，创建 test01 方法进行测试，相关代码如下：

```
@Test
public void test01(){
    // 执行操作
    List<Grade> list = session.selectList("com.daojie.domain.User.UserMapper.query01");
    System.out.println(list);
}
```

执行 test01 方法，输出结果如图 7–26 所示。

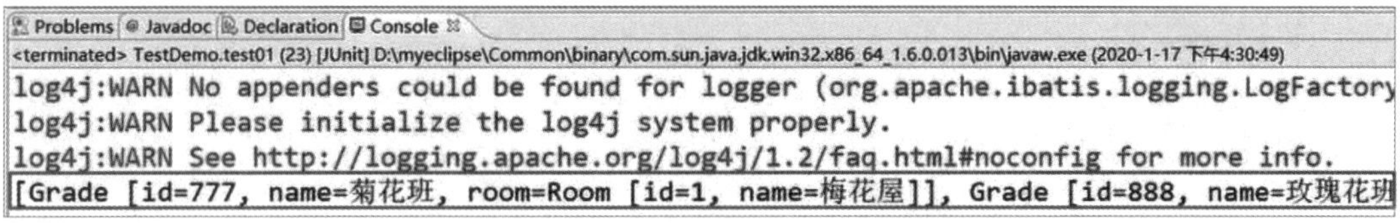

图 7–26　一对一表查询的结果

至此，完成 MyBatis 实现一对一查询，从查询的结果可见 Grade 类中 id 为 777 的 name 是“菊花班”，对应 room 的 id 是 1，名称为“梅花屋”，所以菊花班对应梅花屋。根据相同的方法查看其他数据的对应关系，此处由于数据太长无法显示完整的数据。

2. MyBatis 中的一对多查询

在通过 MyBatis 实现一对多的查询时，通过 resultMap 指定如何将结果集中的列名对应到目标 bean 中，在一对多的 bean 中，如果包含了另一个表的对应对象的集合，则可以在 resultMap 中通过 collection 标签声明映射方式。

下面举例说明 MyBatis 中的一对多查询，首先创建一对多的表格，打开 dos 命令窗口，创建 dept 部门表格和 emp 员工表格，其中一个部门对应多名员工，一名员工对应一个部门，如图 7–27 所示。

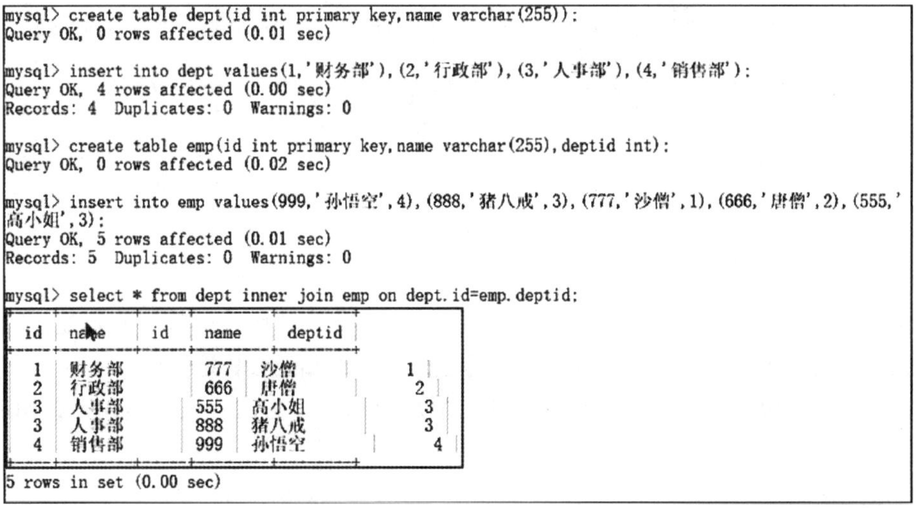

id	name	id	name	deptid
1	财务部	777	沙僧	1
2	行政部	666	唐僧	2
3	人事部	555	高小姐	3
3	人事部	888	猪八戒	3
4	销售部	999	孙悟空	4

图 7–27　创建一对多的表格

视频
MyBatis中一对多查询(1)

视频
MyBatis中一对多查询(2)

接着复制 MyBatis-day02-demo01 项目文件，重命名为 MyBatis-day02-demo02，删除 Room.java 和 Grade.java 两个文件，打开 UserMapper.xml 文件，删除上一节例子的代码，打开 TestDemo.java 文件，删除 test01 方法的相关代码。

一对多查询可以分为两种情况，如本例中包括部门和员工，可以站在部门的角度查询员工，也可以站在员工的角度查询部门。下面先介绍以部门的角度进行查询，在 com.daojie.domain 包中创建 Dept 类，相关代码如下：

```
1  package com.daojie.domain;
2  import java.util.List;
3  // 部门类
4  public class Dept {
5      private int id;
6      private String name;
7      // 员工的集合
8      private List<Emp> empList;
9      public int getId() {
10         return id;
11     }
12     public void setId(int id) {
13         this.id = id;
14     }
15     public String getName() {
16         return name;
17     }
18     public void setName(String name) {
19         this.name = name;
20     }
21     public List<Emp> getEmpList() {
22         return empList;
23     }
24     public void setEmpList(List<Emp> empList) {
25         this.empList = empList;
26     }
27     @Override
28     public String toString() {
29        return "Dept [id=" + id + ", name=" + name + ", empList=" + empList + "]";
30     }
31     public Dept(int id, String name, List<Emp> empList) {
32         this.id = id;
33         this.name = name;
34         this.empList = empList;
35     }
36     public Dept() {
37     }
38 }
```

第 5、6 行代码创建 id 和 name 属性；第 8 行代码为员工的集合，因为以部门的角度，同一部门有多个员工。然后添加 set 方法、get 方法、toString 方法以及全参和无参构造方法。

再创建 Emp 类，添加 id 和 name 属性、set 和 get 方法、toString 方法以及全参和无参构造方法，相关代码如下：

```
package com.daojie.domain;
// 员工类
public class Emp {
    private int id;
```

```
    private String name;
    public int getId() {
        return id;
    }
    public void setId(int id) {
        this.id = id;
    }
    public String getName() {
        return name;
    }
    public void setName(String name) {
        this.name = name;
    }
    @Override
    public String toString() {
        return "Emp [id=" + id + ", name=" + name + "]";
    }
    public Emp(int id, String name) {
        this.id = id;
        this.name = name;
    }
    public Emp() {
    }
}
```

打开 UseMapper.xml 文件进行配置，相关代码如下：

```
1  <resultMap type="com.daojie.domain.Dept" id="deptRM">
2      <id column="did" property="id"/>
3      <result column="dname" property="name"/>
4      <collection property="empList" ofType="com.daojie.domain.Emp">
5          <id column="eid" property="id"/>
6          <result column="ename" property="name"/>
7      </collection>
8  </resultMap>
9  <select id="query01" resultMap="deptRM">
10     select
11         dept.id as did,
12         dept.name as dname,
13         emp.id as eid,
14         emp.name as ename
15     from
16         dept inner join emp on dept.id = emp.deptid;
17 </select>
```

第 1 行代码中 resultMap 是查询的类型，因为在查询中还包含集合；第 2、3 行代码为 Dept 的 id 和 name 重命名；第 4~7 行代码使用 collection 标签配置员工的集合。

第 11~14 行代码为查找的内容，查找 dept 和 emp 两个表格中的 id 和 name；第 15、16 行代码表示从 dept 和 emp 两个表格查找信息，查找的条件是 dept 中的 id 等于 emp 中的 deptid。

打开 TestDemo.java 文件，创建 test01 方法，相关代码如下：

```
@Test
public void test01(){
    // 执行操作
    List<Dept> list = session.selectList("com.daojie.domain.User.UserMapper.query01");
    // 输出结果
    System.out.println(list);
}
```

执行 test01 方法，输出结果如图 7–28 所示。

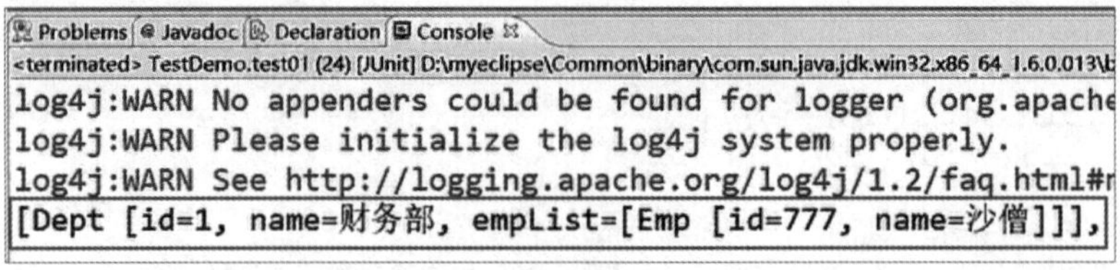

图 7–28　输出结果

以部门角度查询，id 为 1 的部门为“财务部”，该部门员工的 id 是 777，名称为沙僧，由于数据比较多无法显示所有数据。

接下来再以员工的角度介绍 MyBatis 中的一对多查询，创建 Emp2 类，添加 id 和 name 属性，再创建 dept 属性，因为一个员工对应一个部门，所以此处不需要集合。然后添加 get 方法、set 方法、toString 方法以及全参和无参构造方法，相关代码如下：

```
package com.daojie.domain;
public class Emp2 {
    private int id;
    private String name;
    private Dept2 dept;
    public int getId() {
        return id;
    }
    public void setId(int id) {
        this.id = id;
    }
    public String getName() {
        return name;
    }
    public void setName(String name) {
        this.name = name;
    }
    public Dept2 getDept() {
        return dept;
    }
    public void setDept(Dept2 dept) {
        this.dept = dept;
    }
    @Override
    public String toString() {
        return "Emp2 [id=" + id + ", name=" + name + ", dept=" + dept + "]";
    }
    public Emp2(int id, String name, Dept2 dept) {
        this.id = id;
        this.name = name;
        this.dept = dept;
    }
    public Emp2() {
    }
}
```

创建 Dept2 类，添加 id 和 name 属性、get 和 set 方法、toString 方法以及全参和无参构造方法，相关代码如下：

```
package com.daojie.domain;
public class Dept2 {
    private int id;
    private String name;
    public int getId() {
        return id;
    }
    public void setId(int id) {
        this.id = id;
    }
    public String getName() {
        return name;
    }
    public void setName(String name) {
        this.name = name;
    }
    @Override
    public String toString() {
        return "Dept2 [id=" + id + ", name=" + name + "]";
    }
    public Dept2(int id, String name) {
        this.id = id;
        this.name = name;
    }
    public Dept2() {
    }
}
```

打开 UserMypper.xml 文件进行配置，其中代码和以部门为角度的配置代码类似，相关代码如下：

```
<resultMap type="com.daojie.domain.Emp2" id="DEMap">
    <id column="eid" property="id"/>
    <result column="ename" property="name"/>
    <association property="dept" javaType="com.daojie.domain.Dept2">
        <id column="did" property="id"/>
        <result column="dname" property="name"/>
    </association>
</resultMap>
<select id="query02" resultMap="DEMap">
    select
       emp.id as eid,
       emp.name as ename,
       dept.id as did,
       dept.name as dname
    from
       dept inner join emp on dept.id = emp.deptid;
</select>
```

打开 TestDemo.java 文件，创建 test02 方法，相关代码如下 ：

```
@Test
public void test02(){
   // 执行操作
   List<Dept> list = session.selectList("com.daojie.domain.User.UserMapper.query02");
   // 输出结果
   System.out.println(list);
}
```

执行 test02 方法，输出结果如图 7–29 所示。

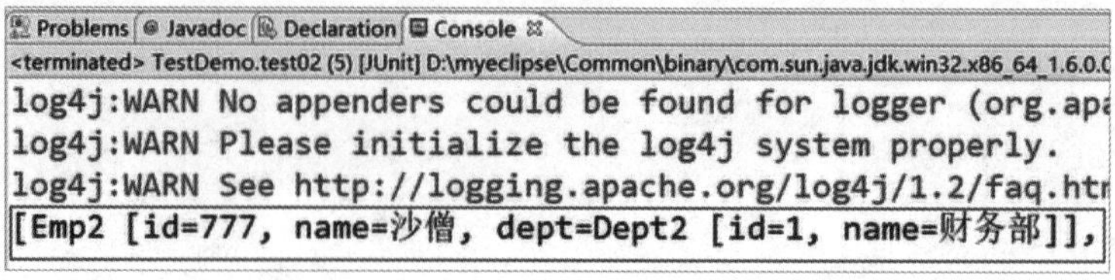

图 7-29　输出结果

以员工为角度查询，id 为 777 的员工为“沙僧”，该员工所属部门的 id 是 1，名称为“财务部”，由于数据比较多所以无法显示所有数据。

视 频

MyBatis多对多查询

3. MyBatis 中的多对多查询

在通过 MyBatis 实现多对多的查询时，需要通过 resultMap 指定如何将结果集中的列名对应到目标 bean 中，在多对多的 bean 中，如果包含了另一个表的对应对象的集合，则可以在 resultMap 中通过 collection 标签声明映射方式。

下面举例说明 MyBatis 中的多对多查询，首先在 dos 命令窗口中创建 stu 和 teacher 两个表格，因为这是多对多表，所以还需要再创建第三方关系表 stu_teacher，如图 7-30 所示。

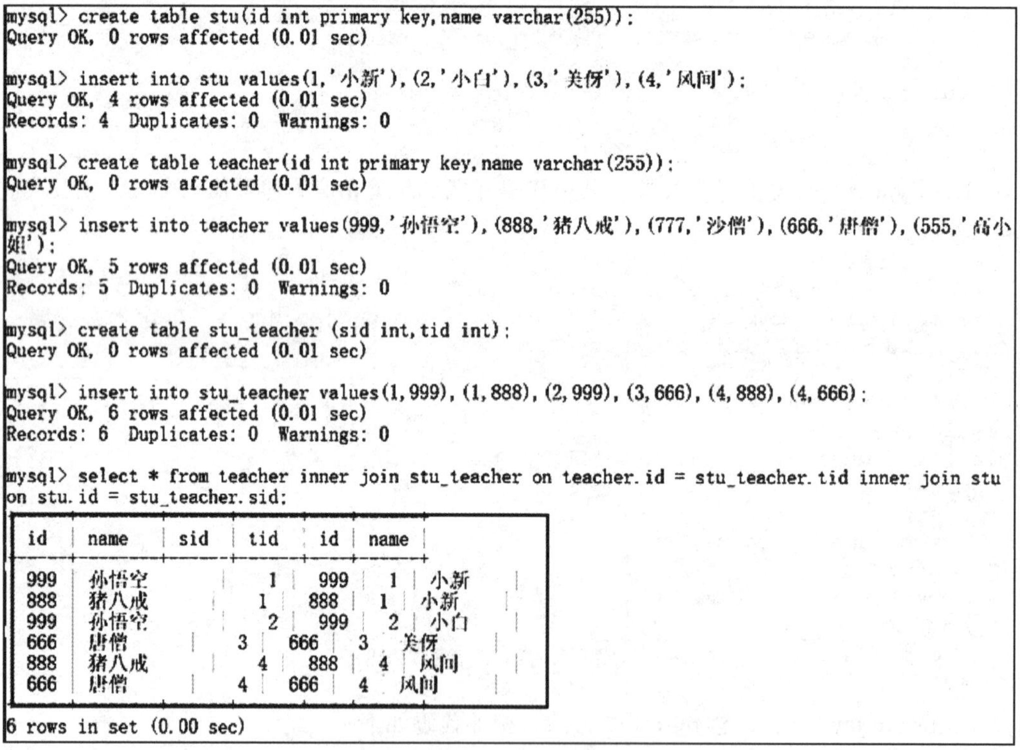

图 7-30　创建多对多表格

接着复制 MyBatis-day02-demo02 项目并重命名为 MyBatis-day02-demo03。删除 com.daojie.domain 包中的所有文件，删除 TestDemo.java 文件中的 test 方法，删除 UserMypper.xml 文件中的内容。

下面以老师的角度查询，在 com.daojie.domain 包中创建 Teacher 类，添加 id 和 name 属性，并创建学生集合，然后添加 get 方法、set 方法、toString 方法以及全参和无参构造方法，相关代码如下：

```
package com.daojie.domain;
import java.util.List;
// 老师类
public class Teacher {
    private int id;
    private String name;
    // 老师对应多个学生
    private List<Stu> list;
    public int getId() {
        return id;
    }
    public void setId(int id) {
        this.id = id;
    }
    public String getName() {
        return name;
    }
    public void setName(String name) {
        this.name = name;
    }
    public List<Stu> getList() {
        return list;
    }
    public void setList(List<Stu> list) {
        this.list = list;
    }
    @Override
    public String toString() {
        return "Teacher [id=" + id + ", name=" + name + ", list=" + list + "]";
    }
    public Teacher(int id, String name, List<Stu> list) {
        this.id = id;
        this.name = name;
        this.list = list;
    }
    public Teacher() {
    }
}
```

再创建 Stu 类，创建 id 和 name 属性以及老师的集合，然后添加 get 方法、set 方法、toString 方法以及全参和无参构造方法，相关代码如下：

```
package com.daojie.domain;
import java.util.List;
public class Stu {
    private int id;
    private String name;
    private List<Teacher> list;
    public int getId() {
        return id;
    }
    public void setId(int id) {
        this.id = id;
    }
    public String getName() {
        return name;
    }
    public void setName(String name) {
```

```
        this.name = name;
    }
    public List<Teacher> getList() {
        return list;
    }
    public void setList(List<Teacher> list) {
        this.list = list;
    }
    @Override
    public String toString() {
        return "Stu [id=" + id + ", name=" + name + ", list=" + list + "]";
    }
    public Stu(int id, String name, List<Teacher> list) {
        this.id = id;
        this.name = name;
        this.list = list;
    }
    public Stu() {
    }
}
```

然后以老师的角度在 UserMypper.xml 文件中进行配置，相关代码如下：

```
<!-- 以老师的角度进行配置  -->
<resultMap type="com.daojie.domain.Teacher" id="teacherRM">
    <id column="tid" property="id"/>
    <result column="tname" property="name"/>
    <collection property="list" ofType="com.daojie.domain.Stu">
        <id column="sid" property="id"/>
        <result column="sname" property="name"/>
    </collection>
</resultMap>
<select id="query01" resultMap="teacherRM">
    select
        stu.id as sid,
        teacher.id as tid,
        stu.name as sname,
        teacher.name as tname
    from
        stu,teacher,stu_teacher
    where
        stu.id = stu_teacher.sid
        and
        teacher.id = stu_teacher.tid;
</select>
```

打开 TestDemo.java 文件，创建 test01 方法进行测试，相关代码如下：

```
@Test
public void test01(){
    List<Teacher> list = session.selectList("com.daojie.domain.User.UserMapper.query01");
    System.out.println(list);
}
```

最后执行 test01 方法，输出结果如图 7-31 所示。

以老师的角度查询时，一个老师对应多个学生，例如 id 为 999 的老师是“孙悟空”，该名老师对应的学生为“小新”和“小白”。在输出结果中 list 都是空的，这是因为没有使用，对查询结果没有影响。

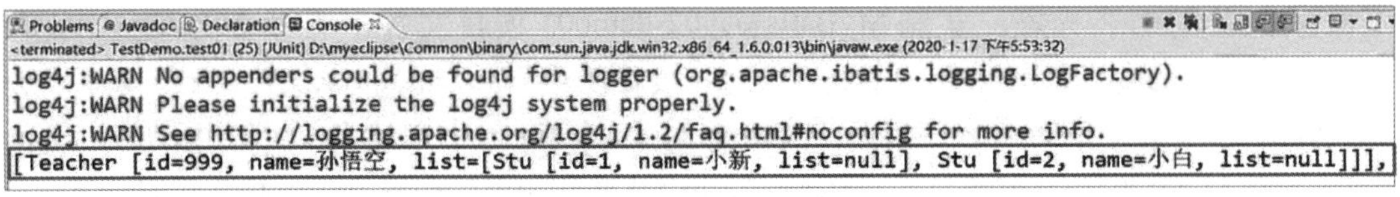

图 7-31 以老师为角度查询

在 Stu.java 中也可以不创建老师的 list，本例中创建是为了接下来以学生的角度查询数据作准备，而此时在 Teacher.java 文件中可以删除 list。接下来以学生的角度进行查询，在 UserMypper.xml 文件中配置，相关代码如下：

```
<!-- 以学生的角度进行配置  -->
<resultMap type="com.daojie.domain.Stu" id="StuRM">
    <id column="sid" property="id"/>
    <result column="sname" property="name"/>
    <collection property="list" ofType="com.daojie.domain.Teacher">
        <id column="tid" property="id"/>
        <result column="tname" property="name"/>
    </collection>
</resultMap>
<select id="query02" resultMap="StuRM">
    select
        teacher.id as tid,
        teacher.name as tname,
        stu.id as sid,
        stu.name as sname
    from
        stu,teacher,stu_teacher
    where
        stu.id = stu_teacher.sid
        and
        teacher.id = stu_teacher.tid;
</select>
```

在 TestDemo.java 文件中创建 test02 方法，相关代码如下：

```
@Test
public void test02(){
    List<Teacher> list = session.selectList("com.daojie.domain.User.UserMapper.query02");
    System.out.println(list);
}
```

执行 test02 方法，输出结果是以学生的角度，一个学生可以对应多名老师，例如学生的 id 为 1 的是小新，对应的老师是孙悟空和猪八戒，如图 7-32 所示。

图 7-32 以学生的角度的查询结果

视 频

别名标签

7.2.3 别名标签

如果在映射文件中，大量使用比较长的类名，可以在 sqlMapConfig.xml 中声明别名，在映射文件中可以使用别名缩短配置。

下面举例说明别名标签。复制 MyBatis-day02-demo03 项目文件，重命名为 MyBatis-day02-demo04。删除 com.daojie.domain 包中的所有文件，接着打开 TestDemo.java 文件，删除 test 方法，删除 UserMypper.xml 文件中的内容。然后在 com.daojie.domain 包中创建 User 类，添加 id、name 和 age 属性，再生成 get 方法、set 方法、toString 方法以及全参和无参构造方法，相关代码如下：

```
package com.daojie.domain;
public class User {
    private int id;
    private String name;
    private int age;
    public int getId() {
        return id;
    }
    public void setId(int id) {
        this.id = id;
    }
    public String getName() {
        return name;
    }
    public void setName(String name) {
        this.name = name;
    }
    public int getAge() {
        return age;
    }
    public void setAge(int age) {
        this.age = age;
    }
    @Override
    public String toString() {
        return "User [id=" + id + ", name=" + name + ", age=" + age + "]";
    }
    public User(int id, String name, int age) {
        this.id = id;
        this.name = name;
        this.age = age;
    }
    public User() {
    }
}
```

在 wqlMapConfig.xml 文件中配置别名，相关代码如下：

```
1  <!-- 声明别名 -->
2  <typeAliases>
3      <typeAlias type="com.daojie.domain.User" alias="uu"/>
4  </typeAliases>
```

在配置别名时一定要在 configuration 标签的最前面，第 3 行代码配置别名为 uu。

在 UserMapper.xml 文件中输入查询全部数据的代码，相关代码如下：

```
1  <select id="queryall" resultType="uu">
2      Select * from user;
3  </select>
```

在第 1 行代码中使用的 uu 就是配置的别名，很简单，如果不使用别名还需要输入包名和文件名。

在 TestDemo 类中创建 test01 方法，相关代码如下：

```
@Test
public void test01(){
    // 执行操作
    List<User> list = session.selectList("com.daojie.domain.User.UserMapper. queryall ");
    // 输出结果
    System.out.println(list);
}
```

执行 test01 方法，输出结果如图 7–33 所示。

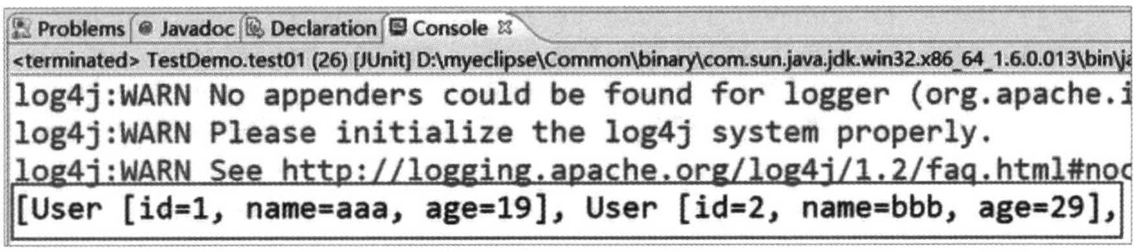

图 7–33　输出结果

视 频

SQL的复用

7.2.4　SQL 的复用

如果某段 SQL 语句的片段在映射文件中重复出现，可以将其单独配置为一个引用，从而在需要时直接引用，减少配置量。

下面举例说明 SQL 的复用，在 UserMypper.xml 文件中输入多条查询代码，相关代码如下：

```
1  <select id="sel01" resultType="uu">
2      select * from user where id = #{id};
3  </select>
4  <select id="sel02" resultType="uu">
5      select * from user;
6  </select>
7  <select id="sel03" resultType="uu">
8      select * from user order by ${cname};
9  </select>
```

第 2、5、8 行代码中都包含 select * from user 语句。针对这种重复的语句可以将其单独配置为一个引用，从而在需要时直接引用，减少配置量。对上述代码进行修改，修改后代码如下：

```
1  <sql id="sUser">
2      select * from user
3  </sql>
4  <select id="sel01" resultType="uu">
5      <include refid="sUser"/>  where id = #{id};
6  </select>
7  <select id="sel02" resultType="uu">
8      <include refid="sUser"/>
9  </select>
10 <select id="sel03" resultType="uu">
11     <include refid="sUser"/> order by ${cname};
12 </select>
```

第 2 行代码是抽取的重复的代码；第 5、8、11 行代码中 <include refid="sUser"/> 就代表第 2 行代码。如果重复的 SQL 语句更长更多，使用该方法更方便。

在 TestDemo 类中修改 test01 方法，代码如下：

```
@Test
public void test01(){
```

```
    // 执行操作
    List<User> list = session.selectList("com.daojie.domain.User.UserMapper.sel02");
    // 输出结果
    System.out.println(list);
}
```

执行 test01 方法，可以正常输出结果，如图 7-34 所示。

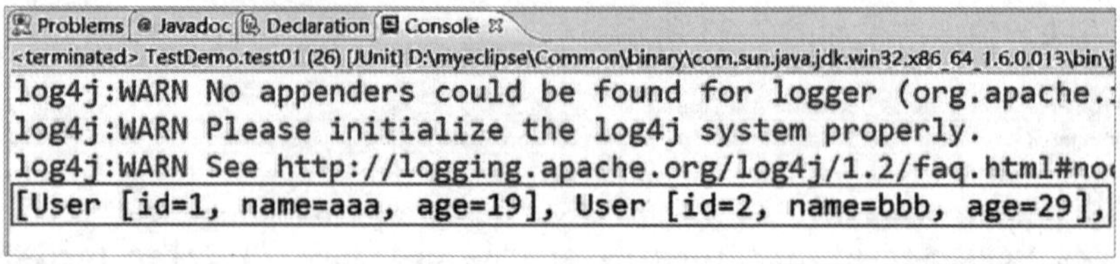

图 7-34　结果输出正常

7.2.5　MyBatis 的缓存机制

视 频

MyBatis一级缓存

接下来介绍 MyBtis 中的缓存机制，首先介绍缓存机制的特点。

(1) 缓存机制可以减轻数据库的压力。

缓存机制的原理是在第一次查询时将查询结果缓存起来，之后再查询同样的 SQL 时，不是真地去查询数据库，而是直接返回缓存中的结果。

(2) 缓存可以降低数据库的压力，但同时可能无法得到最新的结果数据。

缓存机制在降低数据库的压力时可能无法得到最新的结果数据。例如第一次查询 id 为 1 的人为“张三”，然后把人名缓存起来了。如果这人的名字改为“张四”，此时数据库中人名为“张四”，而缓存中为“张三”，当再次查询时，将从缓存中获取“张三”的结果，而不能获取最新的“张四”名称。

MyBatis 的缓存机制分为一级缓存和二级缓存，下面分别介绍其含义。

1. 一级缓存

一级缓存默认是开启的，它是指缓存只在一个事务中有效，即同一个事务中先后多次执行同一个查询，只有第一次真正在数据库中查询，并将结果缓存，之后的查询都直接获取缓存中的数据。如果是不同的事务，则缓存无效。

下面举例验证一级缓存默认是否开启。复制 MyBatis-day02-demo04 项目文件，重命名为 MyBatis-day02-demo05。打开 UserMypper.xml 文件，删除代码输入查询的语句，相关代码如下：

```
<select id="sel01" resultType="com.daojie.domain.User">
    select * from user where id = #{id}
</select>
```

打开 TestDemo.java 文件，修改 test01 方法中的代码，相关代码如下：

```
public void test01() {
    // 执行操作
    User user1 = session.selectOne(
            "com.daojie.domain.User.UserMapper.sel01", 4);
    // 输出结果
    System.out.println(user1);
    // 执行操作
    User user2 = session.selectOne(
            "com.daojie.domain.User.UserMapper.sel01", 4);
```

```
 8      // 输出结果
 9      System.out.println(user2);
10  }
```

第 3 行代码是从 user 数据库中查询 id 为 4 的信息；第 5 行代码输出结果。第 7、9 行代码的功能和第 3、5 行代码一样。在该代码中是分两次查询相同的数据。

在 dos 命令窗口中查看 user 数据库中的数据，如图 7–35 所示。

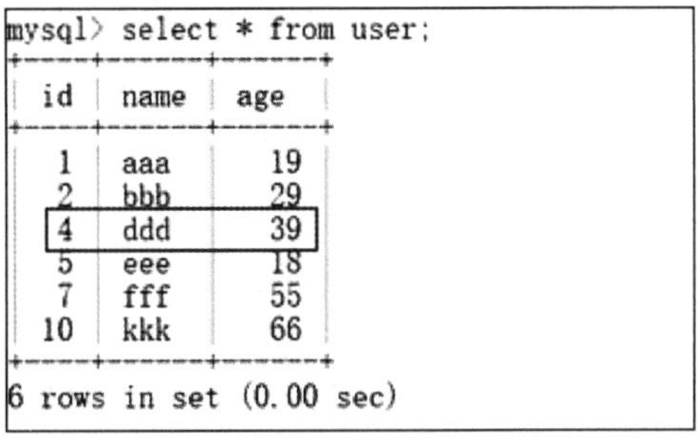

图 7–35 user 数据库的内容

在 test01 方法的第 3 行代码打断点，执行 Debug As → Junit Test 命令，在打开的对话框中单击 YES 按钮，跳转到 Debug 界面。按【F6】功能键执行完第一次查询后，结果和数据库中 id 为 4 的信息一样，如图 7–36 所示。

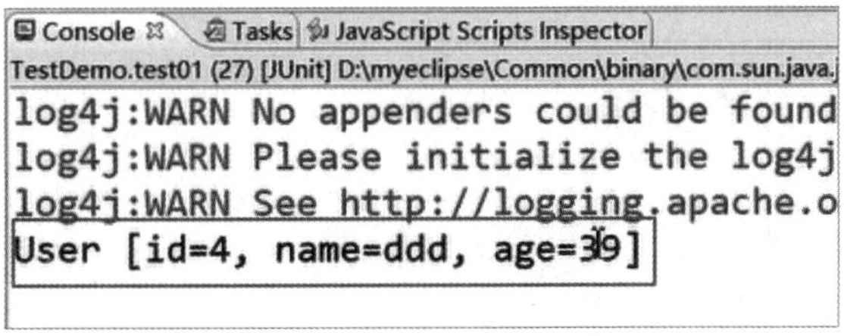

图 7–36 第一次查询结果

然后打开 dos 命令窗口，将 id 为 4 的 age 修改为 99，如图 7–37 所示。

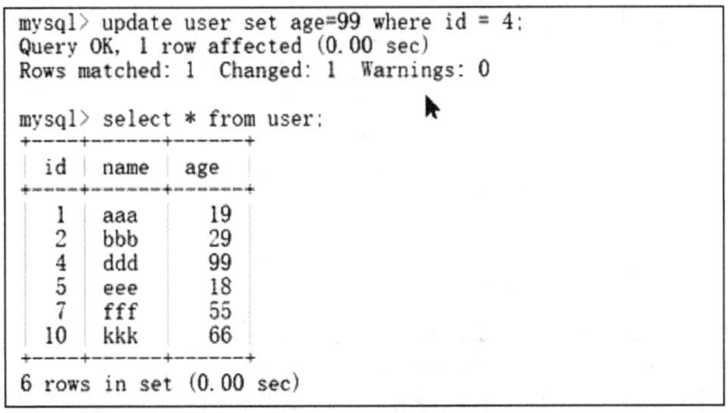

图 7–37 修改数据

此时数据库中 id 为 4 的 age 是 99，而缓存中还是 39。然后按【F6】功能键执行第 2 次查询，如果查询结果还是 39，说明默认一级缓存是开启的，如果年龄为 99，说明一级缓存默认没有开启，结果如图 7–38 所示。

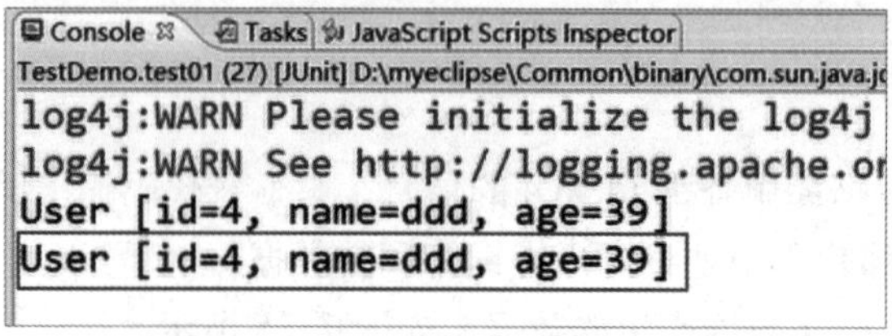

图 7-38　第 2 次查询结果

视 频

MyBatis二级缓存

2. 二级缓存

二级缓存是指缓存在全局有效，一个事务查询一个 SQL，得到结果会被缓存起来，之后只要缓存未被清除，则其他事务如果查询同一个 SQL，得到的将会是之前缓存的结果。二级缓存作用范围大，作用时间长，但可能造成的危害也更大，所以在开发中一般很少启用 MyBatis 的二级缓存。

二级缓存的作用是在不同的 session 中可以缓存，它默认是关闭的。下面举例说明在 TestDemo.java 文件中创建 test02 方法，相关代码如下 ：

```
package com.daojie.test;
import java.io.IOException;
import java.io.InputStream;
import java.util.List;
import org.apache.ibatis.io.Resources;
import org.apache.ibatis.session.SqlSession;
import org.apache.ibatis.session.SqlSessionFactory;
import org.apache.ibatis.session.SqlSessionFactoryBuilder;
import org.junit.Before;
import org.junit.Test;
import com.daojie.domain.User;
public class TestDemo {
    SqlSession session;
    SqlSessionFactory factory;
    @Before
    public void before() throws IOException {
        // 1.读取 MyBatis 的核心配置文件
        InputStream in = Resources.getResourceAsStream("sqlMapConfig.xml");
        // 2.根据配置文件创建 sqlSessionFactory
        factory = new SqlSessionFactoryBuilder().build(in);
        // 3.获取 SqlSession 对象
        session = factory.openSession();
    }
    // 二级缓存
    @Test
    public void test02() {
        // 第一次事务
        SqlSession session1 = factory.openSession();
        User user1 = session1.selectOne(
                "com.daojie.domain.User.UserMapper.sel01", 4);
        session1.commit();
        System.out.println(user1);
        // 第二次事务
        SqlSession session2 = factory.openSession();
        User user2 = session2.selectOne(
                "com.daojie.domain.User.UserMapper.sel01", 4);
        session2.commit();
        System.out.println(user2);
```

```
37        }
38  }
```

第 14 行代码通过 factory 可以获取两个 session；第 28 行代码第一次获取 session；第 29 行代码在 user 数据库中查询 id 为 4 的数据信息；第 30 行代码提交 session1；第 31 行代码输出 user1。第二次事务在 session2 中查询相同的数据信息。

在第一次事务的代码中打断点，并进入 Debug 界面，按【F6】功能键执行第一次事务，结果如图 7-39 所示。

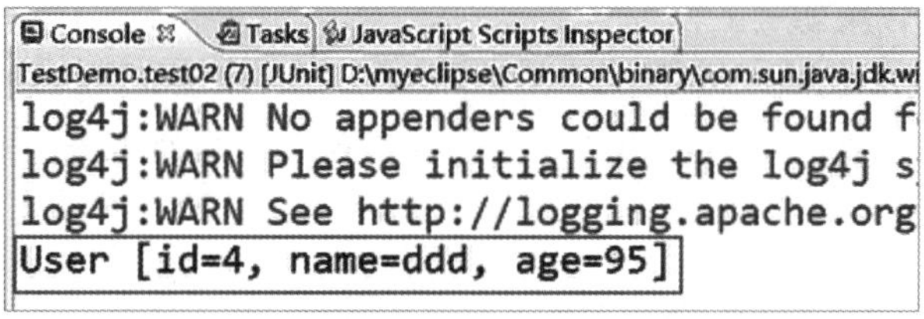

图 7-39　第一次事务的结果

在 dos 命令窗口中将 id 为 4 的 age 修改为 9，如图 7-40 所示。

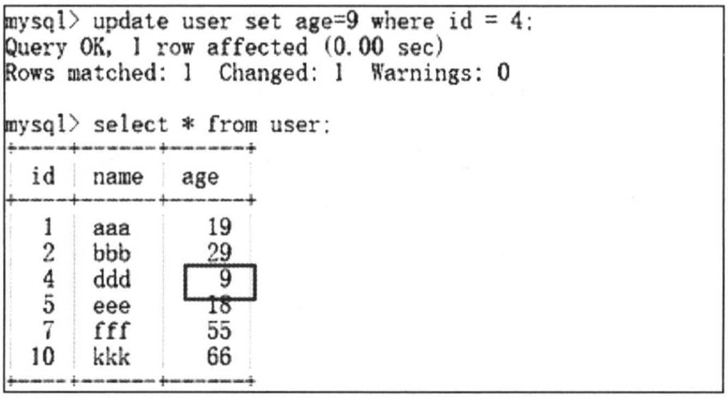

图 7-40　修改数据信息

最后执行第二次事务，输出结果如图 7-41 所示。

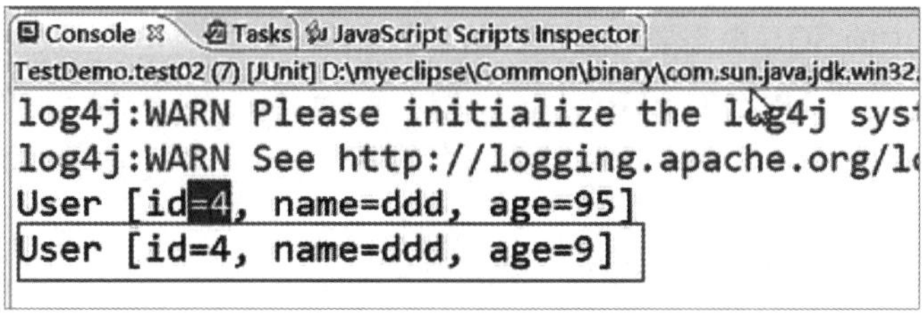

图 7-41　第二次事务的结果

执行第二次事务后，输出的 id 的 age 为 9，表示每次查询都是从数据库中查找的，没有缓存，所以二级缓存默认是关闭的。

7.2.6　开启 MyBatis 二级缓存

MyBatis 的二级缓存默认是关闭的，如果用户需要开启二级缓存，首先，打开 sqlMapConfig.xml 文件，在最前面输入开启二级缓存的代码，相关代码如下：

```
<!-- 开启二级缓存 -->
<settings>
    <setting name="cacheEnabled" value="true"/>
</settings>
```

接着，打开 UserMapper.xml 文件进行配置，相关代码如下：

```
<!-- 二级缓存配置 -->
<cache/>
```

然后，想要被二级缓存缓存的对应的类必须实现序列化接口，本例中将 User.java 文件中 User 的类实现序列化接口，相关代码如下：

```
public class User implements Serializable{}
```

开启二级缓存后，再根据相同方法逐个执行两次事务，在两次事务之间将 id 为 4 的 age 修改为 97。输出结果如图 7–42 所示。

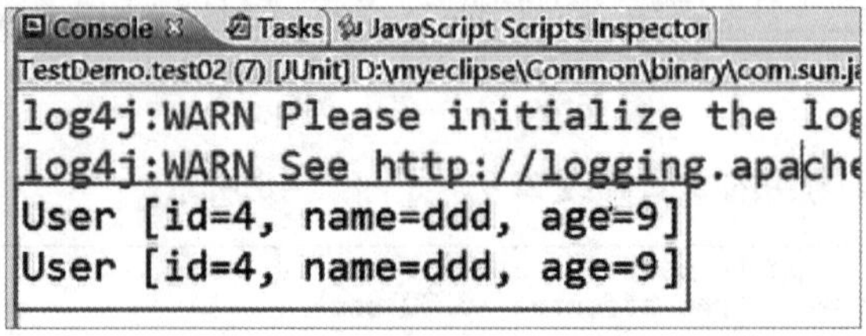

图 7–42　开启二级缓存的查询结果

开启二级缓存后两次查询的结果都是一样的，这是因为开启二级缓存后，一个事务查询一个 SQL，得到结果会被缓存起来，之后只要缓存未被清除，则其他事务如果查询同一个 SQL，得到的都是缓存的结果。在本例中查询的 id 为 4 的 age 为 9，会将该数据缓存起来，无论数据库中数据如何修改，缓存的数据是不变的。

7.2.7　MyBatis 中接口的使用

视 频

MyBatis中接口的使用

为了简化 MyBatis 的使用，MyBatis 提供了接口方式自动化生成调用过程，可以大大简化 MyBatis 的开发。主要是开发映射文件并且开发对应的接口，其中，接口的名字和映射文件的名字相同，接口中方法的名字和要调用的映射文件中的标签的 id 相同，方法的参数和被调用的标签中的 SQL 中需要的参数对应。

下面举例说明 MyBatis 中接口的使用。首先复制 MyBatis-day02-demo05，重命名为 MyBatis-day02-demo06，清除开启二级缓存的相关代码，在 TestDemo.java 中删除缓存的相关代码。

在 UserMapper.xml 文件中开发映射文件，相关代码如下：

```
<?xml version="1.0" encoding="UTF-8" ?>
<!DOCTYPE mapper
PUBLIC "-//mybatis.org//DTD Mapper 3.0//EN"
"http://mybatis.org/dtd/mybatis-3-mapper.dtd">
<mapper namespace="com.daojie.mapper.UserMapper">
    <select id="selectAll" resultType="com.daojie.domain.User">
        select * from user
    </select>
    <select id="selectById" resultType="com.daojie.domain.User">
        select * from user where id = #{id}
    </select>
```

```
    <insert id="insertOne">
        insert into user
        <trim prefix="(" suffix=")" suffixOverrides=",">
            id,
            <if test="name != null">name,</if>
            <if test="age != 0">age,</if>
        </trim>
        values
        <trim prefix="(" suffix=")" suffixOverrides=",">
            null,
            <if test="name != null">#{name},</if>
            <if test="age != 0">#{age},</if>
        </trim>
    </insert>
</mapper>
```

在代码中，第一个 select 标签内代码是查询全部数据，第二个 select 标签是根据 id 查找数据，使用 insert 标签插入数据。

创建 com.daojie.mapper 包，在包中创建 UserMapper 接口。接口中的方法名和映射文件中 id 名是一致的，而且方法的参数和被调用标签中的 SQL 中需要的参数对应。相关代码如下：

```
1  package com.daojie.mapper;
2  import java.util.List;
3  import com.daojie.domain.User;
4  public interface UserMapper {
5      public List<User> selectAll();
6      public User selectById(int id);
7      public void insertOne(User user);
8  }
```

第 5 行代码中 selectAll 的返回值是查找所有用户表中的数据信息，所以返回的是 list 集合；第 6 行代码是 selectById，是根据 id 查找的数据；第 7 行代码是插入数据。

到此，映射文件和接口开发完成，最后在 TestDemo.java 文件中创建 test01 方法，相关代码如下：

```
1  @Test
2  public void test01(){
3      // 1. 通过 session 获取映射对象
4      UserMapper mapper = session.getMapper(UserMapper.class);
5      // 2. 调用方法
6      List<User> list = mapper.selectAll();
7      System.out.println(list);
8      User user = mapper.selectById(5);
9      System.out.println(user);
10     mapper.insertOne(new User(0,"kkkkk",120));
11     session.commit();
12 }
```

在测试代码中分为两步：第一步通过 session 获取映射对象，第二步调用接口中的方法。第 6 行代码调用查询所有信息的方法；第 8 行代码是查询 id 为 5 的数据信息；第 10 行代码插入一条数据信息。

执行 test01 方法，首先查看查询的信息，由于数据太长无法展示完全，只能展示部分信息，如图 7–43 所示。

再打开 dos 命令窗口，查看插入数据的结果，如图 7–44 所示。

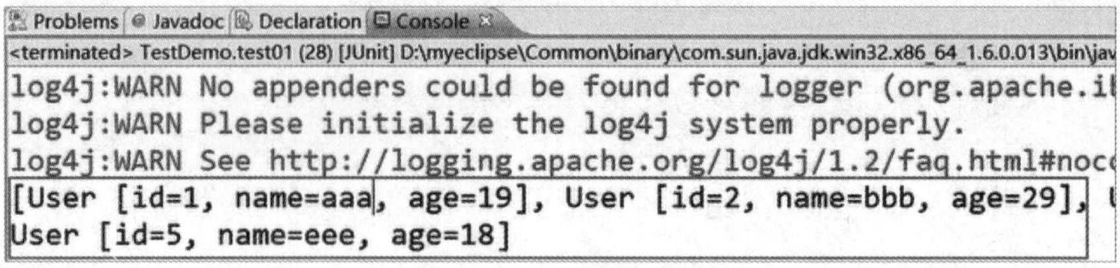

图 7-43　查看查询的信息

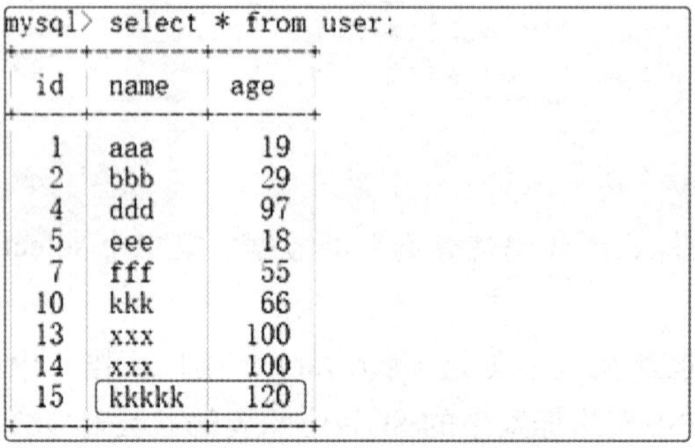

图 7-44　查看插入数据的结果

下面介绍使用 MyBatis 中接口的代码运行过程，执行 test01 方法时先读取 MyBatis 的核心文件，即 sqlMapConfig.xml 文件。在核心文件中配置了数据源和声明映射文件，通过映射文件执行 UserMapper.xml 文件的代码。在该文件的开发映射文件代码中通过命名空间进入 UserMapper.java 文件中找对应的接口。找到对应的接口后，发现接口的方法名和 UserMapper.java 中 id 名对应，然后根据方法名查找对应的 id，并且执行相应的 SQL 语句。然后通过动态代理，帮助 UserMapper.java 中的实现类，即可实现接口中的方法。

其实，在 test01 方法中通过 session 获取映射对象的代码中并不是真正的接口，而是对应的实现类的代理。对 mapper 进行输出，可以看到不是用户自己创建的，而是 MyBatis 生成的实现类，结果如图 7–45 所示。

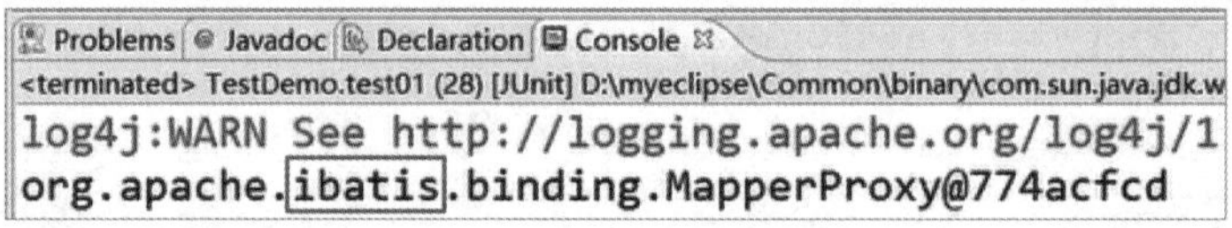

图 7–45　输出 mapper 的结果

7.3 整合 SSM 框架

视频

SSM整合——SpringMVC配置

在之前的章节中学习了 Spring、SpringMVC 和 MyBatis 框架的相关知识，本节主要通过练习整合 SSM 框架，从而实现在 web 层、service 层和 dao 层中都使用框架，简化开发。

7.3.1 SpringMVC 配置

（1）创建 SSM 的 Web Project，接着将“资源”文件夹的“SSM 整合依赖包”文件夹中全部 jar 包导入到 lib 中，如图 7–46 所示。然后在 src 中创建 com.daojie.dao、domain、 service 和 web 的包。

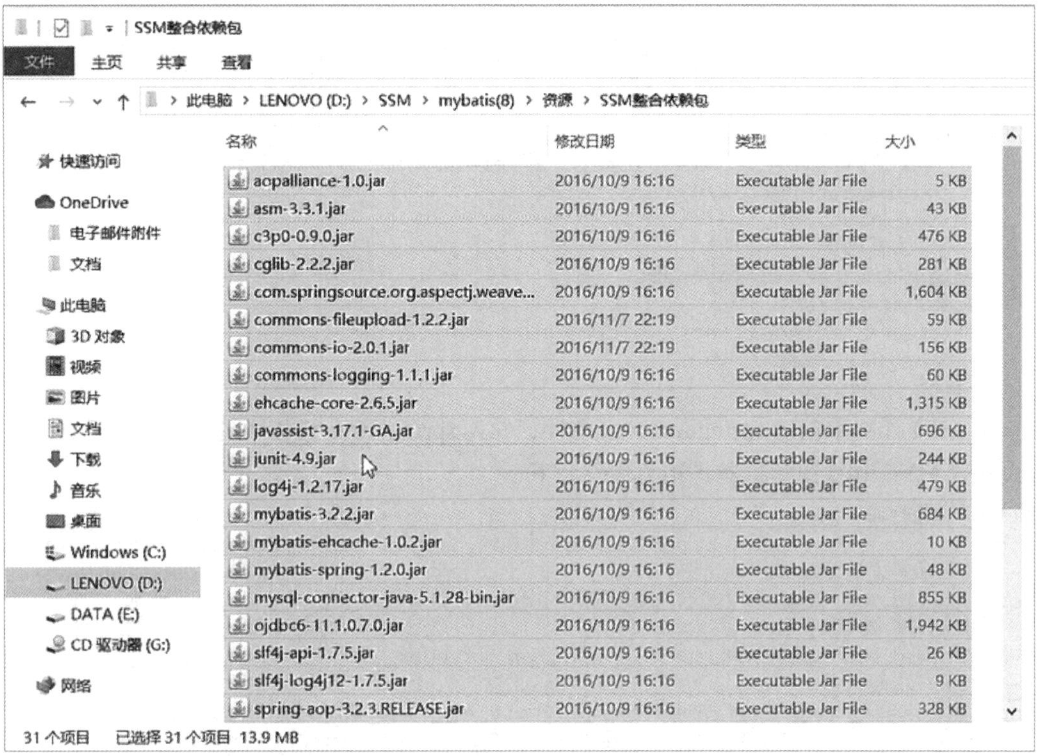

图 7-46 创建项目文件并导入包

（2）打开 WebRoot 中 WEB-INF 文件夹中的 web.xml 文件，进行 SpringMVC 的配置，主要配置 SpringMVC 的前端控制器、中文乱码解决过滤器，相关代码如下：

```
    <?xml version="1.0" encoding="UTF-8"?>
    <web-app version="2.5"
        xmlns="http://java.sun.com/xml/ns/javaee"
        xmlns:xsi="http://www.w3.org/2001/XMLSchema-instance"
        xsi:schemaLocation="http://java.sun.com/xml/ns/javaee
        http://java.sun.com/xml/ns/javaee/web-app_2_5.xsd">
        <!-- SpringMVC 前端控制器 -->
        <servlet>
            <servlet-name>springmvc</servlet-name>
            <servlet-class>org.springframework.web.servlet.DispatcherServlet
</servlet-class>
            <init-param>
                <param-name>contextConfigLocation</param-name>
                <param-value>classpath:/springmvc.xml</param-value>
            </init-param>
        </servlet>
        <servlet-mapping>
            <servlet-name>springmvc</servlet-name>
            <url-pattern>*.action</url-pattern>
        </servlet-mapping>
        <!-- 中文乱码解决过滤器 -->
        <filter>
            <filter-name>encodingFilter</filter-name>
            <filter-class>org.springframework.web.filter.CharacterEncodingFilter
```

```
</filter-class>
            <init-param>
                <param-name>encoding</param-name>
                <param-value>utf-8</param-value>
            </init-param>
        </filter>
        <filter-mapping>
            <filter-name>encodingFilter</filter-name>
            <url-pattern>/*</url-pattern>
        </filter-mapping>
        <!--  主页设置 -->
      <display-name></display-name>
      <welcome-file-list>
        <welcome-file>index.jsp</welcome-file>
      </welcome-file-list>
    </web-app>
```

（3）在 src 文件夹中创建 springmvc.xml 文件，导入 spring_mvc 模板中的内容，然后开启包扫描、注解方式配置 MVC 和视图解析器，相关代码如下：

```
<!-- 开启包扫描 -->
<context:component-scan base-package="com.daojie.web"></context:component-scan>
<!-- 开启注解方法注入 DI -->
<context:annotation-config></context:annotation-config>
<!-- 开启注解方式配置 MVC -->
<mvc:annotation-driven></mvc:annotation-driven>
<!-- 配置视图解析器 -->
<bean class="org.springframework.web.servlet.view.InternalResourceViewResolver">
    <property name="prefix" value="/WEB-INF/jsp/"></property>
    <property name="suffix" value=".jsp"></property>
</bean>
```

（4）在 com.daojie.web 包中创建控制器，即在 FirstController.java 文件中创建 first 处理器，相关代码如下：

```
package com.daojie.web;
import org.springframework.stereotype.Controller;
import org.springframework.web.bind.annotation.RequestMapping;
@Controller
public class FirstController {
    @RequestMapping("/first.action")
    public void first(){
        System.out.println("first...");
    }
}
```

（5）在 WEB-INF 文件夹中创建 jsp 文件夹，用于存放视图。首先创建 first.jsp，相关代码如下：

```
<%@ page language="java" import="java.util.*" pageEncoding="utf-8"%>
<!DOCTYPE HTML>
<html>
  <head>
  </head>
  <body>
    first......  jsp.... <br>
  </body>
</html>
```

（6）发布并启动后，在浏览器中输入地址访问 first.action，则在浏览器界面中显示视图的信息，说明 SpringMVC 配置成功，如图 7–47 所示。

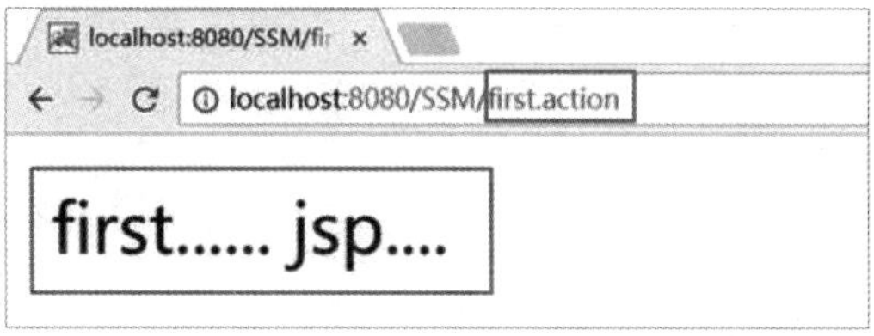

图 7-47 测试结果

视 频

SSM整合——Spring配置

7.3.2 Spring 配置

（1）在 src 文件夹中创建 applicationContext.xml 文件，首先使用 spring_aop 模板，输入代码开启包扫描、注解注入实现 DI 和 AOP，相关代码如下：

```
<!-- 开启包扫描  -->
<context:component-scan base-package="com.daojie.web"></context:component-scan>
<context:component-scan base-package="com.daojie.service"></context:component-scan>
<context:component-scan base-package="com.daojie.dao"></context:component-scan>
<!-- 开启注解注入实现 DI  -->
<context:annotation-config></context:annotation-config>
<!-- 开启 AOP -->
<aop:aspectj-autoproxy></aop:aspectj-autoproxy>
```

在 springmvc.xml 文件中开启注解注入实现 DI 的代码和 applicationContext.xml 中的代码重复，直接删除 springmvc.xml 文件重复的代码。

（2）在 web.xml 文件中创建监听器，可以监听 3 大作用域的创建和销毁，保证程序一启动就加载 applicationContext.xml 文件。在 web.xml 文件的 SpringMVC 前端控制器代码前配置监听器，相关代码如下：

```
<!-- 配置监听器 保证程序一启动就加载 applicationContext.xml  -->
<listener>
    <listener-class>org.springframework.web.context.ContextLoaderListener
</listener-class>
</listener>
<context-param>
    <param-name>contextConfigLocation</param-name>
    <param-value>classpath:/applicationContext.xml</param-value>
</context-param>
```

（3）在 com.daojie.dao 包中创建 UserDao 接口，在接口中提供 firstQuery 方法，相关代码如下：

```
package com.daojie.dao;
public interface UserDao {
    public void firstQuery();
}
```

（4）在 com.daojie.dao 包中再创建实现类，即 UserDaoImpl.java 文件，实现 UserDao 的接口和方法，相关代码如下：

```
package com.daojie.dao;
import org.springframework.stereotype.Repository;
@Repository
public class UserDaoImpl implements UserDao {
    public void firstQuery() {
        System.out.println(firstQuery…);
    }
}
```

（5）在 com.daojie. service 包中创建 UserService 接口，并提供 firstService 方法，相关代码如下：

```
package com.daojie.service;
public interface UserService {
    public void firstService();
}
```

(6)在 com.daojie. service 包中创建 UserServiceImpl 实现类，实现 UserService 接口，相关代码如下：

```
package com.daojie.service;
import org.springframework.beans.factory.annotation.Autowired;
import org.springframework.stereotype.Service;
import com.daojie.dao.UserDao;
@Service
public class UserServiceImpl implements UserService{
    @Autowired
    private UserDao userDao;
    public void firstService() {
        System.out.println("firstService ");
        userDao.firstQuery();
    }
}
```

（7）打开 FirstController.java 文件，在 first 处理器代码上方输入以下代码：

```
@Autowired
private UserService userService;
```

然后在 first 处理器代码下方输入以下代码：

```
userService.firstService();
```

（8）启动 Tomcat 后，在浏览器中输入地址访问 first.action，在页面中显示 first.jsp 视图文件的内容，说明 SpringMVC 配置成功。在 Console 中输出相关内容，说明 dao 层、service 层和 web 层被调用，即 Spring 配置成功，如图 7–48 所示。

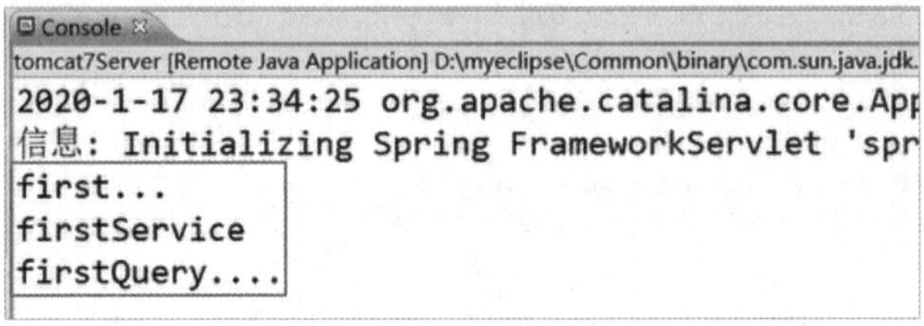

图 7–48　Spring 配置成功的结果

视频

SSM整合——MyBatis配置

7.3.3　MyBatis 配置

（1）配置 MyBatis，首先配置核心文件，即 sqlMapConfig.xml 文件，如果同时使用 Spring 和 MyBatis，此时 MyBatis 可以对 Spring 进行无缝整合，所以不需要配置数据源、声明映射文件等代码。sqlMapConfig.xml 文件的相关代码如下：

```
<?xml version="1.0" encoding="UTF-8" ?>
<!DOCTYPE configuration
PUBLIC "-//mybatis.org//DTD Config 3.0//EN"
"http://mybatis.org/dtd/mybatis-3-config.dtd">
<configuration>
</configuration>
```

（2）打开 applicationContext.xml 文件配置数据源、整合 MyBatis、MapperBean 扫描器，相关代码如下：

```
<!-- 配置数据源 -->
<bean id="dataSource" class="com.mchange.v2.c3p0.ComboPooledDataSource">
    <property name="driverClass" value="com.mysql.jdbc.Driver"></property>
    <property name="jdbcUrl" value="jdbc:mysql:///ssmdb"></property>
    <property name="user" value="root"></property>
    <property name="password" value="root"></property>
</bean>
<!-- 整合 MyBatis  -->
<bean id="sqlSessionFactory" class="org.mybatis.spring.SqlSessionFactoryBean">
    <!-- 配置数据源  -->
    <property name="dataSource" ref="dataSource"></property>
    <!-- 配置 MyBatis 核心配置文件的位置 -->
    <property name="configLocation" value="classpath:/sqlMapConfig.xml">
</property>
    <!-- 配置映射文件位置  -->
    <property name="mapperLocations" value="classpath:/com/daojie/mapper/*.xml">
</property>
</bean>
<!-- MyBatis MapperBean 扫描器，负责为 MapperBean 生成实现类  -->
<bean class="org.mybatis.spring.mapper.MapperScannerConfigurer">
    <property name="basePackage" value="com.daojie.domain"></property>
</bean>
```

（3）在 src 文件夹中创建 com.daojie.mapper 包，并且创建 FirstMapper.xml 映射文件，创建命名空间和查询所有数据，相关代码如下：

```
<mapper namespace="com.daojie.mapper.FirstMapper">
    <select id="selAll" resultType="com.daojie.domain.FirstBean">
        select * from first
    </select>
```

（4）在 com.daojie.mapper 包中创建 FirstMapper 接口，并提供对应的方法，相关代码如下：

```
package com.daojie.mapper;
import java.util.List;
import com.daojie.domain.FirstBean;
@Repository
public interface FirstMapper {
    // 查询 first 表中的所有数据
    public List<FirstBean> selAll();
}
```

在方法代码的上行使用 @Repository 注解，即可在 mapper 中实现 dao 层的信息，所以将 com.daojie.dao 包删除。此时还需要修改报错的代码，将 UserServiceImpl.java 文件中的代码修改为以下代码：

```
@Service
public class UserServiceImpl implements UserService{
    @Autowired
    private FirstMapper firstMapper;
    public void firstService() {
        List<FirstBean> list = firstMapper.selAll();
        System.out.println(list);
    }
```

然后将 applicationContext.xml 文件中扫描 dao 包修改为扫描 mapper 包，将 MapperBean 扫描器中的 domain 修改为 mapper，即可完成将指向 dao 层修改为指向 mapper 层。

（5）打开 dos 命令窗口创建 ssmdb 数据库，在数据库中包括 id、name 和 addr，总共有 4 条数据，如图 7–49 所示。

```
mysql> use ssmdb;
Database changed
mysql> create table first(id int,name varchar(255),addr varchar(255));
Query OK, 0 rows affected (0.01 sec)

mysql> insert into first values(1,'a','bj'),(2,'b','sh'),(3,'c','zz'),(4,'d','sz');
Query OK, 4 rows affected (0.01 sec)
Records: 4  Duplicates: 0  Warnings: 0

mysql> select * from first;
+------+------+------+
| id   | name | addr |
+------+------+------+
|    1 | a    | bj   |
|    2 | b    | sh   |
|    3 | c    | zz   |
|    4 | d    | sz   |
+------+------+------+
4 rows in set (0.00 sec)
```

图 7–49　创建数据表

（6）在 com.daojie.domain 包中创建 FirstBean 类，并添加 id、name 和 addr 属性，然后生成 get 方法、set 方法、toString 方法以及全参和无参构造方法。相关代码如下：

```java
package com.daojie.domain;
public class FirstBean {
    private int id;
    private String name;
    private String addr;
    public int getId() {
        return id;
    }
    public void setId(int id) {
        this.id = id;
    }
    public String getName() {
        return name;
    }
    public void setName(String name) {
        this.name = name;
    }
    public String getAddr() {
        return addr;
    }
    public void setAddr(String addr) {
        this.addr = addr;
    }
    @Override
    public String toString() {
        return "FirstBean [id=" + id + ", name=" + name + ", addr=" + addr+ "]";
    }
    public FirstBean(int id, String name, String addr) {
        this.id = id;
        this.name = name;
        this.addr = addr;
```

```
    }
    public FirstBean() {
    }
}
```

（7）启动 Tomcat，在浏览器中输入地址访问 first.action，然后在 Console 中显示从数据库中查找的数据信息，并且把数据封装好变成对象放在 list 中返回，说明 MyBatis 配置成功，如图 7–50 所示。

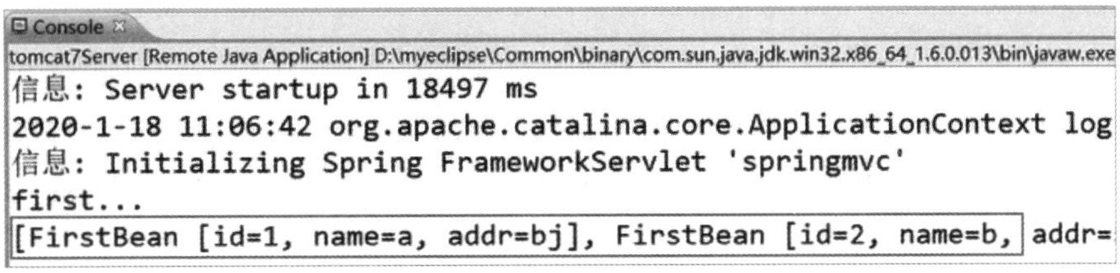

图 7–50　测试结果

至此，完成了将 SpringMVC、Spring 和 Mybatis 放在一个项目中使用。下面再介绍一下流程，项目一启动就找到 web.xml，包括 SpringMVC 数据控制器和中文乱码解决过滤器以及监听器，监听器会加载 applicationContext.xml 文件。接着扫描包，将对应的包放在 Spring 容器中，接着开启注解注入 DI 和 AOP，再配置数据源和整合 MyBatis。查找到 FirstMapper.xml 文件，根据命名空间找到 FirstMapper.java 文件，文件中方法名和 FirstMapper.xml 中的 id 名一样，根据 FirstMapper.xml 中 SQL 语句实现了方法，然后在 UserServiceImpl.java 中调用该方法，使返回的结果变为对象放在 list 中。

真正的程序执行是用户在浏览器中输入地址，发送一个请求，到 web.xml 文件中执行前端控制器，再执行 springmvc.xml 文件，并开启包扫描、配置视图解析器等。根据 first.action 进入 web 包中执行，发现 @RequestMapping("/first.action")，再执行 first 方法的实现类，即可进入 UserServiceImpl.java 文件中，执行 firstMapper，进行查询并获取信息。

7.3.4　测试 SSM 框架

视频

SSM整合——配置声明式事务处理

（1）打开 FirstMapper.xml 文件，输出插入数据的代码，相关代码如下：

```
<insert id="insone">
    insert into first values(#{id},#{name},#{addr});
</insert>
```

（2）打开 FirstMapper.java 文件，提供插入数据的方法，相关代码如下：

```
public void insone(Map<String,Object> map);
```

（3）打开 UserServiceImpl.java 文件，插入一条数据，相关代码如下：

```
public void insertService(){
    HashMap<String,Object> map = new HashMap<String, Object>();
    map.put("id", 5);
    map.put("name", "lxx");
    map.put("addr", "gz");
    firstMapper.insone(map);
}
```

（4）打开 FirstController.java 文件，调用 UserServiceImpl.java 文件中的 insertService 方法，相关代码如下：

```
@RequestMapping("/first2.action")
public void first2(){
```

```
        userService.insertService();
    }
```

还需要在对应的接口中声明，打开 UserService.java 文件声明方法，相关代码如下：

```
public void insertService();
```

（5）在 WEB_INF 文件夹中复制 first.jsp 文件，命名为 first2.jsp，并且将 body 标签中 first 修改为 first2，相关代码如下：

```
<body>
  first2......  jsp.... <br>
</body>
```

（6）启动后，在浏览器中输入地址访问 first2.action，则在页面中显示 first2.jsp 视图中的内容，如图 7–51 所示。

打开 dos 命令窗口，查询数据库，可见已经插入数据，如图 7–52 所示。

图 7–51　测试结果

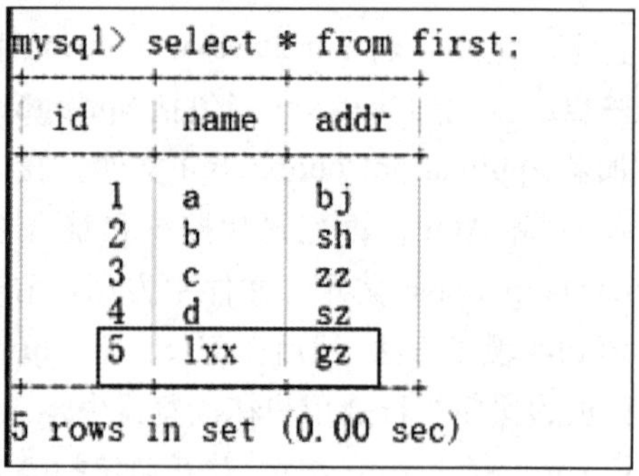

图 7–52　查看插入数据结果

但是整合的 SSM 框架是没有事务的，例如在 UserServiceImpl.java 文件中的 insertService 方法下方输入“int i = 1 / 0;”代码，启动后在浏览器页面中显示异常，但在数据库中依旧插入第 6 条信息。

（7）打开 applicationContext.xml 文件配置事务管理器，相关代码如下：

```
<!-- 配置事务管理器 -->
<bean id="transationManager" class="org.springframework.jdbc.datasource.
DataSourceTransactionManager">
    <property name="dataSource" ref="dataSource"></property>
</bean>
<!-- 开启注解使用事务 -->
<tx:annotation-driven/>
```

当前项目中没有开启注解的约束文件，还需要在该文件中输入约束代码，相关代码如下：

```
xmlns:tx="http://www.springframework.org/schema/tx"
http://www.springframework.org/schema/tx
http://www.springframework.org/schema/tx/spring-tx-3.2.xsd
```

（8）在 UserServiceImpl.java 文件的 insertService 方法上输入 @Transactional 注解可以使用事务。启动后在浏览器中输入地址访问 first2.action，在页面中显示出现异常，然后在 dos 命令窗口中查询表格，可见没有插入第 7 条数据，说明事务已经开启，如图 7–53 所示。

```
mysql> select * from first;
+----+------+------+
| id | name | addr |
+----+------+------+
|  1 | a    | bj   |
|  2 | b    | sh   |
|  3 | c    | zz   |
|  4 | d    | sz   |
|  5 | lxx  | gz   |
|  6 | lxx  | gz   |
+----+------+------+
6 rows in set (0.00 sec)
```

图 7-53 开启事务的结果

小 结

视频

课程介绍

通过本章的学习，大家可以了解 MyBatis 框架的基本知识，能够使用 MyBatis 完成值的传递和动态增删查改，还可以使用 MyBatis 框架实现多表设计和查询，并且理解 MyBatis 中的缓存机制。最后，通过整合 SSM 框架案例，大家可以进一步巩固前面所学的内容，并提高自学能力和动手能力，对 Spring、SpringMVC 和 MyBatis 框架有了更深的理解。

习 题

一、单选题

1. 在一个 MyBatis 应用中，关于 SqlSessionFactoryBuilder、SqlSessionFactory 以及 SqlSession 的应用范围和生命周期，以下说法错误的是（　　）。
   A. SqlSessionFactoryBuilder 的最佳范围为方法范围，即可以定义为本地方法变量
   B. SqlSessionFactory 的最佳范围是应用范围
   C. SqlSession 的最佳范围是方法范围或请求范围
   D. SqlSession 执行 CRUD 操作，不同线程可以共享使用
2. 以下关于 MyBatis 的使用场景描述错误的是（　　）。
   A. 当希望对象的持久化对应用程序完全透明时不适合使用 MyBatis
   B. 当数据库有移植需求或需要支持多种数据库时不适合使用 MyBatis
   C. 当不需要太多复杂功能，且对性能要求很高时不适合使用 MyBatis
   D. 当应用程序需要完全动态的 SQL 时不适合使用 MyBatis
3. 在使用 MyBatis 的时候，除了可以使用 @Param 注解来实现多参数入参，还可以用（　　）传递多个参数值。
   A. 用 Map 对象　　B. 用 List 对象　　C. 用数组　　D. 用 Set 集合
4. 下列选项中，不需要配置在 web.xml 中的是（　　）。
   A. Spring 的监听器　　B. 编码过滤器
   C. 视图解析器　　D. 前端控制器
5. 下列选项中，属于 SpringMVC 所必需的 JAR 包的是（　　）。

A. spring-web-4.3.6.RELEASE.jar　　B. spring-webmvc-portlet-4.3.6.RELEASE.jar

C. spring-webmvc-4.3.6.RELEASE-javadoc.jar　　D. spring-websocket-4.3.6.RELEASE.jar

6. 下列选项中，不属于 SSM 整合时所需的 JAR 包的是（　　）。

A. spring-web-4.3.6.RELEASE.jar　　B. spring-webmvc-4.3.6.RELEASE.jar

C. ant-1.9.6.jar　　D. xwork-core-2.3.24.jar

7. 下列关于 SSM 框架的整合说法错误的是（　　）。

A. SpringMVC 与 Spring 之间不存在整合的问题

B. SSM 框架的整合就涉及 Spring 与 MyBatis 的整合

C. SSM 框架的整合就涉及 Spring MVC 与 MyBatis 的整合

D. SSM 框架的整合就涉及 Spring MVC 与 Spring 之间的整合

8. 下面选项中，不属于整合 SSM 框架所编写的配置文件的是（　　）。

A. db.properties　　B. applicationContext.xml

C. mybatis-config.xml　　D. struts.xml

二、多选题

在 MyBatis 中，关于 <resultmap> 和 <collection> 元素说法错误的是（　　）。

A. <collection> 通过 property 属性指定实体类中集合属性的名字

B. <collection> 通过 javaType 属性指定集合中每个元素的类型

C. <collection> 通过 javaType 属性指定集合的类型

D. <collection> 通过 type 属性指定集合的类型

三、判断题

1. 在实际开发时，为了避免 Spring 配置文件中的信息过于臃肿，通常会将 Spring 配置文件中的信息按照不同的功能分散在多个配置文件中。（　　）

2. @Autowired 注解需要标注在 Service 层的实现类上，这样才能实现依赖注入。（　　）

3. @Transactional 注解主要是针对数据的增加、修改、删除和查询进行事务管理。（　　）

4. Spring 与 SpringMVC，SpringMVC 与 MyBatis 需要相互整合。（　　）

5. 在 SpringMVC 的配置文件中，视图解析器是必须配置的。（　　）

四、简答题

1. 简述 MyBatis 映射文件参数处理 #{} 取值与 ${} 取值的区别。

2. 简述 MyBatis 的结构及其优缺点。

3. 简述 SSM 框架的整合思路。

附录A

无代码可视化在线云开发平台——道捷实训云的企业级开发实战

随着计算机技术的发展，插件化、低代码逐步走向大众视野，自己做一次电子问卷、搭建一个网站、创作一个小程序商店，甚至用无代码开发平台搭建一个企业级业务流程管理系统，都不需要任何代码开发。

但这些低代码，甚至无代码平台的出现，并不是为了颠覆开发者，而是减轻和降低开发者的“工具属性”。让开发者尽量减少重复劳动，从代码实现到创作，是未来价值的必然趋势。同时，低代码的方式，也减轻了开发人员的劳动，不需要多次和业务人员及实际使用人员反复沟通，面对界面化的需求，对于开发人员，很可能是将之前的代码推翻重来。

道捷实训云就是一个新一代可视化在线云开发平台，它具有零代码、可视化、一站式、云服务等特点。只需登录平台（www.yun.51dcool.com）即可利用平台提供的功能组件可视化、搭积木式地完成项目开发，无须编写代码，项目的制作、部署、发布等操作均可在线完成，不受设备或系统版本限制，“一键开课，即开即用”。

道捷实训云是一款使用简单、功能强大的一站式开发云平台。项目全程在线开发、在线测试和一键部署，全面采用容器和微服务架构。不仅可以让新手在短时间内很容易地开发出复杂的应用，而且可以让新手快速、轻松地学习到复杂的开发技术。适合个人或团队快速开发小程序、APP、公众号、PC应用、电视应用、大数据开发及企业应用，更利于各大院校在相关计算机开发课程中教学使用，实现“浸入式教学”。在教学中应用，可以通过道捷实训云让学生先做出上线项目，掌握核心的软件构件和开发流程，再通过各模块分解技术点学习，达到先用再学的目标。院校可将道捷实训云植入专业课、选修课、实训课的教学中，以项目实战场景教学。特别能弥补新型技术发展带来的院校硬件条件不足的问题，例如，大数据开发课程中，道捷实训云可以模拟分布式的物理集群，并有多种各行业海量数据模型，可以直接在课程中应用大数据开发相关的教学环境。另外，学生既可以在道捷实训云上参加各种编程比赛、制作毕业设计项目、为就业积累项目经验，还可以利用业余时间接触一些项目外包的工作，积累工作经验，为毕业就业做准备。

道捷实训云平台中使用到了很多《Java应用开发：基础知识》中介绍的技术，其中包括LinkedHashMap、ArrayList、String、Date类、time包，还使用到了JavaScript语言、Spring和SpringMVC框架等。

1. Map

在 java.util 中的集合类包含 Java 中某些最常用的类。最常用的集合类是 Collection 和 Map。Map 又称映射，在《Java 应用开发：基础知识》的集合和映射章节中进行了详细介绍。Map 提供了一个更通用的元素存储方法。

它和 Collection 的区别如下：

① Collection 中的集合，元素是孤立存在的，向集合中存储元素采用一个个元素的方式存储。

② Map 中的集合，元素是成对存在的。每个元素由键（key）与值（value）两部分组成，通过键可以找到所对应的值。key 和 value 的组合称为键值对。

③ Collection 中的集合称为单列集合，Map 中的集合称为双列集合。

④ 需要注意的是，Map 中的集合不能包含重复的键（key），值（value）可以重复；每个键只能对应一个值。

⑤ Map 中常用的集合为 HashMap、LinkedHashMap。

HashMap 和 LinkedHashMap 回顾：

HashMap：最常用的 Map，它根据键的 HashCode 值存储数据，根据键可以直接获取它的值，具有很快的访问速度。

LinkedHashMap：保存记录的插入顺序，在用 Iterator 遍历 LinkedHashMap 时，先得到的记录肯定是先插入的。

常用方法如下：

- 初始化：Map map = new HashMap();
- 插入元素：map.put("key1", "value1");
- 获取元素：map.get("key1")
- 返回 map 中所包含值的 Collection 视图：map.values()

在道捷实训云的《签到赚积分》案例中使用到 HashMap 的代码如下：

```
//初始化有顺序的Map,key是Integer类型，value是SignCalendar类型
Map<Integer, SignCalendar> ret = new LinkedHashMap<Integer, SignCalendar>();
```

2. ZoneId 类

ZoneId 类是《Java 应用开发：基础知识》中介绍的 Java 8 关于时间出现的 time 包中的一个类。java.time.ZoneId 类表示时区 ID。

常用方法如下：

ZoneId.of(id)：用指定的时区信息获取 ZoneId 对象。

案例代码如下：

```
ZoneId zoneId = ZoneId.of("UTC+08:00");
```

3. Instant 类

Instant 类是《Java 应用开发：基础知识》中介绍的 Java 8 的 time 包中的一个类。java.time.Instant 类在时间线上模拟单个瞬时点，即时间戳。

常用方法如下：

- 将此瞬间与时区组合以创建 ZonedDateTime：atZone(ZoneId zone)。

案例代码如下：

```
lastDate.toInstant().atZone(zoneId);
```

4. Date 类

java.util 包提供了 Date 类，表示日期和时间。在《Java 应用开发：基础知识》中关于日期和日历相关章节中讲解过。

常用方法如下：

- 创建日期对象：new Date()。
- 转换成 Instant：toInstant()。
- 从 Instant 转换成 Date：Date.from(Instant instant)。

案例代码如下：

```
//创建日期对象
new Date()
//转换成 Instant
Instant ins = lastDate.toInstant()
//从 Instant 转换成 Date
Date date = Date.from(ins);
```

5. LocalDate 类

java.time.LocalDate 类表示 ISO-8601 日历系统中没有时区的日期，如 2020-02-14。在《Java 应用开发：基础知识》关于 java 8 的 time 包相关知识点讲解过。在这里进行简单的知识回顾和扩充。

常用方法如下：

- 比较两个日期对象是否相等：isEqual。
- 获取日期：getDayOfMonth。
- 将此日期与午夜时间相结合，创建出 LocalDateTime：atStartOfDay。

```
案例代码如下：
//判断日期是否相等
if(localLastDate.isEqual(yestoday))
//获得是几号
int day = localDate.getDayOfMonth();
//转换成 LocalDateTime
localLastDate.atStartOfDay();
```

6. String 类

字符串广泛应用在 Java 编程中，在 Java 中字符串属于对象，Java 提供了 String 类来创建和操作字符串。《Java 应用开发：基础知识》讲解过 String 类常用的 API 以及 String 类的特性。这里进行一个知识扩展：

- 创建格式化字符串：String.format(Stringformat, Object... args)

表 A-1 中列出了常用的转换符，实现不同数据类型到字符串的转换。

表 A-1　常用转换符

转换符	说　明	实　例	结　果
%S	字符串类型	" abc "	
%d	整数类型（十进制）	99	
%f	浮点类型	99.99	

续表

转换符	说　明	实　例	结　果
0	数字前面补 0	(" %04d " , 99)	0099
	以 “,” 对数字分组	(" %,f " ,9999.99)	9,999.99

案例代码如下：

```
String hours = String.format("%02d",5);      //整数 5 被格式化为字符串 05
```

7. JavaScript 语言

在本案例中使用到了 JavaScript 语言。JavaScript 语言在《Java 应用开发：Web 服务器》中会进行讲解。这里只进行简单介绍。

JavaScript 是运行在浏览器端的脚本语言，它不需要编译，通过浏览器解释就可以执行，它的解释器称为 JavaScript 引擎，为浏览器的一部分，广泛用于客户端的脚本语言，JavaScript 中的 Date 对象用于处理日期和时间。

常用方法如下：

- 创建 Date 对象：new Date()。
- 返回本地时间与格林威治标准时间 (GMT) 的分钟差：getTimezoneOffset()。

案例代码如下：

```
new Date().getTimezoneOffset();
```

8. Spring 和 SpringMVC 框架

在本案例中使用到了 Spring 和 SpringMVC 框架中的技术。详情参考《Java 应用开发：企业级开发》。

下面通过道捷实训云完成一个项目，该项目将和大家分享一个企业级开发的“签到赚积分”小程序，它的主要作用是可以添加一个签到功能，提高 APP 的日活量。日活量通常指统计一日之内，登录或使用某个产品的用户数（去除重复登录的用户），提高日活量可以为产品内容带来更大的访问量，从而达到促进产品销量、扩大品牌影响力、增加活动参与人数等作用。

签到功能对用户的作用是可以获得积分、抵扣券以及奖品或礼品。签到的结果通常以月历的形式展现，可以直观地显示出当月哪些天已签到，哪些天未签到。月历上还会显示继续签到可获得的奖励，养成用户天天签到的习惯。

本项目的签到规则为每日签到送 2 积分，连续 7 天签到送 15 积分。在签到日历中标记签到日、今日和下一个奖励日。

教学案例

签到赚积分